“十三五”江苏省高等学校重点教材（编号：2016-1-065）

U0728179

全国优秀教材
二等奖

弹性力学简明教程 第五版

徐芝纶

高等教育出版社·北京

内容简介

本书是在第四版和第三版(普通高等教育"十五"国家级规划教材)的基础上,根据 2012 年教育部高等学校力学教学指导委员会力学基础课程教学指导分委员会制订的《高等学校理工科非力学专业基础课程教学基本要求》中"弹性力学教学基本要求",以及近几年的教学实践经验修订而成的。本书前四版均被国内的工科院校广泛使用。

本书按照由浅入深的原则,安排了平面问题的理论及解答,空间问题的理论及解答和薄板弯曲理论等内容;着重介绍了弹性力学的主要近似方法,即差分法、变分法和有限单元法。

本书作为弹性力学的入门教材,注重基本理论(基本概念、基本方程和基本解法)的阐述,突出了解决弹性力学问题的思路、方法和步骤,以使学生在掌握基本理论的基础上能阅读和应用弹性力学文献,并能应用弹性力学的近似解法解决实际工程中的问题。

本书可作为高等学校工科本科有关专业的弹性力学课程教材,并可供工程技术人员参考。

图书在版编目(CIP)数据

弹性力学简明教程/徐芝纶编著. --5 版. --北京:高等教育出版社,2018.7(2022.5重印)
ISBN 978-7-04-049871-4

Ⅰ.①弹… Ⅱ.①徐… Ⅲ.①弹性力学-高等学校-教材 Ⅳ.①O343

中国版本图书馆 CIP 数据核字(2018)第 112913 号

策划编辑	水 渊	责任编辑	赵湘慧	封面设计	于文燕	版式设计	马敬茹
插图绘制	于 博	责任校对	刁丽丽	责任印制	田 甜		

出版发行	高等教育出版社	网　址	http://www.hep.edu.cn	
社　址	北京市西城区德外大街 4 号		http://www.hep.com.cn	
邮政编码	100120	网上订购	http://www.hepmall.com.cn	
印　刷	北京鑫海金澳胶印有限公司		http://www.hepmall.com	
开　本	787mm×960mm 1/16		http://www.hepmall.cn	
印　张	17	版　次	1980 年 1 月第 1 版	
字　数	300 千字		2018 年 7 月第 5 版	
购书热线	010-58581118	印　次	2022 年 5 月第 8 次印刷	
咨询电话	400-810-0598	定　价	35.10 元	

本书如有缺页、倒页、脱页等质量问题,请到所购图书销售部门联系调换
版权所有　侵权必究
物 料 号　49871-A0

弹性力学
简明教程
（第五版）

1. 计算机访问 http://abook.hep.com.cn/12203911，或手机扫描二维码、下载并安装 Abook 应用。
2. 注册并登录，进入"我的课程"。
3. 输入封底数字课程账号（20 位密码，刮开涂层可见），或通过 Abook 应用扫描封底数字课程账号二维码，完成课程绑定。
4. 单击"进入课程"按钮，开始本数字课程的学习。

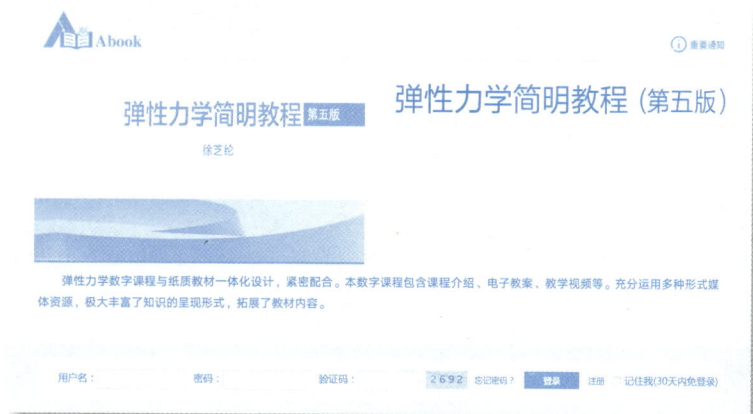

课程绑定后一年为数字课程使用有效期。受硬件限制，部分内容无法在手机端显示，请按提示通过计算机访问学习。

如有使用问题，请发邮件至 abook@hep.com.cn。

扫描二维码
下载 Abook 应用

http://abook.hep.com.cn/12203911

第五版前言

弹性力学是固体力学的分支学科,是研究在外来因素作用下变形体的位移、应变和应力分布规律的理论课程。弹性力学课程既是运用数学物理方法进行严格力学分析的入门课程,也是其他变形体力学课程的基础。徐芝纶院士编著的《弹性力学简明教程》是国内高等学校工科专业普遍使用的教材。至今,本教材前四版(1980 年第一版、1983 年第二版、2002 年第三版、2013 年第四版)累计印刷发行 60 多万册。

第五版是在高等教育出版社和"十三五"江苏省高等学校重点教材建设项目及江苏高校品牌专业建设工程资助项目(PPZY2015A019)的支持下,按照 2012 年教育部高等学校力学教学指导委员会力学基础课程教学指导分委员会制订的《高等学校理工科非力学专业力学基础课程教学基本要求》中"弹性力学教学基本要求",在广泛征求国内有关高校从事弹性力学教学的教师和专家意见的基础上,经河海大学弹性力学课程组多次讨论和研究,在保持原著的体系和风格下,结合国家级精品课程、国家级精品资源共享课和 MOOC(慕课)建设的成果,以及多年的课程教学实践,修订而成的。

本次修订工作的主要内容如下:

(1)对弹性力学的基本理论(基本概念、基本方程和基本解法)进行了强调和说明,诸如将教材中涉及的"形变分量"统一修改为"应变分量",以及对有限单元法的概念、原理和求解思路等作了进一步的阐述。

(2)为加强学习者对弹性力学基本理论的系统性学习和掌握,在绪论中增补了"弹性力学的发展简史",在空间问题的基本理论中增补了"解的唯一性定理"。

(3)改写了部分章节的名称,对教材中的文句以及矩阵、向量的书写等进行了完善和修订。

(4)为适应数字化时代对教材建设的要求,增补了课程教学的数字资源,并通过二维码将数字资源引入到教材之中。数字资源分为两部分:一部分为各章的电子教案;另一部分为部分章节(涵盖了弹性力学的平面问题和有限单元法的内容)的教学视频。供学习者学习和教师教学时参考。

本书第五版承主审人同济大学吴家龙教授提出十分宝贵的意见,特此表示衷心的感谢。

在第五版修订过程中,得到了河海大学姜弘道教授、卓家寿教授等前辈们的关心和支持。河海大学弹性力学课程组的教师和许多院校的教师们提出了许多宝贵意见。谨此向他们一并表示深切的谢意,尤其要感谢前两版的修订者王润富教授。为确保本书的可持续发展和进一步完善,希望广大教师和学习者在使用过程中,继续向修订者提出意见。

本书第五版由河海大学邵国建执笔修订。

邵国建

2018 年 2 月

第四版前言

弹性力学是固体力学中的一门基础学科,是解决大型、复杂工程结构分析的技术基础,因此是现代土木、水利等工程师必须掌握的基础知识。学习弹性力学的目的,是掌握弹性力学的基本理论(基本概念、基本方程和基本解法),从而可以理解弹性力学问题的已有解答,并应用于实际工程中;从而能够使用弹性力学问题中的近似解法(差分法、变分法和有限单元法),去解决实际工程中的问题。

根据 2006—2010 年教育部高等学校力学教学指导委员会力学基础课程教学指导分委员会制定的"弹性力学教学基本要求",以及近十年的教学实践经验,我们在保持前几版《弹性力学简明教程》的体系、基本内容和风格的基础上,做了以下几方面的修订:

(1)对基本理论作了进一步的强调和说明,以使读者能够深入理解和掌握弹性力学的内容。例如关于弹性力学的研究方法、基本假定、两类平面问题,弹性力学的基本方程,以及按位移求解、按应力求解的基本方法,边界条件和圣维南原理的应用,变分解法和有限单元法等都作了进一步阐述。

(2)为提高读者解决实际问题的能力,在本次修订中进一步突出了解题的思路、方法和步骤的阐述。

(3)在各章后增加了内容提要,以利读者理清弹性力学的知识系统,抓住重点,巩固和加深理解所学的知识。每章后给出了习题提示,供读者解题时参考。

(4)对全书的文句及图表作了进一步完善与修订。

修订者衷心地感谢国内许多专家教授及河海大学老师们的帮助、支持和提出的宝贵意见,特别要感谢同济大学吴家龙教授的审稿和宝贵建议。希望今后在专家教授和读者的帮助下,使本教材能继续改进、完善,以适应教学的进步与发展。

本书第四版由河海大学王润富执笔修订。

本书封面插图为锦屏拱坝的有限单元法计算网格图,由河海大学工程力学系提供。

王润富
2012 年 11 月

第三版前言

徐芝纶教授编著的《弹性力学简明教程》,具有内容精炼、深入浅出、易学易懂等特点,被许多工科院校广泛采用。第二版自 1983 年出版以来,已有相当长的时间了。为了适应科技的发展和贯彻新的国家标准和规范,及时反映教学实践中的经验,第三版在严格地保持原作的特点和风格下,作了少部分的修订。

本书的修订工作是在高等教育出版社的支持下进行的。河海大学弹性力学教研室曾广泛地征求国内许多院校的教授和专家的意见,并经多次讨论研究,又在高等教育出版社组织召开的座谈会上进行讨论,最后才将意见归纳并进行修订的。

修订的具体内容如下:(1) 书中的量和单位的名称、符号及书写规则按 1993 年发布的 GB 3100~3102—1993《量和单位》系列国家标准拟定,科技名词术语按全国自然科学名词审定委员会 1993 年公布的《力学名词》执行。(2) 为了更便于初学者掌握弹性力学内容,对基本理论(基本概念、基本方程和基本解法)及其应用作了一些强调和说明,如关于边界条件、圣维南原理的应用、按位移求解、按应力求解、有限单元法的概念、差分法的概念、解题的思路和步骤等,都在叙述上补充了少量说明。修订者认为,这对初学者是有益的。此外,第三版中在一些重点内容和结论性的文字下面加排了波纹线。(3) 为加强实践性教学环节,习题量增加了近一倍,这样,任课教师根据教学要求,可有较大的选择余地。这些习题的计算工作量不大,但对巩固基本知识很有好处。(4) 在有限单元法中,由于多数文献是从变分原理导出公式的,因此,书中补充了从最小势能原理导出三角形单元公式的内容。此外,本书主要是使学生建立有限单元法的基本概念,故不再补充其他更多的内容。关于有限单元法程序,由于各校的计算机及使用的语言多不相同,且大都已经有了自己的程序,故也不作提供。(5) 为便于读者阅读弹性力学文献,在附录 B 中简单地介绍了直角坐标系中的下标记号法。

本书的修订,特别要感谢许多院校教授和专家的支持。张元直编审、姜弘道教授、卓家寿教授等都提出了许多重要意见,徐慰祖教授认真审阅了修订稿,特向他们致以深切的谢意。并希望教师和学生在今后的使用过程中,对修

　　订稿提出宝贵意见,以使徐芝纶教授编著的教科书得到进一步的完善。

　　本书第三版由河海大学王润富执笔修订。

王润富

2001 年 8 月

第二版前言

本书的第二版，是参照 1980 年 8 月教育部审定的《高等工业学校弹性力学教学大纲（草案）》对第一版进行修订而成的。由于第一版的内容超出该大纲所规定的较多，因此，修订时主要是删繁就简，只是对个别章节中的讲解有所补充。

首先，该大纲完全没有涉及温度应力问题和有关任一点形变状态的问题，对薄壳问题则"建议根据专业的需要情况，另设选修课程"。在第二版中，当然就删去了这三方面的内容。其次，在该大纲的说明书中，变分法和薄板的弯曲问题并没有列入"本课程的基本要求"，因此，第二版中对这两部分内容作了较多的删减。

体系和章节次序的安排，都保持或改为和该大纲一致。

在第二版中，仍然有一些章节的内容是该大纲中没有明确包括，或者虽然明确包括但是加了星号的，如全部讲授，总共约需 56 至 60 学时。如专业教学计划中配给本课程的学时只有 46 至 50，上述章节就不一定要讲授，其中包括 §2-7，§4-7，§6-9，§8-2，§8-4 至 §8-8，§9-7 至 §9-9。

某些专业教学计划只给本课程以 30 至 35 学时。对这些专业的学生，可以完全不讲授空间问题和薄板的弯曲问题，还可以不讲变分法的内容。这样，仍然可以达到该大纲中对"本课程的基本要求"。

徐芝纶

1983 年 5 月

第一版前言

本书是为高等学校水利、土建类专业编写的弹性力学教材。书中的内容系摘自编者为高等学校工科力学专业编写的《弹性力学》,以及以华东水利学院的名义编写的《弹性力学问题的有限单元法》,在内容的编排上根据水利、土建类专业的需要作了一些变动。

本书全部内容所需的教学时数,可能略多于现行有关专业教学计划中所规定的时数,各专业可根据不同情况对其中部分内容适当取舍。各章之后的习题,数量较多,可按照学生课外学时数的多少,布置其中的一部分。

本书承主审人清华大学龙驭球同志和太原工学院、浙江大学、成都科学技术大学、武汉建筑材料工业学院、北京工业大学、南京工学院、北京建筑工程学院、武汉水利电力学院、华北水利水电学院、西南交通大学参加审稿的同志提出了宝贵的意见,特此表示衷心的感谢。

姜弘道和李昭银两位同志参加了本书的编写工作。

徐芝纶

1979 年 11 月

目　　录

主要符号表

弹性力学(方括号内表示其量纲①)

坐标[L 或 1] 直角坐标 x,y,z；圆柱坐标 ρ,φ,z；极坐标 ρ,φ。

体力分量[$\mathrm{L^{-2}MT^{-2}}$] f_x,f_y,f_z(直角坐标系)；f_ρ,f_φ,f_z(圆柱坐标系)；f_ρ,f_φ(极坐标系)。

面力分量[$\mathrm{L^{-1}MT^{-2}}$] $\bar{f}_x,\bar{f}_y,\bar{f}_z$(直角坐标系)；$\bar{f}_\rho,\bar{f}_\varphi,\bar{f}_z$(圆柱坐标系)；$\bar{f}_\rho,\bar{f}_\varphi$(极坐标系)。

位移分量[L] u,v,w(直角坐标系)；u_ρ,u_φ,u_z(圆柱坐标系)；u_ρ,u_φ(极坐标系)。

边界约束分量[L] $\bar{u},\bar{v},\bar{w}$(直角坐标系)。

方向余弦[1] l,m,n(直角坐标系)。

应力分量[$\mathrm{L^{-1}MT^{-2}}$] 正应力 σ，切应力 τ；全应力 p；斜面应力分量 p_x,p_y,p_z(直角坐标系)；σ_n,τ_n；体积应力 Θ。

应变分量[1] 线应变 ε，切应变 γ；体积应变 θ。

势能和功[$\mathrm{L^2MT^{-2}}$] 应变能 U，外力势能 V，总势能 E_P；功 W。

艾里应力函数 Φ[$\mathrm{LMT^{-2}}$]。

弹性模量 E[$\mathrm{L^{-1}MT^{-2}}$]，切变模量 G[$\mathrm{L^{-1}MT^{-2}}$]，体积模量 K[$\mathrm{L^{-1}MT^{-2}}$]。

泊松比 μ[1]。

有限单元法(平面直角坐标系,三结点三角形单元)

体力列阵 $\boldsymbol{f}=[f_x \quad f_y]^\mathrm{T}$。

面力列阵 $\bar{\boldsymbol{f}}=[\bar{f}_x \quad \bar{f}_y]^\mathrm{T}$。

集中力列阵 $\boldsymbol{f}_\mathrm{P}=[f_{\mathrm{P}x} \quad f_{\mathrm{P}y}]^\mathrm{T}$。

位移函数列阵 $\boldsymbol{d}=[u(x,y) \quad v(x,y)]^\mathrm{T}$。

单元结点位移列阵 $\boldsymbol{\delta}^e=[\boldsymbol{\delta}_i \quad \boldsymbol{\delta}_j \quad \boldsymbol{\delta}_m]^\mathrm{T}$, $\boldsymbol{\delta}_i=[u_i \quad v_i]^\mathrm{T}$ (i,j,m)。

单元结点力列阵 $\boldsymbol{F}^e=[\boldsymbol{F}_i \quad \boldsymbol{F}_j \quad \boldsymbol{F}_m]^\mathrm{T}$, $\boldsymbol{F}_i=[F_{ix} \quad F_{iy}]^\mathrm{T}$ (i,j,m)。

单元结点荷载列阵 $\boldsymbol{F}_L^e=[\boldsymbol{F}_{Li} \quad \boldsymbol{F}_{Lj} \quad \boldsymbol{F}_{Lm}]^\mathrm{T}$, $\boldsymbol{F}_{Li}=[F_{Lix} \quad F_{Liy}]^\mathrm{T}$ (i,j,m)。

单元位移列阵 $\boldsymbol{d}=\boldsymbol{N}\boldsymbol{\delta}^e$ ($\boldsymbol{N}$ 为形函数矩阵)。

单元应变列阵 $\boldsymbol{\varepsilon}=\boldsymbol{B}\boldsymbol{\delta}^e$。 ($\boldsymbol{B}$ 为应变矩阵)。

---

① 量纲采用国际单位制(SI)表示,以长度(L)、质量(M)、时间(T)、电流(I)、热力学温度(Θ)、物质的量(N)、发光强度(J)为基本量。量纲一的量以符号"1"表示。

单元应力列阵　　$\boldsymbol{\sigma}=\boldsymbol{D}\boldsymbol{\varepsilon}=\boldsymbol{S}\boldsymbol{\delta}^{e}$　　　　（$\boldsymbol{D}$ 为弹性矩阵，$\boldsymbol{S}$ 为应力转换矩阵，$\boldsymbol{S}=\boldsymbol{DB}$）。

单元结点力列阵　　$\boldsymbol{F}^{e}=\boldsymbol{k}\boldsymbol{\delta}^{e}$　　　　（$\boldsymbol{k}$ 为单元劲度矩阵，$\boldsymbol{k}=\int_{A}\boldsymbol{B}^{\mathrm{T}}\boldsymbol{DB}\mathrm{d}x\mathrm{d}yt$）。

单元结点荷载列阵　　$\boldsymbol{F}_{L}^{e}=\boldsymbol{N}^{\mathrm{T}}\boldsymbol{f}_{\mathrm{P}}t+\int_{s_{\sigma}}\boldsymbol{N}^{\mathrm{T}}\bar{\boldsymbol{f}}\mathrm{d}st+\int_{A}\boldsymbol{N}^{\mathrm{T}}\boldsymbol{f}\mathrm{d}x\mathrm{d}yt$。

结点平衡方程组　　$\boldsymbol{K}\boldsymbol{\delta}=\boldsymbol{F}_{L}$　　　　（$\boldsymbol{K}$ 为整体劲度矩阵）。

第一章 绪 论

电子教案
第一章

视频 1-1
弹性力学
的内容

§1-1 弹性力学的内容

弹性体力学,通常简称为弹性力学,又称为弹性理论,是固体力学的一个分支,其中研究弹性体由于受外力作用、边界约束或温度改变等原因而发生的应力、应变和位移。

弹性力学和材料力学、结构力学都是研究结构在弹性阶段的应力、应变和位移,校核它们是否满足强度、刚度和稳定性的要求。然而,这三门学科在研究对象上有所分工,在研究方法上也有区别。

从研究对象上来看,材料力学主要研究杆状构件,如柱体、梁和轴,在拉压、剪切、弯曲和扭转等作用下的应力、应变和位移。结构力学是在材料力学的基础上,研究杆状构件所组成的杆件系统结构,例如桁架、刚架等。弹性力学研究各种形状的弹性体,除杆件外,还研究平面体、空间体、平板和壳体等。因此,弹性力学的研究对象更为广泛。

从研究方法上来看,弹性力学和材料力学,既有相似之处,又有一定的区别。弹性力学的研究方法是,在弹性体区域内必须严格地考虑静力学、几何学和物理学三方面的条件,在边界上必须严格地考虑受力条件和约束条件,由此建立微分方程和边界条件并进行求解,得出较精确的解答。而在材料力学中虽然也考虑这几方面的条件,但不是十分严格的。例如,材料力学中求解问题时,常引用近似的计算假设(如平截面假设)来简化问题,使问题的求解大为简化;并在许多方面进行了近似处理,如在梁中忽略了挤压应力 σ_y 的作用,且平衡条件和边界条件也不是严格地满足。一般地说,由于材料力学所建立的是近似理论,因此得出的是近似解答。但是,对于细长的杆状构件而言,材料力学解答的精度是足够的,符合工程上的要求(例如误差在 5% 以下)。对于非杆状构件,用材料力学方法得出的解答,往往具有较大误差,必须用弹性力学方法进行求解。

从数学上来看,弹性力学问题归结为在边界条件下求解微分方程组,属于微分方程的边值问题。在弹性力学中已经得出了许多解答,但是对于实际的工程问题,由于边界形状和受力状况等的复杂性,往往难以求得理论的解答。20 世纪 50 年代发展起来的<u>有限单元法</u>,是把连续的弹性体划分为许多有限大小的单元,并在结点上联结起来,构成所谓"离散化结构",然后用虚功原理或变分解法并应用电子计算机进行求解。现在,有限单元法已经发展和应用到弹性力学、固体力学、流体力学等学科,成为解决微分方程边值问题的有力手段,并且由于应用了电子计算机进行计算,其结果可以达到足够的精度。因此,用有限单元法解决工程上的弹性力学和其他固体力学等问题,已经没有什么困难了。

弹性力学是固体力学的一个分支,实际上它也是各门固体力学的基础。因为弹性力学在区域内和边界上所考虑的一些条件,也是其他固体力学必须考虑的基本条件。弹性力学中的许多基本解答也常常供其他固体力学应用或参考。

弹性力学在土木、水利、机械、交通、航空等工程学科中占有重要的地位。这是因为许多工程结构是非杆状的,需要用弹性力学方法进行分析;并且由于近代经济和技术的高速发展,许多大型、复杂的工程结构大量涌现,这些结构的安全性和经济性的矛盾十分突出,既要保证结构的安全运行,又要尽可能地节省投资,因此必须对结构进行严格而精确的分析,这就需要应用弹性力学、其他固体力学的理论及相应的有限单元法。由此可见,对于工科学生而言,弹性力学及其有限单元法是进行工程结构分析的非常重要的一门学科。

§1-2　弹性力学中的几个基本概念

弹性力学中经常用到的基本概念有外力、应力、应变和位移。以下说明这些物理量的定义、符号、量纲、正方向及其正负号的规定,以及与材料力学正负号规定的异同。

<u>外力</u>是指其他物体对研究对象(弹性体)的作用力。外力可以分为体积力和表面力,两者也分别简称为<u>体力</u>和<u>面力</u>。

所谓<u>体力</u>,是分布在物体体积内的力,例如重力和惯性力。物体内各点受体力的情况,一般是不相同的。为了表示该物体在某一点 P 所受体力的大小与方向,在这一点取物体的一小部分,它包含着 P 点而它的体积为 ΔV(图 1-1a)。设作用于 ΔV 的体力为 ΔF,则体力的平均集度为 $\Delta F/\Delta V$。如果把所取的那一小部分物体不断减小,即 ΔV 不断减小,则 ΔF 和 $\Delta F/\Delta V$ 都将不断地改变大小、方向

视频 1-2-1
体力、面力、
内力

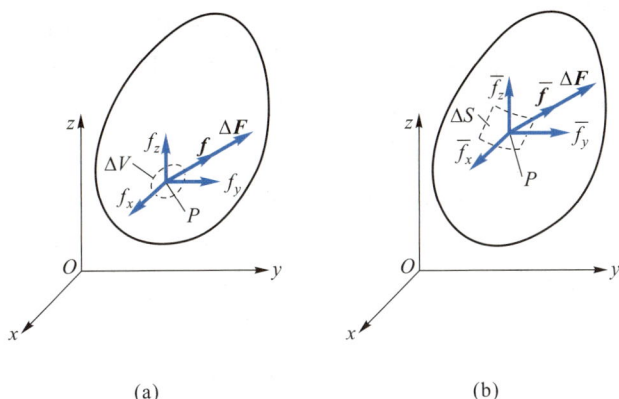

(a) (b)

图 1-1

和作用点。现在命 ΔV 无限减小而趋于 P 点,假定体力为连续分布,则 $\Delta F/\Delta V$ 将趋于一定的极限 $\boldsymbol{f}$,即

$$\lim_{\Delta V \to 0} \frac{\Delta \boldsymbol{F}}{\Delta V} = \boldsymbol{f}。$$

这个极限矢量 $\boldsymbol{f}$ 就是该物体在 P 点所受体力的集度。因为 ΔV 是标量,所以 $\boldsymbol{f}$ 的方向就是 $\Delta \boldsymbol{F}$ 的极限方向。矢量 $\boldsymbol{f}$ 在坐标轴 x, y, z 上的投影 f_x, f_y, f_z 称为该物体在 P 点的体力分量,以沿坐标轴正方向为正,沿坐标轴负方向为负。它们的量纲是 $L^{-2}MT^{-2}$。

所谓面力,是分布在物体表面上的力,例如流体压力和接触力。物体在其表面上各点受面力的情况一般也是不相同的。为了表示该物体在表面上某一点 P 所受面力的大小与方向,在这一点取该物体表面的一小部分,它包含着 P 点而它的面积为 ΔS(图 1-1b)。设作用于 ΔS 的面力为 $\Delta \boldsymbol{F}$,则面力的平均集度为 $\dfrac{\Delta \boldsymbol{F}}{\Delta S}$。

与上相似,命 ΔS 无限减小而趋于 P 点,假定面力为连续分布,则 $\dfrac{\Delta \boldsymbol{F}}{\Delta S}$ 将趋于一定的极限 $\bar{\boldsymbol{f}}$,即

$$\lim_{\Delta S \to 0} \frac{\Delta \boldsymbol{F}}{\Delta S} = \bar{\boldsymbol{f}}。$$

这个极限矢量 $\bar{\boldsymbol{f}}$ 就是该物体在 P 点所受面力的集度。因为 ΔS 是标量,所以 $\bar{\boldsymbol{f}}$ 的方向就是 $\Delta \boldsymbol{F}$ 的极限方向。矢量 $\bar{\boldsymbol{f}}$ 在坐标轴 x, y, z 上的投影 $\bar{f}_x, \bar{f}_y, \bar{f}_z$ 称为该物体在 P 点的面力分量,以沿坐标轴正方向为正,沿坐标轴负方向为负。它们的量纲是 $L^{-1}MT^{-2}$。

物体受外力作用以后,其内部将产生内力,即物体内部不同部分之间相互作用的力。为了研究物体在某一点 P 处的内力,假想用经过 P 点的一个截面 mn 将该物体分为 I 和 II 两部分,图 1-2,则在切开的两边截面上,物体部分 I 和 II 就相互作用一对大小相同、方向相反的力,这就是内力。若将 II 部分撤开,撤开的部分 II 将对 I 的截面 mn 上作用一定的内力。取这一截面的一小部分,它包含着 P 点而它的面积为 ΔA。设作用于 ΔA 上的内力为 $\Delta \boldsymbol{F}$,则内力的平均集度,即平均应力为 $\dfrac{\Delta \boldsymbol{F}}{\Delta A}$。现在命 ΔA 无限减小而趋于 P 点,假定内力连续分布,则 $\dfrac{\Delta \boldsymbol{F}}{\Delta A}$ 将趋于一定的极限 $\boldsymbol{p}$,即

图 1-2

$$\lim_{\Delta A \to 0} \frac{\Delta \boldsymbol{F}}{\Delta A} = \boldsymbol{p}。$$

这个极限矢量 $\boldsymbol{p}$ 就是物体在截面 mn 上 P 点的应力。因为 ΔA 是标量,所以应力 $\boldsymbol{p}$ 的方向就是 $\Delta \boldsymbol{F}$ 的极限方向。

任一截面上的全应力 $\boldsymbol{p}$,可以分解为沿坐标方向的分量 p_x, p_y, p_z;也可以分解为沿截面的法线方向及切线方向的分量,也就是正应力 σ 和切应力 τ,如图 1-2 所示,后者是与物体的变形和材料的强度直接相关的。应力及其分量的量纲是 $L^{-1}MT^{-2}$。

在物体内的同一点 P,不同截面上的应力是不同的。为了分析这一点的应力状态,首先来表示通过这一点的各直角坐标面上的应力分量。为此,在这一点从物体内取出一个微小的正平行六面体,它的棱边分别平行于三个坐标轴,长度分别为 $PA = \Delta x, PB = \Delta y, PC = \Delta z$,如图 1-3 所示,它的六个面都是"坐标面",即其外法线都是沿坐标方向的。凡外法线沿坐标轴正方向的,该面称为正坐标面或正面;凡外法线沿坐标轴负方向的,该面称为负坐标面或负面。每一个坐标面上的全应力 $\boldsymbol{p}$,都可以分解为一个正应力和两个切应力(图 1-3)。σ_x 表示作用于 x 面上且沿 x 方向的正应力,余类推;τ_{xy} 表示作用于 x 面上且沿 y 方向的切应力,余类推。

由于应力和内力都是成对出现的,因此在弹性力学中应力的正负号是这样规定的:凡作用在正坐标面上的各应力,以沿坐标轴正方向为正;凡作用在负坐标面上的各应力,以沿坐标轴负方向为正;反之都为负。读者试观察图 1-3 所示的应力分量,均为正号。

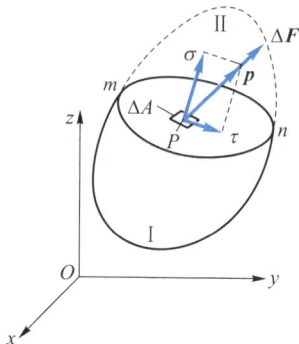

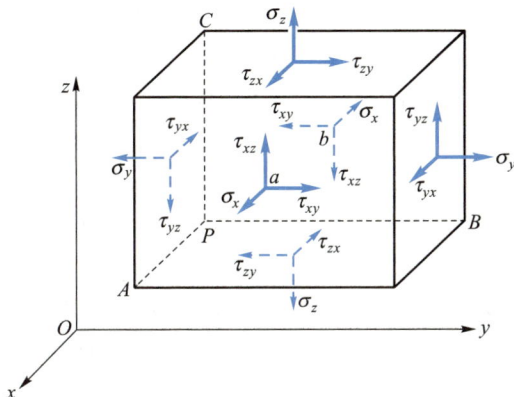

图 1-3

　　读者应注意,虽然上述的正负号规定对于正应力来说,结果和材料力学中的规定相同(拉应力为正而压应力为负),但是对于切应力来说,结果却和材料力学中的规定不完全相同。

　　六个切应力之间具有一定的互等关系。例如,以连接六面体前后两面中心的直线 ab 为矩轴,列出力矩平衡方程,得

$$2\tau_{yz}\Delta z\Delta x\frac{\Delta y}{2}-2\tau_{zy}\Delta y\Delta x\frac{\Delta z}{2}=0。$$

　　同样可以列出其余两个相似的方程,简化以后,得出

$$\tau_{yz}=\tau_{zy}, \quad \tau_{zx}=\tau_{xz}, \quad \tau_{xy}=\tau_{yx}。 \tag{1-1}$$

这就证明了切应力互等性:作用在两个互相垂直的面上并且垂直于该两面交线的切应力是互等的(大小相等,正负号也相同)。[①] 因此切应力符号的两个下标字母可以对调,并且这 6 个切应力分量可以只作为 3 个独立的未知函数。

　　在这里,我们没有考虑应力由于位置不同而有的变化,也就是把六面体中的应力当作均匀应力,而且也没有考虑体力的作用。以后可见,即使考虑到应力的变化和体力的作用,仍然可以推导出切应力的互等性。

　　附带指出,如果采用材料力学中的正负号规定(在平面上以顺时针转动方向的切应力为正),则切应力的互等性将表示成为 $\tau_{yz}=-\tau_{zy}$,$\tau_{zx}=-\tau_{xz}$,$\tau_{xy}=-\tau_{yx}$,显然不如采用上述规定时来得简单。但也应当指出,在利用莫尔圆(应力圆)时,就必须采用材料力学中的规定。

　　以后将证明,在物体的任意一点,如果已知 σ_x,σ_y,σ_z,τ_{yz},τ_{zx},τ_{xy} 这 6 个直角

---

　　① 更严格的证明,可见第二章 §2-2 和第七章 §7-1。

坐标面上的应力分量,就可以求得经过该点的任意截面上的正应力和切应力。因此上述 6 个应力分量可以完全确定该点的应力状态。

　　所谓应变,是用来描述物体各部分线段的长度改变和两线段夹角的改变。

　　为了分析在物体某一点 P 的应变状态,在这一点沿着坐标轴 x,y,z 的正方向取 3 条微小的线段 PA,PB,PC(图 1-3)。物体变形以后,这 3 条线段的长度以及它们之间的直角一般都将有所改变。各线段的每单位长度的伸缩,即单位伸缩或相对伸缩,称为线应变,亦称正应变;各线段之间的直角的改变量,用弧度表示,称为切应变。线应变用字母 ε 表示:ε_x 表示 x 方向的线段 PA 的线应变,余类推。线应变以伸长时为正,缩短时为负,与正应力的正负号规定相适应。切应变用字母 γ 表示:γ_{yz} 表示 y 与 z 两正方向的线段(即 PB 与 PC)之间的直角的改变量,余类推。切应变以直角变小时为正,变大时为负,与切应力的正负号规定相适应。例如,图 1-3 中的切应力 τ_{xy} 和 τ_{yx} 均为正号,由此产生的切应变 γ_{xy} 将使直角 $\angle APB$ 减小,因此切应变 γ_{xy} 也为正号。线应变和切应变都是量纲一的量。

　　可以证明,在物体的任意一点,如果已知 $\varepsilon_x,\varepsilon_y,\varepsilon_z,\gamma_{yz},\gamma_{zx},\gamma_{xy}$ 这 6 个直角坐标方向线段的应变分量,就可以求得经过该点的任一线段的线应变,也可以求得经过该点的任意两个线段之间的角度的改变量。因此,这 6 个应变分量,可以完全确定该点的应变状态。

　　所谓位移,就是位置移动的量。物体内任意一点的位移,用它在 x,y,z 三轴上的投影 u,v,w 来表示,以沿坐标轴正方向为正,沿坐标轴负方向为负。这 3 个投影称为该点的位移分量。位移及其分量的量纲是 L。

　　一般而论,弹性体内任意一点的体力分量、面力分量、应力分量、应变分量和位移分量都是随着该点的位置而变的,因而都是位置坐标的函数。

§1-3　弹性力学中的基本假定

　　在弹性力学的问题里,通常是已知物体的形状和大小(即已知物体的边界)、物体的弹性常数、物体所受的体力、物体边界上所受的约束情况或面力,而应力分量、应变分量和位移分量则是需要求解的未知量。

　　如何由这些已知量求出未知量,弹性力学的研究方法是:在弹性体区域内部,考虑静力学、几何学和物理学三方面条件,分别建立三套方程。即根据微分体的平衡条件,建立平衡微分方程;根据微分线段上应变与位移之间的几何关系,建立几何方程;根据应力与应变之间的物理关系,建立物理方程。此外,在弹性体的边界上,还要建立边界条件。即在给定面力的边界上,根据边界上的微分

体的平衡条件,建立应力边界条件;在给定约束的边界上,根据边界上的约束与位移的关系,建立位移边界条件。求解弹性力学问题,即在边界条件下从平衡微分方程、几何方程、物理方程求解应力分量、应变分量和位移分量。

对任何学科进行研究时,总不可能将所有的影响因素都考虑在内,否则该问题将会变成非常复杂而无法求解。因此在任何学科中总是首先对各种影响因素进行分析,既必须考虑那些主要的影响因素,又必须略去那些影响很小的因素。然后抽象地概括出这些主要因素,建立一个所谓的"物理模型",并对该模型进行研究。当然,研究的结果将可以用于任何符合该物理模型的实际物体。在弹性力学问题中,通过对主要影响因素的分析,归结为以下的几个弹性力学基本假定。首先是对物体的材料性质作如下的四个基本假定:

(1)连续性——假定物体是连续的,也就是假定整个物体的体积都被组成这个物体的介质所填满,不留下任何空隙。这样物体内的一些物理量,例如应力、应变、位移等才可能是连续的,因而才可能用坐标的连续函数来表示它们的变化规律。实际上一切物体都是由微粒组成的,严格来说都不符合上述假定。但是可以想见,只要微粒的尺寸以及相邻微粒之间的距离都比物体的尺寸小很多,那么关于物体连续性的假定就不会引起显著的误差。

(2)完全弹性——假定物体是完全弹性的。所谓完全弹性,指的是"物体在引起变形的外力被除去以后,能完全恢复原形而没有任何剩余变形"。这样的物体在任一瞬时的变形就完全决定于它在这一瞬时所受的外力,与它过去的受力情况无关。由材料力学已知:塑性材料的物体,在应力未达到屈服极限以前,是近似的完全弹性体;脆性材料的物体,在应力未超过比例极限以前,也是近似的完全弹性体。在一般的弹性力学中,完全弹性的这一假定,还包含应变与引起应变的应力成正比的涵义,亦即两者之间是呈线性关系的。因此这种线性的完全弹性体中应力和应变之间服从胡克定律,其弹性常数不随应力或应变的大小而变。

(3)均匀性——假定物体是均匀的,即整个物体是由同一材料组成的。这样整个物体的所有各部分才具有相同的弹性,因而物体的弹性才不随位置坐标而变。如果物体是由两种或两种以上的材料组成的,例如混凝土,那么也只要每一种材料的颗粒远远小于物体而且在物体内均匀分布,这个物体就可以当作是均匀的。

(4)各向同性——假定物体是各向同性的,即物体的弹性在所有各个方向都相同。这样物体的弹性常数才不随方向而变。显然由木材和竹材做成的构件都不能当作各向同性体。至于由钢材做成的构件,虽然它含有各向异性的晶体,但由于晶体很微小,而且是随机排列的,所以钢材构件的弹性(包含无数多微小晶体随机排列时的统观弹性),大致是各向相同的。

凡是符合以上四个假定的物体,就称为理想弹性体。

此外,还对物体的变形状态作如下的小变形假定:

(5)假定位移和应变是微小的。这就是说,假定物体受力以后,整个物体所有各点的位移都远远小于物体原来的尺寸,而且应变和转角都远小于1。这样在建立物体变形以后的平衡方程时,就可以方便地用变形以前的尺寸来代替变形以后的尺寸,而不致引起显著的误差;并且在考察物体的应变与位移的关系时,转角和应变的二次和更高次幂或乘积相对于其本身都可以略去不计。例如,对于微小的转角 α,有 $\cos \alpha = 1 - \frac{1}{2}\alpha^2 + \cdots \approx 1$,$\sin \alpha = \alpha - \frac{1}{3!}\alpha^3 + \cdots \approx \alpha$,$\tan \alpha = \alpha + \frac{1}{3}\alpha^3 + \cdots \approx \alpha$;对于微小的正应变 ε_x,有 $\frac{1}{1+\varepsilon_x} = 1 - \varepsilon_x + \varepsilon_x^2 - \varepsilon_x^3 + \cdots \approx 1 - \varepsilon_x$;等等。这样弹性力学里的几何方程和平衡微分方程都简化为线性方程。在上述这些假定下,弹性力学问题都化为线性问题,从而可以应用叠加原理。

本教程中所讨论的问题,都是理想弹性体的小变形问题。

§1-4   弹性力学的发展简史

人类从很早时就已经知道利用物体的弹性性质了,比如古代弓箭就是利用物体弹性的例子。当时人们还是不自觉地运用弹性原理,而人们有系统、定量地研究弹性力学,是从 17 世纪开始的。

弹性力学与其他任何学科一样,从这门力学的发展史中,可以看出人类认识自然是不断深化的过程:从简单到复杂,从粗糙到精确,从错误到正确的演变历史。许多数学家、力学家和实验工作者致力于弹性力学的理论研究和探索,使弹性力学理论得以建立,并且不断地深化和发展。

(1)发展初期(约于 1660—1820)。这段时期主要是通过实验探索物体的受力与变形之间的关系。1678 年,胡克通过实验,揭示了弹性体的变形与受力之间成比例的规律,被称为胡克定律。1680 年,马略特也独立提出了这个规律。1687 年,牛顿的经典著作《自然哲学的数学原理》得以出版,确立了运动三大定律,加之这个时期数学的迅速发展,共同为弹性力学数学物理方法的建立奠定了基础。1807 年,杨做了大量的实验,提出和测定了材料的弹性模量。18 世纪中期,伯努利和欧拉研究了梁的弯曲理论,建立了受压柱体的微分方程及其失稳的临界值公式。诸多力学家开始对杆件等的研究分析。

（2）理论基础的建立（约于 1821—1854）。这段时间建立了线性弹性力学的基本理论，并对材料性质进行了深入的研究。纳维（1821）从分子结构理论出发，建立了各向同性弹性体的方程，但其中只含一个弹性常数。柯西（1821—1822）从连续统模型出发，给出了应力和应变的严格定义，建立了弹性力学的平衡（运动）微分方程、几何方程和各向同性的广义胡克定律。格林（1838）应用能量守恒定律，指出各向异性体只有 21 个独立的弹性常数，稍后，汤姆逊由热力学定理证明了同样的结论。同时拉梅等再次肯定了各向同性体只有两个独立的弹性常数。由此，奠定了弹性力学的理论基础，将弹性力学问题转化为在给定边界条件下求解微分方程的边值问题。

（3）线性弹性力学的发展时期（约于 1855—1906）。在这段时期，数学家和力学家利用已建立的线性弹性理论，广泛用于解决工程实际问题，并得到了一些经典解答，同时在理论方面建立了许多重要的定理或原理，并提出了有效的求解方法。圣维南（1855）发表了关于柱体扭转和弯曲的论文，并提出了局部效应原理（即圣维南原理）和半逆解法。艾里（1863）提出了应力函数，以求解平面问题。赫兹（1881）求解了两弹性体局部接触问题。克希霍夫（1850 及以后）解决了平板的平衡和震动问题。基尔斯（1898）在计算圆孔附近的应力分布时发现了应力集中，并提出了应力集中问题的求解方法。爱隆针对薄壳结构做了一系列的研究工作。弹性力学在这段时期得到了飞跃式的发展。

（4）弹性力学更深入的发展时期（1907 至今）。1907 年以后，非线性弹性力学迅速地发展起来。卡门（1907）提出了薄板的大挠度问题。卡门和钱学森（1939）提出了薄壳的非线性稳定问题。莫纳汉和毕奥（1937—1939）提出了大应变问题。钱伟长（1948—1957）用摄动法求解薄板的大挠度问题。力学工作者还提出材料非线性问题（如塑性力学）。同时，线性弹性力学也得到进一步发展，出现了许多分支学科，如薄壁构件力学、薄壳力学、热弹性力学、黏弹性力学、各向异性和非均匀体的弹性力学等。

随着弹性力学理论体系的建立，弹性力学的解法也在不断地发展。首先是变分法（能量法）及其应用的迅速发展。在建立了弹性力学的方程后不久，就建立了弹性体的虚功原理和最小势能原理。贝蒂（1872）建立了功的互等定理。卡斯蒂利亚诺（1873—1879）建立了最小余能原理。瑞利（1877）和里茨（1908）从弹性体的虚功原理和最小势能原理出发，提出了著名的瑞利-里茨法。伽辽金（1915）提出了弹性力学问题的近似计算方法（伽辽金法）。此外，赫林格（1914）和瑞斯纳（1950）提出了两类变量的广义变分原理，胡海昌（1954）和鹫津（1955）提出了三类变量的广义变分原理。

这个时期，数值解法也广泛地应用于弹性力学问题。迈可斯（1932）提出了微分方程的差分解法,并得到广泛应用。在 20 世纪 30 年代及以后,出现了用复变函数的实部和虚部分别表示弹性力学的物理量,并用复变函数理论求解弹性力学问题,萨文和穆斯赫利什维利做了大量的研究工作,解决了诸多孔口应力集中等问题。1956 年之后,又出现了有限单元法,并且得到迅速的发展和应用,成为现在解决工程结构分析的强有力的工具。

随着弹性力学及有关力学分支的发展,为解决现代复杂工程结构的分析创造了条件,必将会对现代工业技术和自然科学的发展发挥更大的作用。

本章内容提要

1. 掌握弹性力学中的几个主要物理量(体力、面力、应力、应变和位移)的定义、量纲、符号及正负号规定。

2. 弹性力学的五个基本假定确定了弹性力学的研究对象(物理模型),即弹性力学研究理想弹性体(连续、均匀、各向同性、完全弹性的物体)的小变形状态。理解基本假定在建立弹性力学基本方程时的作用。

3. 弹性力学的研究方法是,在弹性体区域 V 内建立平衡微分方程、几何方程和物理方程,在边界 s 上建立应力边界条件和位移边界条件,然后在边界条件下求解上述三套微分方程组,得出应力、应变和位移的解答。

习　题

1-1　试举例说明什么是均匀的各向异性体,什么是非均匀的各向同性体。

1-2　一般的混凝土构件和钢筋混凝土构件能否作为理想弹性体? 一般的岩质地基和土质地基能否作为理想弹性体?

1-3　五个基本假定在建立弹性力学基本方程时有什么用途?

1-4　应力和面力的符号规定有什么区别? 试分别画出正坐标面和负坐标面上的正的应力和正的面力的方向。

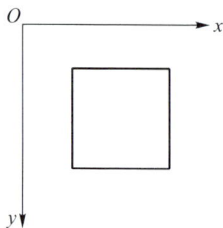

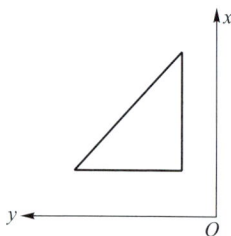

图 1-4　　　　　　　　　　　图 1-5

1–5   试比较弹性力学和材料力学中关于切应力的符号规定。

1–6   试举例说明正的应力对应于正的应变。

1–7   试画出图 1–4 中的矩形薄板的正的体力、面力和应力的方向。

1–8   试画出图 1–5 中的三角形薄板的正的面力和体力的方向。

1–9   在图 1–3 的六面体上，y 面上切应力 τ_{yz} 的合力与 z 面上切应力 τ_{zy} 的合力是否相等？

第二章 平面问题的基本理论

§2-1 平面应力问题与平面应变问题

　　一般的弹性力学问题都是空间问题。但是如果弹性体具有如下的形状,并且受到如下的外力和约束,就可以把空间问题简化为近似的平面问题。这样处理,分析和计算的工作量将大为减少,而所得的结果仍然可以满足工程上对精度的要求。

　　第一种平面问题是平面应力问题。设有很薄的等厚度薄板(图 2-1),只在板边上受有平行于板面并且不沿厚度变化的面力或约束(在板面上没有受到任何面力和约束)。同时体力也平行于板面并且不沿厚度变化。例如图中所示的深梁,以及平板坝的平板支墩就属于此类问题。

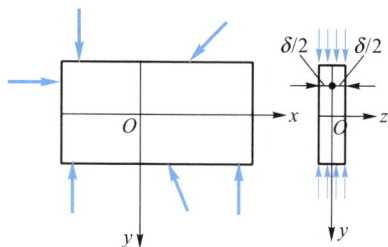

　　设薄板的厚度为 δ,以薄板的中面为

图 2-1

xy 面,以垂直于中面的任一直线为 z 轴。因为板面上 $\left(z = \pm \dfrac{\delta}{2}\right)$ 不受力,所以有

$$(\sigma_z)_{z = \pm \frac{\delta}{2}} = 0, \quad (\tau_{zx})_{z = \pm \frac{\delta}{2}} = 0, \quad (\tau_{zy})_{z = \pm \frac{\delta}{2}} = 0 。$$

由于板很薄,外力又不沿厚度变化,应力沿着板的厚度又是连续分布的,因此可以认为在整个薄板内部的所有各点都有

$$\sigma_z = 0, \quad \tau_{zx} = 0, \quad \tau_{zy} = 0 。$$

注意到切应力的互等性,又可见 $\tau_{xz} = 0, \tau_{yz} = 0$。这样只剩下平行于 xy 面的三个平面应力分量,即 $\sigma_x, \sigma_y, \tau_{xy} = \tau_{yx}$,所以这种问题称为平面应力问题。同时,也因为板很薄,作用于板上的外力和约束都不沿厚度变化,这三个应力分量以及相应

的应变分量,都可以认为是不沿厚度变化的。这就是说它们只是 x 和 y 的函数,不随 z 而变化。

归纳起来讲,所谓平面应力问题,就是只有平面应力分量(σ_x、σ_y 和 τ_{xy})存在,且仅为 x,y 的函数的弹性力学问题。进而可认为,凡是符合这两点的问题,也都属于平面应力问题。

第二种平面问题是平面应变问题。设有很长的柱形体,它的横截面不沿长度变化,如图 2-2 所示,在柱面上受有平行于横截面而且不沿长度变化的面力或约束,同时,体力也平行于横截面而且不沿长度变化(内在因素和外来作用都不沿长度变化)。

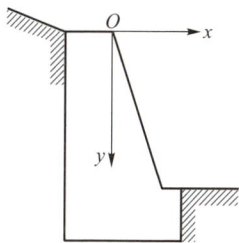

图 2-2

假想该柱形体为无限长,以任一横截面为 xy 面,任一纵线为 z 轴,则所有一切应力分量、应变分量和位移分量都不沿 z 方向变化,而只是 x 和 y 的函数。此外在这种情况下,由于对称(任一横截面都可以看作是对称面),所有各点都只会沿 x 和 y 方向移动,即只有 u 和 v,而不会有 z 方向的位移,也就是 $w=0$。因为所有各点的位移矢量都平行于 xy 面,所以这种问题称为平面位移问题。又由对称条件可知,$\tau_{zx}=0$,$\tau_{zy}=0$。根据切应力的互等性,又可以断定 $\tau_{xz}=0$,$\tau_{yz}=0$。由胡克定律,相应的切应变 $\gamma_{zx}=\gamma_{zy}=0$。又由于 z 方向的位移 w 处处均为零,就有 $\varepsilon_z=0$。因此只剩下平行于 xy 面的三个平面应变分量,即 ε_x,ε_y,γ_{xy},所以这种问题在习惯上称为平面应变问题。由于 z 方向的伸缩被阻止,所以 σ_z 一般并不等于零。

由此可见,所谓平面应变问题,就是只有平面应变分量(ε_x,ε_y 和 γ_{xy})存在,且仅为 x,y 的函数的弹性力学问题。进而可认为,凡符合这两点的问题,也都属于平面应变问题。

有些问题,例如挡土墙和很长的管道、隧洞问题等,是很接近于平面应变问题的。虽然由于这些结构不是无限长的,而且在两端面上的条件也与中间截面的情况不同,并不符合无限长柱形体的条件,但是实践证明,对于离开两端较远之处,按平面应变问题进行分析计算,得出的结果是工程上可用的。

§2-2 平衡微分方程

前已指出,在弹性力学中分析问题,要考虑静力学、几何学和物理学三方面的条件,分别建立三套方程。我们首先来考虑平面问题的静力学条件,在弹性体内任一点取出一个微分体,根据平衡条件来导出应力分量与体力分量之间的关系式,也就是平面问题的平衡微分方程。

从图 2-1 所示的薄板,或图 2-2 所示的柱形体,取出一个微小的正平行六面体,它在 x 和 y 方向的尺寸分别为 $\mathrm{d}x$ 和 $\mathrm{d}y$(图 2-3)。为了计算简便,它在 z 方向的尺寸取为一个单位长度。

一般而论,应力分量是位置坐标 x 和 y 的函数,因此作用于左右两对面或上下两对面的应力分量不完全相同,而具有微小的差量。例如,设作用于左面的正应力是 $\sigma_x(x)$;则作用于右面的正应力,由于 x 坐标改变为 $x+\mathrm{d}x$,按照连续性的基本假定,将 $\sigma_x(x+\mathrm{d}x)$ 用泰勒级数展开式表示,将是 $\sigma_x+\dfrac{\partial \sigma_x}{\partial x}\mathrm{d}x+\dfrac{1}{2}\dfrac{\partial^2 \sigma_x}{\partial x^2}\mathrm{d}x^2+\cdots$,略去

二阶以及二阶以上的微量后便是 $\sigma_x+\dfrac{\partial \sigma_x}{\partial x}\mathrm{d}x$

(若 σ_x 为常量,则 $\dfrac{\partial \sigma_x}{\partial x}=0$,而左右两面的正应力将都是 σ_x,这就是 §1-2 中所说的均匀应力的情况)。同样,设左面的切应力是 τ_{xy},则右面的切应力将是 $\tau_{xy}+\dfrac{\partial \tau_{xy}}{\partial x}\mathrm{d}x$;设上

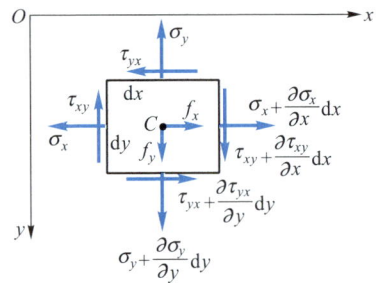

图 2-3

面的正应力及切应力分别为 σ_y 及 τ_{yx},则下面的正应力及切应力分别为 $\sigma_y+\dfrac{\partial \sigma_y}{\partial y}\mathrm{d}y$

及 $\tau_{yx}+\dfrac{\partial \tau_{yx}}{\partial y}\mathrm{d}y$。因为六面体是微小的,所以它在各面上所受的应力可以认为是均匀分布的,其合力作用在对应面的中心。同理,六面体所受的体力,也可以认为是均匀分布的,其合力作用在它的体积的中心。

首先以通过中心 C 并平行于 z 轴的直线为矩轴,列出力矩的平衡方程 $\sum M_C=0$:

$$\left(\tau_{xy}+\frac{\partial \tau_{xy}}{\partial x}\mathrm{d}x\right)\mathrm{d}y\times 1\times\frac{\mathrm{d}x}{2}+\tau_{xy}\mathrm{d}y\times 1\times\frac{\mathrm{d}x}{2}-$$

$$\left(\tau_{yx}+\frac{\partial \tau_{yx}}{\partial y}\mathrm{d}y\right)\mathrm{d}x\times 1\times\frac{\mathrm{d}y}{2}-\tau_{yx}\mathrm{d}x\times 1\times\frac{\mathrm{d}y}{2}=0。$$

在建立这一方程时,我们按照 §1-3 中的第(5)个基本假定(小变形假定),用了弹性体变形以前的尺寸,而没有用平衡状态下变形以后的尺寸。在以后建立任何平衡方程时,都将同样地处理,不再加以说明。将上式除以 $\mathrm{d}x\mathrm{d}y$,并合并相同的项,得到

$$\tau_{xy} + \frac{1}{2}\frac{\partial \tau_{xy}}{\partial x}dx = \tau_{yx} + \frac{1}{2}\frac{\partial \tau_{yx}}{\partial y}dy。$$

略去微量不计(亦即命 dx, dy 都趋于零),得出

$$\tau_{xy} = \tau_{yx}。 \tag{2-1}$$

这不过是再一次证明了切应力的互等性。

其次,以 x 轴为投影轴,列出投影的平衡方程 $\sum F_x = 0$:

$$\left(\sigma_x + \frac{\partial \sigma_x}{\partial x}dx\right)dy \times 1 - \sigma_x dy \times 1 +$$

$$\left(\tau_{yx} + \frac{\partial \tau_{yx}}{\partial y}dy\right)dx \times 1 - \tau_{yx}dx \times 1 + f_x dx dy \times 1 = 0。$$

约简以后,两边除以 $dxdy$,得

$$\frac{\partial \sigma_x}{\partial x} + \frac{\partial \tau_{yx}}{\partial y} + f_x = 0。$$

同样,由平衡方程 $\sum F_y = 0$ 可得一个相似的微分方程。于是得出平面问题中应力分量与体力分量之间的关系式,即平面问题中的平衡微分方程

$$\left.\begin{array}{l} \dfrac{\partial \sigma_x}{\partial x} + \dfrac{\partial \tau_{yx}}{\partial y} + f_x = 0, \\[3mm] \dfrac{\partial \sigma_y}{\partial y} + \dfrac{\partial \tau_{xy}}{\partial x} + f_y = 0。 \end{array}\right\} \tag{2-2}$$

这两个微分方程中包含着 3 个未知函数 $\sigma_x, \sigma_y, \tau_{xy} = \tau_{yx}$,因此决定应力分量的问题是超静定的,还必须考虑几何学和物理学方面的条件,才能解决问题。

在导出平衡微分方程时,我们应用了连续性和小变形的基本假定。因此这两个条件也是平衡微分方程的适用条件。同时也应说明,在导出平衡微分方程式(2-1),式(2-2)时,我们考虑到二阶微量的精确度,即凡是属于二阶微量的量,都必须予以考虑,高于二阶微量的量,都可以略去。

读者试检查,上述方程中的各项,其量纲必须是相同的(否则此方程必然是错误的)。据此,这也可以用来作为检查任何方程是否正确的一个条件。还应注意,平衡微分方程表示了区域内任一点的微分体的平衡条件,从而必然保证任一有限大部分和整个区域是满足平衡条件的。因此这样考虑的静力学条件是严格和精确的。

对于平面应变问题来说,在图 2-3 所示的六面体上,一般还有作用于前后两面的正应力 σ_z,但它们完全不影响方程式(2-1)及式(2-2)的建立,所以上述方程对于两种平面问题都同样适用。

§2-3   平面问题中一点的应力状态

下面我们分析一点的应力状态。若已知任一点 P 处各直角坐标面上的应力分量 $\sigma_x,\sigma_y,\tau_{xy}=\tau_{yx}$（图 2-4a），试求出经过该点的、平行于 z 轴而倾斜于 x 轴和 y 轴的任何斜面上的应力。为此，在 P 点附近取一个平面 AB，它平行于上述斜面，并与经过 P 点的 x 面 PB 和 y 面 PA 划出一个微小的三角板或三棱柱 PAB（图 2-4b）。当面积 AB 无限减小而趋于 P 点时，平面 AB 上的应力就成为上述斜面上的应力。

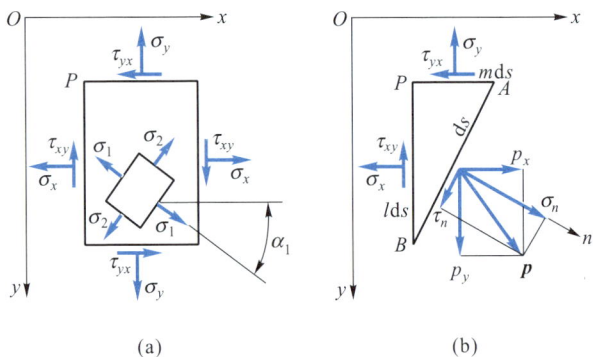

图 2-4

首先来求出斜面 AB 上的全应力 $\boldsymbol{p}$ 在 x 轴及 y 轴上的投影分量 p_x 及 p_y。用 n 代表斜面 AB 的外法线方向，其方向余弦为

$$\cos(n,x)=l,\quad \cos(n,y)=m。$$

设斜面 AB 的长度为 $\mathrm{d}s$，则 PB 面及 PA 面的长度分别为 $l\mathrm{d}s$ 及 $m\mathrm{d}s$，而 PAB 的面积为 $l\mathrm{d}sm\mathrm{d}s/2$。垂直于图平面的尺寸仍然取为一个单位长度。于是由平衡条件 $\sum F_x=0$ 得

$$p_x\mathrm{d}s-\sigma_x l\mathrm{d}s-\tau_{xy}m\mathrm{d}s+f_x\frac{l\mathrm{d}sm\mathrm{d}s}{2}=0,$$

其中的 f_x 为 x 方向的体力分量。将上式除以 $\mathrm{d}s$，然后命 $\mathrm{d}s$ 趋于零（命斜面 AB 趋于 P 点），即得

$$p_x=l\sigma_x+m\tau_{xy}。$$

同样可以由 $\sum F_y=0$ 得出一个相似的方程，总共得出两个方程

$$p_x=l\sigma_x+m\tau_{xy},\quad p_y=m\sigma_y+l\tau_{xy}。 \tag{2-3}$$

其次来求出斜面上的正应力和切应力。命斜面 AB 上的正应力为 σ_n，则由 p_x 及 p_y 的投影可得

$$\sigma_n = lp_x + mp_y。$$

将式 (2-3) 代入，即得

$$\sigma_n = l^2\sigma_x + m^2\sigma_y + 2lm\tau_{xy}。 \tag{2-4}$$

命斜面 AB 上的切应力为 τ_n，则由投影得

$$\tau_n = lp_y - mp_x。$$

将式 (2-3) 代入，即得

$$\tau_n = lm(\sigma_y - \sigma_x) + (l^2 - m^2)\tau_{xy}。 \tag{2-5}$$

然后，再求一点的主应力及应力主向。设经过 P 点的某一斜面上的切应力等于零，则该斜面上的正应力称为在 P 点的一个主应力，而该斜面称为在 P 点的一个应力主面，该斜面的法线方向（即主应力的方向）称为在 P 点的一个应力主向。

在一个应力主面上，由于切应力等于零，全应力就等于该面上的正应力，也就等于主应力 σ（图 2-4a），因此该面上的全应力在坐标轴上的投影成为

$$p_x = l\sigma，\quad p_y = m\sigma。$$

将式 (2-3) 代入，即得

$$l\sigma_x + m\tau_{xy} = l\sigma，\quad m\sigma_y + l\tau_{xy} = m\sigma。$$

由两式分别解出比值 m/l，得到

$$\frac{m}{l} = \frac{\sigma - \sigma_x}{\tau_{xy}}，\quad \frac{m}{l} = \frac{\tau_{xy}}{\sigma - \sigma_y}。 \tag{a}$$

由于上列两式的等号左边都是 $\dfrac{m}{l}$，因而它们的等号右边也应相等，于是可得 σ 的二次方程

$$\sigma^2 - (\sigma_x + \sigma_y)\sigma + (\sigma_x\sigma_y - \tau_{xy}^2) = 0，$$

从而求得两个主应力为

$$\left.\begin{array}{c}\sigma_1 \\ \sigma_2\end{array}\right\} = \frac{\sigma_x + \sigma_y}{2} \pm \sqrt{\left(\frac{\sigma_x - \sigma_y}{2}\right)^2 + \tau_{xy}^2}。 \tag{2-6}$$

由于根号内的数值（两个数的平方之和）总是正的，所以 σ_1 和 σ_2 这两个根都是实根。此外，由式 (2-6) 极易看出下列关系式成立：

$$\sigma_1 + \sigma_2 = \sigma_x + \sigma_y。 \tag{2-7}$$

下面来求出主应力的方向。设 σ_1 与 x 轴的夹角为 α_1（图 2-4a），则

$$\tan\alpha_1 = \frac{\sin\alpha_1}{\cos\alpha_1} = \frac{\cos(90° - \alpha_1)}{\cos\alpha_1} = \frac{m_1}{l_1}。$$

利用式(a)中的第一式,即得

$$\tan \alpha_1 = \frac{\sigma_1 - \sigma_x}{\tau_{xy}} 。 \tag{b}$$

设 σ_2 与 x 轴的夹角为 α_2 ,则

$$\tan \alpha_2 = \frac{\sin \alpha_2}{\cos \alpha_2} = \frac{\cos(90° - \alpha_2)}{\cos \alpha_2} = \frac{m_2}{l_2} 。$$

利用式(a)中的第二式,即得

$$\tan \alpha_2 = \frac{\tau_{xy}}{\sigma_2 - \sigma_y} 。$$

再利用由式(2-7)得来的 $\sigma_2 - \sigma_y = -(\sigma_1 - \sigma_x)$,可见有

$$\tan \alpha_2 = -\frac{\tau_{xy}}{\sigma_1 - \sigma_x} 。 \tag{c}$$

于是由式(b)及式(c)可见有 $\tan \alpha_1 \tan \alpha_2 = -1$,也就是说 σ_1 的方向与 σ_2 的方向互相垂直,如图 2-4a 所示。

如果已经求得任一点的两个主应力 σ_1 和 σ_2 ,以及与之对应的应力主向,就极易求得这一点的最大与最小的应力。为了简便,将 x 轴和 y 轴分别放在 σ_1 和 σ_2 的方向,于是有

$$\tau_{xy} = 0 , \quad \sigma_x = \sigma_1 , \quad \sigma_y = \sigma_2 。 \tag{d}$$

先来求出最大与最小的正应力。由式(2-4)及式(d)有

$$\sigma_n = l^2 \sigma_1 + m^2 \sigma_2 。$$

用关系式 $l^2 + m^2 = 1$ 消去 m^2 ,得到

$$\sigma_n = l^2 \sigma_1 + (1 - l^2) \sigma_2 = l^2 (\sigma_1 - \sigma_2) + \sigma_2 。$$

因为 l^2 的最大值为 1 而最小值为零,所以 σ_n 的最大值为 σ_1 而最小值为 σ_2 。这就是说,两个主应力也就是最大与最小的正应力。

再来求出最大与最小的切应力。按照式(2-5)及式(d),任一斜面上的切应力为

$$\tau_n = lm(\sigma_2 - \sigma_1) 。$$

用关系式 $l^2 + m^2 = 1$ 消去 m ,得

$$\tau_n = \pm l \sqrt{1 - l^2} (\sigma_2 - \sigma_1) = \pm \sqrt{l^2 - l^4} (\sigma_2 - \sigma_1)$$

$$= \pm \sqrt{\frac{1}{4} - \left(\frac{1}{2} - l^2\right)^2} (\sigma_2 - \sigma_1) 。$$

由上式可见,当 $\frac{1}{2} - l^2 = 0$ 时 τ_n 为最大或最小,于是得 $l = \pm \sqrt{\frac{1}{2}}$,而最大与最小的

切应力为 $\pm\dfrac{\sigma_1-\sigma_2}{2}$，发生在与 x 轴及 y 轴（即应力主向）成 45°的斜面上。

§2-4 几何方程 刚体位移

现在来考虑平面问题的几何学条件，导出微分线段上的应变分量与位移分量之间的几何关系式，也就是平面问题中的几何方程。

经过弹性体内的任意一点 P，沿 x 轴和 y 轴的正方向取两个微小长度的线段 $PA=\mathrm{d}x$ 和 $PB=\mathrm{d}y$（图 2-5）。假定弹性体受力以后，P,A,B 三点分别移动到 P',A',B'。

首先来求出线段 PA 和 PB 的线应变，即 ε_x 和 ε_y，用位移分量来表示。设 P 点在 x 方向的位移是 u；则 A 点在 x 方向的位移，由于 x 坐标改变为 $x+\mathrm{d}x$，同

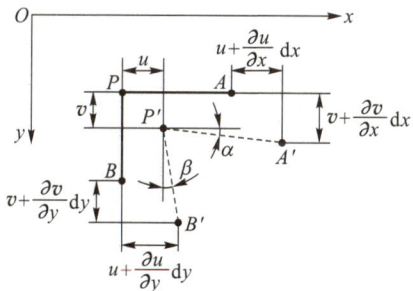

视频 2-4-1
几何方程

图 2-5

样地用泰勒级数的展开式表示，并略去二阶及二阶以上的微量，将是 $u+\dfrac{\partial u}{\partial x}\mathrm{d}x$。

可见线段 PA 的线应变是

$$\varepsilon_x=\frac{\left(u+\dfrac{\partial u}{\partial x}\mathrm{d}x\right)-u}{\mathrm{d}x}=\frac{\partial u}{\partial x}\text{。} \tag{a}$$

在这里，由于位移微小，y 方向的位移 v 所引起的 PA 的伸缩，是高一阶的微量，因此略去不计。同样可见，线段 PB 的线应变是

$$\varepsilon_y=\frac{\partial v}{\partial y}\text{。} \tag{b}$$

下面来求出线段 PA 与 PB 之间的直角的改变量，也就是切应变 γ_{xy}，用位移分量来表示。由图可见，这个切应变是由两部分组成的：一部分是由 y 方向的位移 v 引起的，即 x 方向的线段 PA 的转角 α；另一部分是由 x 方向的位移 u 引起的，即 y 方向的线段 PB 的转角 β。

设 P 点在 y 方向的位移分量是 v，则 A 点在 y 方向的位移分量将是 $v+\dfrac{\partial v}{\partial x}\mathrm{d}x$。因此线段 PA 的转角是

$$\alpha = \frac{\left(v + \frac{\partial v}{\partial x}dx\right) - v}{dx} = \frac{\partial v}{\partial x}.$$

同样可得线段 PB 的转角是

$$\beta = \frac{\partial u}{\partial y}.$$

于是可见，PA 与 PB 之间的直角的改变（以减小时为正），也就是切应变 γ_{xy}，为

$$\gamma_{xy} = \alpha + \beta = \frac{\partial v}{\partial x} + \frac{\partial u}{\partial y}. \tag{c}$$

综合式（a），式（b），式（c），就是<u>平面问题中的几何方程</u>：

$$\varepsilon_x = \frac{\partial u}{\partial x}, \quad \varepsilon_y = \frac{\partial v}{\partial y}, \quad \gamma_{xy} = \frac{\partial v}{\partial x} + \frac{\partial u}{\partial y}. \tag{2-8}$$

和平衡微分方程一样，上列几何方程对两种平面问题同样适用。在导出几何方程的过程中，也应用了连续性和小变形的基本假定，因此这两个条件同样也是几何方程的适用条件。按照小变形假定，在几何方程中略去了应变分量的二次幂及更高阶的小量，因而使几何方程成为线性的方程。

由几何方程可见，当物体的<u>位移分量完全确定时</u>，<u>应变分量即完全确定</u>。这是因为，从数学公式上看，由位移分量求应变分量是求导数的计算；从物理概念上看，当物体内各点的位移确定时，则任一微分线段上的应变也就完全确定了。<u>反之，当应变分量完全确定时</u>，<u>位移分量却不能完全确定</u>。为了说明这后一点，试令应变分量等于零，即

$$\varepsilon_x = \varepsilon_y = \gamma_{xy} = 0, \tag{d}$$

而求出相应的位移分量。

将式（d）代入几何方程式（2-8），得

$$\frac{\partial u}{\partial x} = 0, \quad \frac{\partial v}{\partial y} = 0, \quad \frac{\partial v}{\partial x} + \frac{\partial u}{\partial y} = 0. \tag{e}$$

将前两式分别对 x 及 y 积分，得

$$u = f_1(y), \quad v = f_2(x), \tag{f}$$

其中 f_1 及 f_2 为任意函数。代入式（e）中的第三式，得

$$-\frac{df_1(y)}{dy} = \frac{df_2(x)}{dx}.$$

这一方程的左边是 y 的函数，只随 y 而变；而右边是 x 的函数，只随 x 而变。因此只可能两边都等于同一常数 ω。于是得

$$\frac{df_1(y)}{dy} = -\omega, \quad \frac{df_2(x)}{dx} = \omega.$$

积分以后,得

$$f_1(y) = u_0 - \omega y, \quad f_2(x) = v_0 + \omega x, \quad \text{(g)}$$

其中的 u_0 及 v_0 为任意常数。将式(g)代入式(f),得位移分量

$$u = u_0 - \omega y, \quad v = v_0 + \omega x_{\circ} \quad (2-9)$$

式(2-9)所示的位移是"应变为零"时的位移,也就是所谓"与变形无关的位移",因此必然是**刚体位移**。实际上,u_0 及 v_0 分别为物体沿 x 轴及 y 轴方向的刚体平移,而 ω 为物体绕 z 轴的刚体转动。下面根据平面运动的原理加以证明。

视频 2-4-2
刚体位移

当三个常数中只有 u_0 不为零时,由式(2-9)可见,物体中任意一点的位移分量都是 $u = u_0, v = 0$。这就是说,物体的所有各点只沿 x 方向移动同样的距离 u_0。由此可见,u_0 代表物体沿 x 方向的刚体平移。同样可见,v_0 代表物体沿 y 方向的刚体平移。当只有 ω 不为零时,由式(2-9)可见,物体中任意一点的位移分量是 $u = -\omega y, v = \omega x$。据此,坐标为 (x,y) 的任意一点 P 沿着 y 方向移动 ωx,并沿着负 x 方向移动 ωy,如图2-6所示,而合成位移为

$$\sqrt{u^2+v^2} = \sqrt{(-\omega y)^2+(\omega x)^2}$$
$$= \omega\sqrt{x^2+y^2} = \omega\rho,$$

其中 ρ 为 P 点至 z 轴的距离。命合成位移的方向与 y 轴的夹角为 α,则

$$\tan\alpha = \omega y/(\omega x) = y/x = \tan\varphi_{\circ}$$

可见合成位移的方向与径向线段 OP 垂直,也就是沿着切向。既然 OP 线上的所有各点移动的方向都

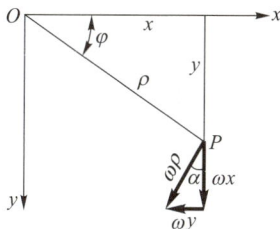

图 2-6

是沿着切向,而且移动的距离等于径向距离 ρ 乘以 ω,可见(注意位移是微小的)ω 代表物体绕 z 轴的刚体转动。

既然物体在应变为零时可以有刚体位移,可见当物体发生一定的应变时,其位移是由两部分组成的,一部分是与应变有关的位移,另一部分是与应变无关的刚体位移。因而当应变确定时,它的位移并不是完全确定的。在平面问题中,常数 u_0, v_0, ω 的任意性就反映位移的不确定性,而为了完全确定位移,就必须有三个适当的刚体约束条件来确定这三个常数。

§2-5 物 理 方 程

现在来考虑平面问题的物理学条件,导出应变分量与应力分量之间的物理关系式,也就是平面问题中的物理方程。

视频 2-5
物理方程

在理想弹性体中,应变分量与应力分量之间的关系极其简单,已在材料力学中根据胡克定律导出如下:

$$
\left.\begin{aligned}
\varepsilon_x &= \frac{1}{E}\left[\sigma_x - \mu(\sigma_y + \sigma_z)\right], \\[2mm]
\varepsilon_y &= \frac{1}{E}\left[\sigma_y - \mu(\sigma_z + \sigma_x)\right], \\[2mm]
\varepsilon_z &= \frac{1}{E}\left[\sigma_z - \mu(\sigma_x + \sigma_y)\right], \\[2mm]
\gamma_{yz} &= \frac{1}{G}\tau_{yz}, \quad \gamma_{zx} = \frac{1}{G}\tau_{zx}, \quad \gamma_{xy} = \frac{1}{G}\tau_{xy}\,。
\end{aligned}\right\}
\tag{2-10}
$$

式中的 E 是拉压弹性模量,简称为弹性模量;G 是切变模量,又称为剪切模量;μ 称为泊松比,或泊松系数。这三个弹性常数之间有如下的关系:

$$
G = \frac{E}{2(1+\mu)}\,。
\tag{2-11}
$$

这些弹性常数不随应力或应变的大小而变,不随位置坐标而变,也不随方向而变,因为我们假定考虑的物体是完全弹性的,均匀的,而且是各向同性的。

在平面应力问题中,$\sigma_z = 0$。在式(2-10)的第一式及第二式中删去 σ_z,并将式(2-11)代入式(2-10)中的最后一式,得

$$
\left.\begin{aligned}
\varepsilon_x &= \frac{1}{E}(\sigma_x - \mu\sigma_y), \\[2mm]
\varepsilon_y &= \frac{1}{E}(\sigma_y - \mu\sigma_x), \\[2mm]
\gamma_{xy} &= \frac{2(1+\mu)}{E}\tau_{xy}\,。
\end{aligned}\right\}
\tag{2-12}
$$

这就是平面应力问题中的物理方程。此外,式(2-10)中的第三式成为

$$
\varepsilon_z = -\frac{\mu}{E}(\sigma_x + \sigma_y),
\tag{a}
$$

ε_z 可以直接由 σ_x 和 σ_y 得出,因而不作为独立的未知函数。并由 ε_z 可以求得薄板厚度的改变。又由式(2-10)中的第四式及第五式可见,因为在平面应力问题中有 $\tau_{yz} = 0$ 和 $\tau_{zx} = 0$,所以有 $\gamma_{yz} = 0$ 和 $\gamma_{zx} = 0$。

在平面应变问题中,因为物体的所有各点都不沿 z 方向移动,即 $w = 0$,所以 z 方向的线段都没有伸缩,即 $\varepsilon_z = 0$。于是由式(2-10)中的第三式得

$$
\sigma_z = \mu(\sigma_x + \sigma_y)\,。
\tag{b}
$$

同样,σ_z 也不作为独立的未知函数。将上式代入式(2-10)中的第一式及第二式,并结合式(2-10)中的第三式,得

$$\varepsilon_x = \frac{1-\mu^2}{E}\left(\sigma_x - \frac{\mu}{1-\mu}\sigma_y\right),$$

$$\varepsilon_y = \frac{1-\mu^2}{E}\left(\sigma_y - \frac{\mu}{1-\mu}\sigma_x\right), \quad (2-13)$$

$$\gamma_{xy} = \frac{2(1+\mu)}{E}\tau_{xy}\,。$$

这就是平面应变问题中的物理方程。此外,因为在平面应变问题中也有 $\tau_{yz}=0$ 和 $\tau_{zx}=0$,所以也有 $\gamma_{yz}=0$ 和 $\gamma_{zx}=0$。

可以看出,两种平面问题的物理方程是不一样的。然而,如果在平面应力问题的物理方程式(2-12)中,将 E 换为 $\dfrac{E}{1-\mu^2}$,μ 换为 $\dfrac{\mu}{1-\mu}$,就得到平面应变问题的物理方程式(2-13),其中的第三式也不例外,因为

$$\frac{2\left(1+\dfrac{\mu}{1-\mu}\right)}{\dfrac{E}{1-\mu^2}} = \frac{2(1+\mu)}{E}\,。$$

以上导出的三套方程,就是弹性力学平面问题的基本方程:两个平衡微分方程式(2-2),3 个几何方程式(2-8),3 个物理方程式(2-12)或式(2-13)。这 8 个基本方程中包含8 个未知函数(坐标的未知函数):3 个应力分量 σ_x,σ_y,$\tau_{xy}=\tau_{yx}$;3 个应变分量 ε_x,ε_y,γ_{xy};2 个位移分量 u,v。此外,还必须考虑弹性体边界上的条件,才有可能求出这些未知函数。

§2-6   边 界 条 件

边界条件表示在边界上位移与约束,或应力与面力之间的关系式。它可以分为位移边界条件、应力边界条件和混合边界条件。

若在 s_u 部分边界上给定了约束位移分量 $\bar{u}(s)$ 和 $\bar{v}(s)$,则对于此边界上的每一点,位移函数 u 和 v 应满足条件

$$(u)_s = \bar{u}(s), \quad (v)_s = \bar{v}(s)。 \quad (\text{在 } s_u \text{ 上}) \quad (2-14)$$

其中$(u)_s$ 和$(v)_s$ 是位移的边界值,$\bar{u}(s)$ 和 $\bar{v}(s)$ 是在边界 s 上的已知函数。式(2-14)称为平面问题的位移(或约束)边界条件。位移边界条件是关于变量 s 的函数方程,而不是代数方程。它要求在边界 s 上的每一点,都必须满足上述方程。对于完全固定边,$\bar{u}=\bar{v}=0$,有

$$(u)_s = 0, \quad (v)_s = 0。 \qquad (在 s_u 上) \qquad (a)$$

若在 s_σ 部分边界上给定了面力分量 $\bar{f}_x(s)$ 和 $\bar{f}_y(s)$，则可以由边界上任一点微分体的平衡条件，导出应力与面力之间的关系式。为此，在边界上任一点 P 取出一个相似于图 2-4b 的微分体。这时，斜面 AB 就是边界面，在此面上的应力分量 p_x 和 p_y 应代换为面力分量 $\bar{f}_x$ 和 $\bar{f}_y$，而坐标面上的 $\sigma_x,\sigma_y,\tau_{xy}$ 分别成为应力分量的边界值，由平衡条件得出平面问题的应力（或面力）边界条件为

$$\left.\begin{array}{l}(l\sigma_x+m\tau_{yx})_s=\bar{f}_x(s), \\ (m\sigma_y+l\tau_{xy})_s=\bar{f}_y(s)。\end{array}\right\} \qquad (在 s_\sigma 上) \qquad (2-15)$$

视频 2-6-2 应力边界条件

其中 $\bar{f}_x(s)$ 和 $\bar{f}_y(s)$ 是在边界 s 上的已知函数；l,m 是边界面外法线的方向余弦。应力边界条件也是关于变量 s 的函数方程。它要求在边界 s 上的每一点，都必须满足上述方程。

读者应注意：在应力边界条件式（2-15）中，应力分量和面力分量分别作用于边界点的不同的面上，且各有不同的正负号规定（其中方向余弦 l,m 按三角公式计算）。由于微分体是微小的，所以式（2-15）表示在边界点 P，坐标面上的应力分量与边界面（一般为斜面）上的面力分量之间的关系式。应力边界条件是在边界上建立的，因此必须把边界 s 的坐标表达式代入到左边的应力分量中，式（2-15）才成立。在建立应力边界条件时，我们考虑到一阶微量的精确度，因此体力项不在应力边界条件中出现。

当边界面为坐标面时，应力边界条件可以化为简单的形式。例如，若边界面 $x=a$ 为正 x 面（其外法线指向正 x 方向），$l=1,m=0$，则在此面上应力边界条件式（2-15）简化为

$$(\sigma_x)_{x=a}=\bar{f}_x(y), \quad (\tau_{xy})_{x=a}=\bar{f}_y(y)。 \qquad (b)$$

若边界面 $x=b$ 为负 x 面（其外法线指向负 x 方向），$l=-1,m=0$，则在此面上应力边界条件式（2-15）简化为

$$(\sigma_x)_{x=b}=-\bar{f}_x(y), \quad (\tau_{xy})_{x=b}=-\bar{f}_y(y)。 \qquad (c)$$

在式（b）和式（c）中，正、负 x 面上的面力分量一般为随 y 而变化的函数。由式（b）和式（c）可见，由于应力分量和面力分量的正负号规定的不同，在正坐标面上，应力分量与面力分量同号（例如，正的面力分量对应于正的应力分量）；在负坐标面上，应力分量与面力分量异号（例如，正的面力分量对应于负的应力分量）。

从上还可见，应力边界条件可以有两种表达方式：一是如上所述，在边界点

取出一个微分体,考虑其平衡条件,得出应力边界条件。另一种表达方式是,在同一边界面上,应力分量的边界值应当等于对应的面力分量。由于面力分量是给定的,因此应力分量的绝对值应等于面力分量的绝对值;而面力分量的方向就是应力分量的方向,并可按照应力分量的正负号规定来确定应力分量的正负号。

例如,若边界面 $y=c$, $y=d$ 分别为正、负 y 坐标面,按照后一种表达方式,在同一边界面上就同样有

$$(\sigma_y)_{y=c}=\bar{f}_y(x), \qquad (\tau_{yx})_{y=c}=\bar{f}_x(x);$$

$$(\sigma_y)_{y=d}=-\bar{f}_y(x), \qquad (\tau_{yx})_{y=d}=-\bar{f}_x(x)。$$

当边界面为斜面时,则在斜面边界上就有

$$(p_x)_s=\bar{f}_x(s), \qquad (p_y)_s=\bar{f}_y(s)。$$

将式(2-3)代入上式的 p_x, p_y,就得到一般的斜面边界条件式(2-15)。

在平面问题中,每边都有表示 x 向和 y 向的两个边界条件。并且在边界面为正、负 x 面时,应力边界条件中并没有 σ_y;在边界面为正、负 y 面时,应力边界条件中并没有 σ_x。这就是说,平行于边界面的正应力,它的边界值与面力分量并不直接相关。

在平面问题的混合边界条件中,物体的一部分边界具有已知位移,因而属于位移边界条件,如式(2-14)所示;另一部分边界则具有已知面力,因而属于应力边界条件,如式(2-15)所示。此外,在同一部分边界上还可能出现混合边界条件,即两个边界条件中的一个是位移边界条件,而另一个则是应力边界条件。例如,设某一个 x 面是连杆支承边(图 2-7a),则在 x 方向有位移边界条件 $(u)_s=\bar{u}=0$,而在 y 方向有应力边界条件 $(\tau_{xy})_s=\bar{f}_y=0$。又例如,设某一个 x 面是齿槽边(图 2-7b),则在 x 方向有应力边界条件 $(\sigma_x)_s=\bar{f}_x=0$,而在 y 方向有位移边界条件 $(v)_s=\bar{v}=0$。

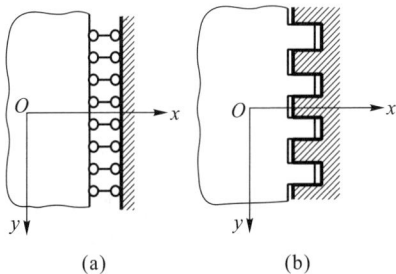

(a)   (b)

图 2-7

§2-7   圣维南原理及其应用

在求解弹性力学问题时,应力分量、应变分量和位移分量等必须满足区域内的三套基本方程,还必须满足边界上的边界条件,因此,弹性力学问题属于微分方程的边值问题。但是要严格地满足所有的边界条件,往往会遇到很大的困难。圣维南于 1855 年提出了局部效应原理,以后称为圣维南原理。它可为简化局部边界上的应力边界条件提供很大的方便。

圣维南原理表明:如果把物体的一小部分边界上的面力,变换为分布不同但静力等效的面力(主矢量相同,对于同一点的主矩也相同),那么近处的应力分布将有显著的改变,但是远处所受的影响可以不计。

这里特别要注意的是,圣维南原理只能应用于一小部分边界上(又称为局部边界、小边界或次要边界)。当小边界上的面力变换为静力等效的面力时,则近处的应力分布明显地改变了,但远处的应力几乎不受影响。所谓"近处",根据实际经验,大约是变换面力的边界的 1~2 倍范围内;而此范围之外,可以认为是"远处"。因此当小边界上的面力变换为静力等效的面力时,除了小边界附近产生局部效应外,对绝大部分物体区域的应力不会发生明显的影响。但是如果将面力的等效变换范围应用到大边界(又称为主要边界)上,则必然使整个物体的应力状态都改变了。因此读者应注意,在大边界上不能应用圣维南原理。

例如,在图 2-8 的细长杆中,两端面各有不同的力系作用,但它们都是主矢量为 F,对端面中点的力矩为零的静力等效力系。又由于两端面都是小边界,根据圣维南原理,在两端面附近的局部区域,应力分布显著不同;除此之外的绝大部分区域,其应力状态几乎没有什么差别。

图 2-8

又例如,图 2-9 所示的半无限平面体的表面,在 O 点附近的局部边界上作用有不同的力系,但也都是静力等效的力系:主矢量均为 F,对原点 O 的主矩均为零。又由于图 2-9 中的面力作用区域都是局部的,因此也只有在 O 点附近的局部区域,应力分布明显不同,而在绝大部分的半平面区域,其应力状态可认为是相同的。

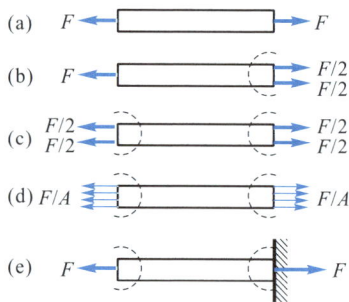

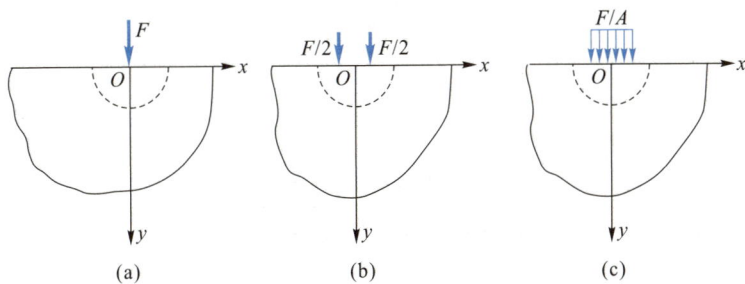

图 2-9

圣维南原理还可以推广到下列情形:如果物体一小部分边界上的面力是一个平衡力系(主矢量及主矩都等于零),那么这个面力就只会使近处产生显著的应力,而远处的应力可以不计。这是因为主矢量和主矩都等于零的面力,与无面力状态是静力等效的,只能在近处产生显著的应力。

例如,在图 2-10b 中,在右端局部区域作用的一对平衡的集中力,是静力等效于零的力系。因此只能在右端附近产生应力,其余绝大部分区域的应力状态,应与图 2-10a 相近,接近无应力状态。

又如图 2-11 所示的为带小圆孔的无限平面域。在图 2-11b 中,圆孔周围作用有均布的压力。由于它也是一个平衡力系,因此也只有在圆孔附近的局部区域产生显著的应力,而平面体的绝大部分区域,也与图 2-11a 相似,接近无应力状态。

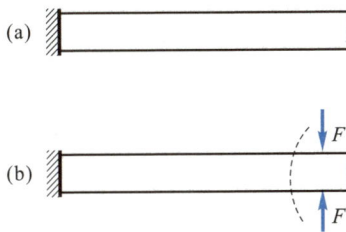

图 2-10

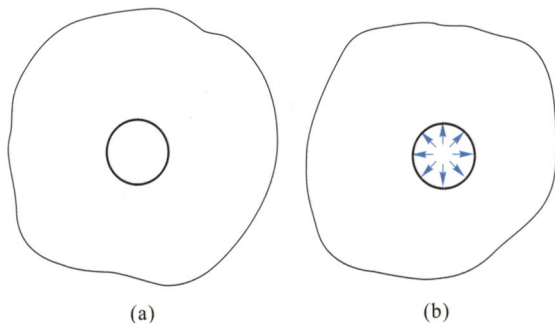

图 2-11

圣维南原理对于简化局部边界上的应力边界条件很有用处。例如,在小边界上,当精确的应力边界条件不能满足时,可以用等效的主矢量和主矩条件来代替。又如,当某一小边界上面力的分布未知,但知道其主矢量和主矩,也可以按圣维南原理进行处理。此外,对于小边界上面力为等效的一些问题,可以互相推广解答的应用。

在应力边界条件上应用圣维南原理,就是在小边界上将精确的应力边界条件式(2–15),代之为静力等效的主矢量和主矩的条件。

例如,在图 2–12 中由于 $h \ll l$,故左、右两端是小边界。按照式(2–15),在左右端边界面上,严格的边界条件要求

$$(\sigma_x)_{x=\pm l} = \pm \bar{f}_x(y), \quad (\tau_{xy})_{x=\pm l} = \pm \bar{f}_y(y)。 \tag{a}$$

式(a)是很难满足的,因为式(a)要求在 $x = \pm l$ 的边界上每一点(每一 y 值),应力都与对应的分布面力相等。

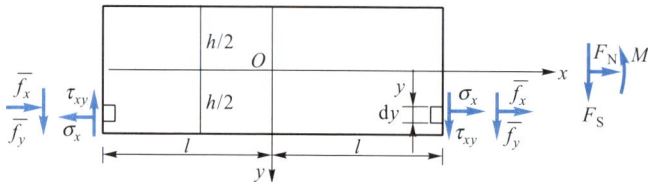

图 2–12

但是应用圣维南原理,式(a)可以代替为下面的静力等效条件:在左右端小边界上,使应力的主矢量等于面力的主矢量,应力对某点的主矩等于面力对同一点的主矩(即数值相同,方向一致)。具体表达式为(设梁的宽度,即 z 方向的尺寸为 1)

$$\left. \begin{array}{l} \displaystyle\int_{-h/2}^{h/2} (\sigma_x)_{x=\pm l}\,\mathrm{d}y = \pm \int_{-h/2}^{h/2} \bar{f}_x(y)\,\mathrm{d}y, \\[3mm] \displaystyle\int_{-h/2}^{h/2} (\sigma_x)_{x=\pm l}\,\mathrm{d}y \cdot y = \pm \int_{-h/2}^{h/2} \bar{f}_x(y)\,\mathrm{d}y \cdot y, \\[3mm] \displaystyle\int_{-h/2}^{h/2} (\tau_{xy})_{x=\pm l}\,\mathrm{d}y = \pm \int_{-h/2}^{h/2} \bar{f}_y(y)\,\mathrm{d}y。 \end{array} \right\} \tag{b}$$

如果不是给出面力的分布,而是直接给出单位宽度上面力的主矢量和主矩,如图 2–12 中所示的 F_N, F_S, M,则在 $x = l$ 的小边界上,三个积分边界条件成为

$$\left. \begin{array}{l} \displaystyle\int_{-h/2}^{h/2} (\sigma_x)_{x=l}\,\mathrm{d}y = F_N, \\[3mm] \displaystyle\int_{-h/2}^{h/2} (\sigma_x)_{x=l}\,\mathrm{d}y \cdot y = M, \\[3mm] \displaystyle\int_{-h/2}^{h/2} (\tau_{xy})_{x=l}\,\mathrm{d}y = F_S。 \end{array} \right\} \tag{c}$$

在小边界上应用圣维南原理,也可以直接地表达为:在同一小边界面上,应

力的主矢量和主矩,应分别等于面力的主矢量和主矩。由于面力是已知的,因而面力的主矢量和主矩的绝对值及其方向也是已知的。因此应力的主矢量和主矩的绝对值,应分别等于面力的主矢量和主矩的绝对值;而面力主矢量和主矩的方向,就是应力主矢量和主矩的方向,并可按应力分量的正负号规定,来确定应力主矢量和主矩的正负号。具体地讲,在边界面上,正的应力方向,就是应力主矢量的正方向;正的应力乘以正的力臂,如$(+\sigma)\times(+y)$,得出的力矩方向就是应力主矩的正方向。从图2-12中可看出,式(c)中的应力主矢量和主矩都应为正号。

将小边界上的精确的应力边界条件式(a)与近似的积分的应力边界条件式(b)相比,可以得出:

(1) 式(a)是精确的,而式(b)是近似的。

(2) 式(a)有两个条件,一般为两个函数方程;式(b)有三个积分条件,均为代数方程。

(3) 在求解时,式(a)难以满足,而式(b)易于满足。当小边界上的条件式(a)难以满足时,便可以用式(b)来代替。

§2-8　按位移求解平面问题

综上所述,平面问题中共有8个未知函数(3个应力分量、3个应变分量和两个位移分量),它们必须满足区域内的平衡微分方程、几何方程和物理方程,以及在边界上的应力和位移边界条件。为了求解方便,可以采用消元法进行求解。

按位移求解的方法,又称为位移法。它是以位移分量为基本未知函数,从方程和边界条件中消去应力分量和应变分量,导出只含位移分量的方程和相应的边界条件,并由此解出位移分量,然后再求出应变分量和应力分量。

按应力求解的方法,又称为应力法。它是以应力分量为基本未知函数,从方程和边界条件中消去位移分量和应变分量,导出只含应力分量的方程和边界条件,并由此解出应力分量,然后再求出应变分量和位移分量。

上述两种解法,分别类似于结构力学中的位移法和力法。但应注意,在结构力学中求解的方程,都是代数方程(数值方程);而在弹性力学中求解的方程,是微分方程。

现在来导出按位移求解平面问题的方程和边界条件。

(1) 取位移分量u和v为基本未知函数。

(2) 为了消元,须将其他未知函数用基本未知函数——位移分量来表示。

视频2-8 按位移求解

首先,几何方程式(2-8)就是用位移分量表示应变分量的表达式。其次,对于平面应力问题,从物理方程式(2-12)求出应力分量,使它们用应变分量表示:

$$
\left.
\begin{aligned}
\sigma_x &= \frac{E}{1-\mu^2}(\varepsilon_x + \mu\varepsilon_y), \\[2mm]
\sigma_y &= \frac{E}{1-\mu^2}(\varepsilon_y + \mu\varepsilon_x), \\[2mm]
\tau_{xy} &= \frac{E}{2(1+\mu)}\gamma_{xy}。
\end{aligned}
\right\}
\tag{2-16}
$$

再将几何方程式(2-8)代入,就得到用位移分量表示应力分量的表达式

$$
\left.
\begin{aligned}
\sigma_x &= \frac{E}{1-\mu^2}\left(\frac{\partial u}{\partial x} + \mu\frac{\partial v}{\partial y}\right), \\[2mm]
\sigma_y &= \frac{E}{1-\mu^2}\left(\frac{\partial v}{\partial y} + \mu\frac{\partial u}{\partial x}\right), \\[2mm]
\tau_{xy} &= \frac{E}{2(1+\mu)}\left(\frac{\partial v}{\partial x} + \frac{\partial u}{\partial y}\right)。
\end{aligned}
\right\}
\tag{2-17}
$$

(3) 将式(2-17)代入区域内的平衡微分方程,得到用位移分量表示的平衡微分方程,即按位移求解的基本方程:

$$
\left.
\begin{aligned}
\frac{E}{1-\mu^2}\left(\frac{\partial^2 u}{\partial x^2} + \frac{1-\mu}{2}\frac{\partial^2 u}{\partial y^2} + \frac{1+\mu}{2}\frac{\partial^2 v}{\partial x\partial y}\right) + f_x = 0, \\[2mm]
\frac{E}{1-\mu^2}\left(\frac{\partial^2 v}{\partial y^2} + \frac{1-\mu}{2}\frac{\partial^2 v}{\partial x^2} + \frac{1+\mu}{2}\frac{\partial^2 u}{\partial x\partial y}\right) + f_y = 0。
\end{aligned}
\right\}
\tag{2-18}
$$

(4) 将式(2-17)代入应力边界条件式(2-15),简化以后得

$$
\left.
\begin{aligned}
\frac{E}{1-\mu^2}\left[l\left(\frac{\partial u}{\partial x} + \mu\frac{\partial v}{\partial y}\right) + m\frac{1-\mu}{2}\left(\frac{\partial u}{\partial y} + \frac{\partial v}{\partial x}\right)\right]_s &= \bar{f}_x, \\[2mm]
\frac{E}{1-\mu^2}\left[m\left(\frac{\partial v}{\partial y} + \mu\frac{\partial u}{\partial x}\right) + l\frac{1-\mu}{2}\left(\frac{\partial v}{\partial x} + \frac{\partial u}{\partial y}\right)\right]_s &= \bar{f}_y。
\end{aligned}
\right\}
\quad (\text{在 } s_\sigma \text{ 上})
\tag{2-19}
$$

这是用位移表示的应力边界条件,也就是按位移求解平面应力问题时所用的应力边界条件。

位移边界条件仍然如式(2-14)所示,即

$$
(u)_s = \bar{u}, \quad (v)_s = \bar{v}。 \quad (\text{在 } s_u \text{ 上})
$$

归结起来讲,按位移求解平面应力问题时,就是要使位移分量在区域内满足微分方程式(2-18),并在边界上满足位移边界条件式(2-14)和应力边界条件式(2-19)。

上述的这些条件,是求解位移分量 u 和 v 时必须满足的全部条件,也是校核已经得出的 u 和 v 的解答是否正确的全部条件。求出位移分量以后,即可用几

何方程式(2-8)求得应变分量,再用式(2-17)求得应力分量。

平面应变问题与平面应力问题相比,除了物理方程不同外,其他的方程与边界条件都相同。只要将上述各方程和边界条件中的 E 换为 $\dfrac{E}{1-\mu^2}$,μ 换为 $\dfrac{\mu}{1-\mu}$,就可以得出平面应变问题按位移求解的方程和边界条件。同样,如果已求得平面应力问题的解答,只需将 E,μ 作同样的转换,就可以得出对应的平面应变问题的解答。

位移法能适应各种边界条件问题的求解。其缺点是,从较复杂的方程式(2-18)和边界条件式(2-19)等具体求解位移函数时,往往会遇到很大的困难,因此已得出的函数解答很少。但是位移法仍然是弹性力学的一种基本解法,它在弹性力学的各种近似数值解法中有着广泛的应用。

为了说明位移法的应用,下面举一个简单的例题:设图 2-13a 所示的杆件,在 y 方向的上端为固定,而下端为自由,受自重体力 $f_x=0$,$f_y=\rho g$(ρ 是杆的密度,g 是重力加速度)的作用。试用位移法求解此问题。

为了简化,将这个问题作为一维问题处理,设 $u=0$,$v=v(y)$,泊松比 $\mu=0$。将这些量和体力分量代入方程式(2-18),其中第一式自然满足,而第二式成为

$$\frac{\mathrm{d}^2v}{\mathrm{d}y^2}=-\frac{\rho g}{E}。$$

由此式解出

$$v=-\frac{\rho g}{2E}y^2+Ay+B。\tag{a}$$

上、下边的边界条件分别要求

$$(v)_{y=0}=0,\tag{b}$$
$$(\sigma_y)_{y=h}=0。\tag{c}$$

将式(a)代入式(b)得 $B=0$,将式(a)(取 $B=0$)代入式(2-17)第二式,再代入式(c),即得 $A=\dfrac{\rho gh}{E}$。由此得出解答

$$v=\frac{\rho g}{2E}(2hy-y^2)，\quad \sigma_y=\rho g(h-y)。$$

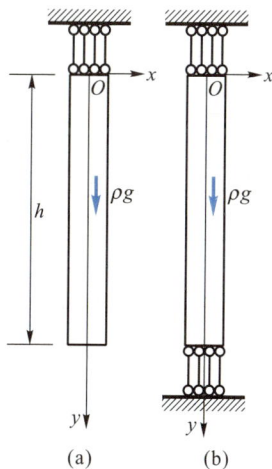

图 2-13

对于图 2-13b 所示的问题,读者可以类似地求出其解答。

§2-9   按应力求解平面问题   相容方程

按应力求解平面问题的方程和边界条件,可以类似地导出如下。

(1) 取应力分量 $\sigma_x, \sigma_y, \tau_{xy}$ 为基本未知函数。

(2) 将其他未知函数用应力分量表示。应变分量可以简单地用应力分量表示,即物理方程式(2-12)式(2-13)。为了用应力分量表示位移分量,须将物理方程代入几何方程式(2-8),然后通过积分等运算求出位移分量。因此用应力分量表示位移分量的表达式较为复杂,且其中包含了待定的积分项。从而使位移边界条件式(2-14)用应力分量表示的式子十分复杂,且很难求解。所以在按应力求解函数解答时,通常只求解全部为应力边界条件的问题(即 $s = s_\sigma$,$s_u = 0$)。

(3) 在区域内导出求解应力的基本方程。

两个平衡微分方程式(2-2)中,只包含应力分量,可以作为求解应力分量的方程,即

$$\begin{cases} \dfrac{\partial \sigma_x}{\partial x} + \dfrac{\partial \tau_{yx}}{\partial y} + f_x = 0, \\[2mm] \dfrac{\partial \sigma_y}{\partial y} + \dfrac{\partial \tau_{xy}}{\partial x} + f_y = 0。 \end{cases}$$

由于应力分量有 3 个,而平衡微分方程只有两个,还不足以求出应力分量。因此需要从几何方程和物理方程中消去位移分量和应变分量,导出只含应力分量的补充方程。

由于位移分量只在几何方程中存在,可以先从几何方程中消去位移分量。考察几何方程式(2-8),即

$$\varepsilon_x = \frac{\partial u}{\partial x}, \quad \varepsilon_y = \frac{\partial v}{\partial y}, \quad \gamma_{xy} = \frac{\partial v}{\partial x} + \frac{\partial u}{\partial y}。$$

将 ε_x 对 y 的二阶偏导数和 ε_y 对 x 的二阶偏导数相加,得

$$\frac{\partial^2 \varepsilon_x}{\partial y^2} + \frac{\partial^2 \varepsilon_y}{\partial x^2} = \frac{\partial^3 u}{\partial x \partial y^2} + \frac{\partial^3 v}{\partial y \partial x^2} = \frac{\partial^2}{\partial x \partial y}\left(\frac{\partial u}{\partial y} + \frac{\partial v}{\partial x}\right)。$$

注意到这个等式右边括弧中的表达式就等于 γ_{xy},于是得

$$\frac{\partial^2 \varepsilon_x}{\partial y^2} + \frac{\partial^2 \varepsilon_y}{\partial x^2} = \frac{\partial^2 \gamma_{xy}}{\partial x \partial y}。 \tag{2-20}$$

这个关系式称为变形协调方程或相容方程。

现在,我们来利用物理方程将相容方程中的应变分量消去,使相容方程中只包含应力分量。

对于平面应力问题,将物理方程式(2-12)代入式(2-20),得

$$\frac{\partial^2}{\partial y^2}(\sigma_x - \mu\sigma_y) + \frac{\partial^2}{\partial x^2}(\sigma_y - \mu\sigma_x) = 2(1+\mu)\frac{\partial^2 \tau_{xy}}{\partial x \partial y}。 \tag{a}$$

利用平衡微分方程,可以简化上式,使它只包含正应力而不包含切应力。为此,将平衡微分方程式(2-2)写成

$$\begin{cases} \dfrac{\partial \tau_{yx}}{\partial y} = -\dfrac{\partial \sigma_x}{\partial x} - f_x, \\[2mm] \dfrac{\partial \tau_{xy}}{\partial x} = -\dfrac{\partial \sigma_y}{\partial y} - f_y。 \end{cases}$$

将二式分别对 x 及 y 求导,然后相加,并注意 $\tau_{yx} = \tau_{xy}$,得

$$2\frac{\partial^2 \tau_{xy}}{\partial x \partial y} = -\frac{\partial^2 \sigma_x}{\partial x^2} - \frac{\partial^2 \sigma_y}{\partial y^2} - \frac{\partial f_x}{\partial x} - \frac{\partial f_y}{\partial y}。$$

代入式(a),简化以后得到用应力表示的相容方程

$$\left(\frac{\partial^2}{\partial x^2} + \frac{\partial^2}{\partial y^2}\right)(\sigma_x + \sigma_y) = -(1+\mu)\left(\frac{\partial f_x}{\partial x} + \frac{\partial f_y}{\partial y}\right)。 \tag{2-21}$$

对于平面应变问题,进行同样的推演,可以导出一个与此相似的方程

$$\left(\frac{\partial^2}{\partial x^2} + \frac{\partial^2}{\partial y^2}\right)(\sigma_x + \sigma_y) = -\frac{1}{1-\mu}\left(\frac{\partial f_x}{\partial x} + \frac{\partial f_y}{\partial y}\right)。 \tag{2-22}$$

但是也可以不必进行推演,只要如§2-5 中所述,把方程式(2-21)中的 μ 换为 $\dfrac{\mu}{1-\mu}$,就得到这一方程。

(4)应力边界条件。若全部边界上均为应力边界条件,即 $s = s_\sigma, s_u = 0$,则有

$$\left.\begin{array}{l} (l\sigma_x + m\tau_{yx})_s = \bar{f}_x, \\[2mm] (m\sigma_y + l\tau_{xy})_s = \bar{f}_y。 \end{array}\right\} \quad (在\ s = s_\sigma\ 上)$$

归纳起来讲,按应力求解平面问题时,应力分量 σ_x, σ_y 和 τ_{xy} 必须满足下列条件:(1)在区域内的平衡微分方程式(2-2);(2)在区域内的相容方程式(2-21)或式(2-22);(3)在边界上的应力边界条件式(2-15),其中假设只求解全部为应力边界条件的问题(即 $s = s_\sigma, s_u = 0$)。

对于单连体(对于平面问题,即只有一个连续边界的物体),上述条件就是确定应力的全部条件。对于多连体(对于平面问题,即具有两个或两个以上的连

续边界的物体,如有孔口的物体),还需满足多连体中的位移单值条件。因为对于多连体的情况,应力分量的表达式中常常有待定的项,需要利用"位移必须为单值"这样的所谓位移单值条件,才能完全确定应力分量,这点将在§4-6中作深入介绍。

上述的条件,是求解应力的全部条件,也是校核应力分量 σ_x、σ_y 和 τ_{xy} 是否正确的全部条件。对于已有的解答,可以应用这些条件进行校核。

关于相容方程的物理意义,说明如下:在连续性假定下,物体的变形是满足几何方程的,并由此可以导出相容方程。也就是说,连续体的应变分量 ε_x、ε_y、γ_{xy} 不是互相独立的,而是相关的,它们之间必须满足相容方程,才能保证对应的位移分量 u 和 v 的存在。如果任意选取函数 ε_x、ε_y、γ_{xy} 而不能满足相容方程,那么由三个几何方程中的任何两个求出的位移分量,将与第三个几何方程不能相容,也就是互相矛盾。这就是说,不满足相容方程的应变分量,不是物体中实际存在的,也求不出对应的位移分量。

视频 2-9-2
相容方程

例如,试取显然不满足相容方程式(2-20)的应变分量

$$\varepsilon_x = 0, \quad \varepsilon_y = 0, \quad \gamma_{xy} = Cxy, \tag{b}$$

则由几何方程式(2-8)中的前两式得

$$\frac{\partial u}{\partial x} = 0, \quad \frac{\partial v}{\partial y} = 0,$$

从而得

$$u = f_1(y), \quad v = f_2(x)。 \tag{c}$$

另一方面,将式(b)中的第三式代入几何方程式(2-8)中的第三式,又得出

$$\frac{\partial v}{\partial x} + \frac{\partial u}{\partial y} = Cxy。 \tag{d}$$

显然,式(c)和式(d)不能相容,也就是互相矛盾。因此,这组应变分量对应的位移分量不存在。

§2-10   常体力情况下的简化   应力函数

视频 2-10
应力函数

在很多的工程问题中,体力是常量,即体力分量 f_x 和 f_y 不随坐标 x 和 y 而变。例如重力和常加速度下平移时的惯性力,就是常量的体力。在常体力的情况下,相容方程式(2-21)和式(2-22)的右边都为零,因而两种平面问题的相容方程都简化为

$$\left(\frac{\partial^2}{\partial x^2} + \frac{\partial^2}{\partial y^2} \right) (\sigma_x + \sigma_y) = 0 。 \tag{2-23}$$

可见,在体力为常量的情况下,$\sigma_x + \sigma_y$ 应当满足拉普拉斯微分方程即调和方程,也就是说,$\sigma_x + \sigma_y$ 应当是调和函数。为了书写简便,下面用记号 ∇^2 代表 $\frac{\partial^2}{\partial x^2} + \frac{\partial^2}{\partial y^2}$,把方程式(2-23)简写为

$$\nabla^2 (\sigma_x + \sigma_y) = 0 。$$

由以上的讨论可见,在体力为常量的情况下,按应力求解应力边界问题时,应力分量 $\sigma_x , \sigma_y , \tau_{xy}$ 应当满足平衡微分方程

$$\left. \begin{aligned} \frac{\partial \sigma_x}{\partial x} + \frac{\partial \tau_{xy}}{\partial y} + f_x = 0 , \\ \frac{\partial \sigma_y}{\partial y} + \frac{\partial \tau_{xy}}{\partial x} + f_y = 0 , \end{aligned} \right\} \tag{a}$$

和相容方程式(2-23)。并在边界上满足应力边界条件式(2-15)(假设全部边界上均为应力边界条件,即 $s = s_\sigma , s_u = 0$)。对于多连体,还需考虑位移单值条件。

首先,我们来考察以下三个条件:(1) 体力为常量,则相容方程简化为式(2-23);(2) 全部边界上均为应力边界条件,没有位移边界条件;(3) 弹性体为单连体,位移单值条件自然满足,不必再校核。在这样三个条件下,求解应力分量 $\sigma_x , \sigma_y , \tau_{xy}$ 的全部条件——相容方程式(2-23),平衡微分方程式(2-2)和应力边界条件式(2-15)均不包含任何弹性常数,因此得出的应力分量 σ_x , σ_y 和 τ_{xy} 必然与弹性常数无关。从而在弹性体的边界形状相同和受力相同的情况下,可以得出:

(1) 对于不同的材料,这三个应力分量的理论解答相同;在用试验方法求应力时,可以用不同的模型材料来代替。

(2) 对于两类平面问题,这三个应力分量的解答相同,即理论解可以互相通用;在模型试验时,可以用平面应力问题的模型代替平面应变问题的模型,使模型的制作和加载大为简化。

其次,在常体力的情况下,平衡微分方程的解答可以直接求出。平衡微分方程式(a)是一个非齐次微分方程组,它的解答包含两部分,即它的任意一组特解及下列齐次微分方程的通解:

$$\left. \begin{aligned} \frac{\partial \sigma_x}{\partial x} + \frac{\partial \tau_{xy}}{\partial y} = 0 , \\ \frac{\partial \sigma_y}{\partial y} + \frac{\partial \tau_{xy}}{\partial x} = 0 。 \end{aligned} \right\} \tag{b}$$

特解可以取为

$$\sigma_x = -f_x x, \quad \sigma_y = -f_y y, \quad \tau_{xy} = 0,$$ (c)

也可以取为

$$\sigma_x = 0, \quad \sigma_y = 0, \quad \tau_{xy} = -f_x y - f_y x,$$

以及

$$\sigma_x = -f_x x - f_y y, \quad \sigma_y = -f_x x - f_y y, \quad \tau_{xy} = 0,$$

等的形式,因为它们都能满足微分方程式(a)。

下面来研究齐次方程式(b)的通解。根据微分方程理论,偏导数具有相容性。若设函数 $f = f(x, y)$,则有

$$\frac{\partial}{\partial x}\left(\frac{\partial f}{\partial y}\right) = \frac{\partial}{\partial y}\left(\frac{\partial f}{\partial x}\right)。$$ (d)

假如函数 C 和 D 满足下列关系式:

$$\frac{\partial}{\partial x}(C) = \frac{\partial}{\partial y}(D),$$

那么,对照上式,一定存在某一函数 f,使得

$$C = \frac{\partial f}{\partial y}, \quad D = \frac{\partial f}{\partial x}。$$

为了求得齐次微分方程式(b)的通解,将其中前一个方程改写为

$$\frac{\partial \sigma_x}{\partial x} = \frac{\partial}{\partial y}(-\tau_{xy})。$$

根据上述微分方程理论,这就一定存在某一个函数 $A(x, y)$,使得

$$\sigma_x = \frac{\partial A}{\partial y},$$ (e)

$$-\tau_{xy} = \frac{\partial A}{\partial x}。$$ (f)

同样,将式(b)中的第二个方程改写为

$$\frac{\partial \sigma_y}{\partial y} = \frac{\partial}{\partial x}(-\tau_{xy}),$$

可见也一定存在某一个函数 $B(x, y)$,使得

$$\sigma_y = \frac{\partial B}{\partial x},$$ (g)

$$-\tau_{xy} = \frac{\partial B}{\partial y}。$$ (h)

由式(f)及式(h)得

$$\frac{\partial A}{\partial x} = \frac{\partial B}{\partial y},$$

因而又一定存在某一个函数 $\Phi(x,y)$，使得

$$A = \frac{\partial \Phi}{\partial y}, \qquad\qquad\qquad (i)$$

$$B = \frac{\partial \Phi}{\partial x}。 \qquad\qquad\qquad (j)$$

将式(i)代入式(e)，式(j)代入式(g)，并将式(i)代入式(f)，即得通解

$$\sigma_x = \frac{\partial^2 \Phi}{\partial y^2}, \quad \sigma_y = \frac{\partial^2 \Phi}{\partial x^2}, \quad \tau_{xy} = -\frac{\partial^2 \Phi}{\partial x \partial y}。 \qquad (k)$$

将通解式(k)与任一组特解叠加，例如与特解式(c)叠加，即得平衡微分方程式(a)的全解：

$$\sigma_x = \frac{\partial^2 \Phi}{\partial y^2} - f_x x, \quad \sigma_y = \frac{\partial^2 \Phi}{\partial x^2} - f_y y, \quad \tau_{xy} = -\frac{\partial^2 \Phi}{\partial x \partial y}。 \qquad (2-24)$$

Φ 称为平面问题的应力函数，又称为艾里应力函数。由于式(2-24)是从平衡微分方程导出的解答，所以必然满足该方程。同时，推导解答式(2-24)的过程，也就证明了应力函数 Φ 的存在性。还应指出的是，虽然 Φ 还是一个待定的未知函数，但是用 Φ 表示 3 个应力分量 $\sigma_x, \sigma_y, \tau_{xy}$ 后，使得平面问题的求解得到很大的简化：待求的未知函数从 3 个变换为 1 个，并从求解应力分量 $\sigma_x, \sigma_y, \tau_{xy}$ 变换为求解应力函数 Φ。

下面考虑在常体力条件下，以应力函数 $\Phi = \Phi(x,y)$ 作为基本未知函数的解法，即按应力函数求解的方法。

为了求解应力函数 Φ，下面来分析应力函数应满足的条件。由于式(2-24)所表示的应力分量应该满足相容方程式(2-23)，将式(2-24)代入式(2-23)，得到

$$\left(\frac{\partial^2}{\partial x^2} + \frac{\partial^2}{\partial y^2} \right) \left(\frac{\partial^2 \Phi}{\partial y^2} - f_x x + \frac{\partial^2 \Phi}{\partial x^2} - f_y y \right) = 0。$$

注意 f_x 及 f_y 为常量，于是上式简化为

$$\left(\frac{\partial^2}{\partial x^2} + \frac{\partial^2}{\partial y^2} \right) \left(\frac{\partial^2 \Phi}{\partial x^2} + \frac{\partial^2 \Phi}{\partial y^2} \right) = 0, \qquad (1)$$

或者展开而成为

$$\frac{\partial^4 \Phi}{\partial x^4} + 2 \frac{\partial^4 \Phi}{\partial x^2 \partial y^2} + \frac{\partial^4 \Phi}{\partial y^4} = 0。 \qquad (2-25)$$

这就是用应力函数表示的相容方程。由此可见，应力函数应当满足重调和方程，也就是说，它应当是重调和函数。方程式(1)或式(2-25)可以简写为

$\nabla^2\ \nabla^2\ \Phi=0$,或者进一步简写为

$$\nabla^4\ \Phi=0 。$$

此外,将式(2-24)代入应力边界条件式(2-15),则应力边界条件也可以用应力函数 Φ 表示。通常为了书写的简便,仍然写成为式(2-15)。

综上所述,在常体力的情况下,弹性力学平面问题中存在着一个应力函数 Φ 。按应力求解平面问题,可以归纳为求解一个应力函数 Φ ,它必须满足在区域内的相容方程式(2-25),在边界上的应力边界条件式(2-15)(假设全部都为应力边界条件);在多连体中,还需满足位移单值条件。从上述条件求解出应力函数 Φ 后,便可以由式(2-24)求出应力分量,然后再求出应变分量和位移分量。

本章内容提要

1. 平面应力问题的本质是:(1) 只有平面应力分量 σ_x,σ_y 和 τ_{xy} 存在;(2) 它们只是 x,y 的函数。

平面应变问题的本质是:(1) 只有平面应变分量 ε_x,ε_y 和 γ_{xy} 存在;(2) 它们只是 x,y 的函数。

两类平面问题的平衡微分方程、几何方程和应力边界条件、位移边界条件完全相同,只是物理方程的系数不同,且只需将 E,μ 作相应的变换。

2. 按位移求解平面应力问题时,位移分量 u 和 v 必须满足下列全部条件:(1) 在区域 A 内用位移表示的平衡微分方程式(2-18);(2) 在 s_σ 上用位移表示的应力边界条件式(2-19);(3) 在 s_u 上的位移边界条件式(2-14)。对于平面应变问题,需将 E,μ 作相应的变换。

3. 按应力求解平面问题时,应力分量 σ_x,σ_y 和 τ_{xy} 必须满足下列全部条件:(1) 在区域 A 内的平衡微分方程式(2-2);(2) 在区域 A 内的相容方程式(2-21)或式(2-22);(3) 在边界 s 上的应力边界条件式(2-15),其中假设只求解全部为应力边界条件的问题;(4) 对于多连体,还需满足位移单值条件。

4. 在常体力情况下,平衡微分方程中的应力解答可以表示为式(2-24),其中 Φ 为应力函数。按应力求解,可以简化为按应力函数 Φ 求解。Φ 必须满足下列全部条件:(1) 在区域 A 内的相容方程式(2-25);(2) 在边界 s 上的应力边界条件式(2-15)(假设全部为应力边界条件);(3) 若为多连体,还需满足位移单值条件。

习 题

2-1   试分析说明,在不受任何面力作用的空间体表面附近的薄层中(图 2-14)其应力状态接近于平面应力的情况。

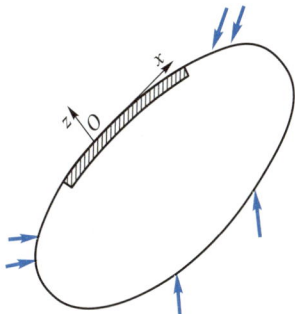
图 2-14

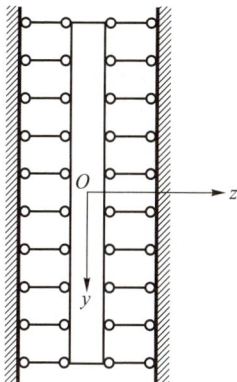
图 2-15

2-2 试分析说明,在板面上处处受法向约束且不受切向面力作用的等厚度薄板中(图 2-15),当板边上只受 x,y 向的面力或约束,且不沿厚度变化时,其应变状态接近于平面应变的情况。

2-3 在图 2-3 的微分体中,若将对形心的力矩平衡条件 $\sum M_c = 0$,改为对角点的力矩平衡条件,试问将导出什么形式的方程?

2-4 在图 2-3 的微分体中,若考虑每一面上的应力分量不是均匀分布的,试问将导出什么形式的平衡微分方程?

2-5 在导出平面问题的三套基本方程时,分别应用了哪些基本假定? 这些方程的适用条件是什么?

2-6 在工程实际中技术人员发现,在直径和厚度相同的情况下,在自重作用下的钢圆环(接近平面应力问题)总比钢圆筒(接近平面应变问题)的变形大。试根据相应的物理方程来解释这种现象。

2-7 在常体力、全部为应力边界条件和单连体的条件下,对于不同材料的问题和两类平面问题的应力分量 σ_x,σ_y 和 τ_{xy} 均相同。试问其余的应力、应变和位移是否相同?

2-8 在图 2-16 中,试导出无面力作用时 AB 边界上的 σ_x,σ_y 和 τ_{xy} 之间的关系式。

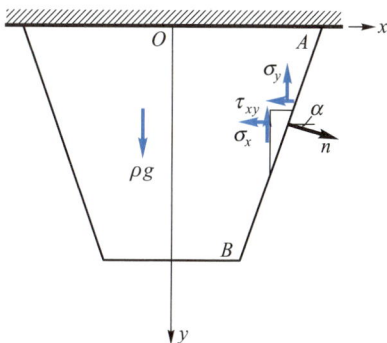
图 2-16

2-9 试列出图 2-17,图 2-18 所示问题的全部边界条件。在其端部小边界上,应用圣维南原理列出三个积分的应力边界条件。

答案: 对于图 2-18 所示问题的边界条件是:在 $y=\pm h/2$ 主要边界上,

$$(\sigma_y)_{y=h/2}=0, \qquad (\tau_{yx})_{y=h/2}=-q_1;$$
$$(\sigma_y)_{y=-h/2}=-q, \qquad (\tau_{yx})_{y=-h/2}=0。$$

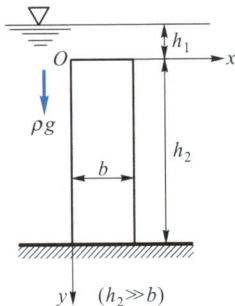
图 2-17

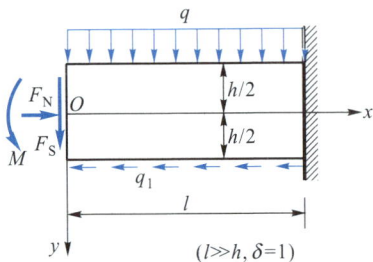
图 2-18

在 $x=0$ 的小边界上,列出三个积分的应力边界条件,

$$\int_{-h/2}^{h/2} (\sigma_x)_{x=0}\mathrm{d}y = -F_N, \qquad \int_{-h/2}^{h/2} (\sigma_x)_{x=0}y\mathrm{d}y = -M,$$

$$\int_{-h/2}^{h/2} (\tau_{xy})_{x=0}\mathrm{d}y = -F_S。$$

在 $x=l$ 的小边界上,$(u)_{x=l}=0$,$(v)_{x=l}=0$。这两个位移边界条件可以改用三个积分的应力边界条件来代替。

2-10　试应用圣维南原理,列出图 2-19 所示的两个问题中 OA 边的三个积分的应力边界条件,并比较两者的面力是否是静力等效?

2-11　检验平面问题中的位移分量是否为正确解答的条件是什么?

2-12　检验平面问题中的应力分量是否为正确解答的条件是什么?

2-13　检验平面问题中的应力函数 $\varPhi$ 是否为正确解答的条件是什么?

2-14　检验下列应力分量是否是图示问题的解答:

（a）图 2-20,$\sigma_x=\dfrac{y^2}{b^2}q$, $\quad \sigma_y=\tau_{xy}=0$。

（b）图 2-21,由材料力学公式,$\sigma_x=\dfrac{M}{I}y$,

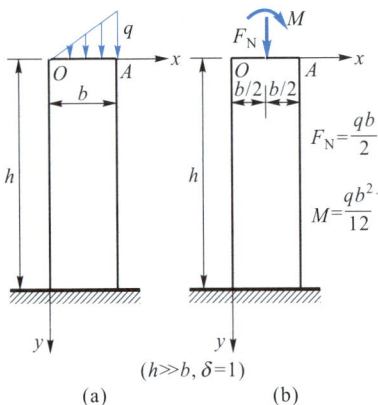
(a)　　　　(b)
图 2-19

$\tau_{xy}=\dfrac{F_S S}{bI}$(取梁的厚度 $b=1$),得出所示问题的

解答:

$$\sigma_x = -2q\frac{x^3 y}{lh^3}, \qquad \tau_{xy} = -\frac{3q}{4}\frac{x^2}{lh^3}(h^2-4y^2)。$$

又根据平衡微分方程和边界条件得出

$$\sigma_y = \frac{3q}{2}\frac{xy}{lh} - 2q\frac{xy^3}{lh^3} - \frac{q}{2}\frac{x}{l}。$$

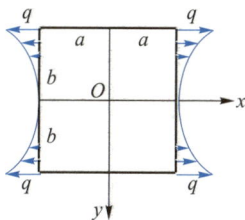

图 2-20

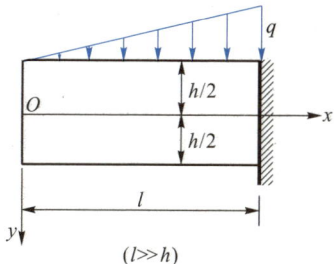

图 2-21

试导出上述公式,并检验解答的正确性。

答案:(a),(b)问题中的应力分量均不满足相容方程,因而不是问题的解答。

2-15 试证明:在发生最大与最小切应力的面上,正应力的数值都等于两个主应力的平均值。

2-16 设已求得一点处的应力分量,试求 σ_1,σ_2,α_1:

(a) $\sigma_x = 100$,$\sigma_y = 50$,$\tau_{xy} = 10\ \sqrt{50}$;

(b) $\sigma_x = 200$,$\sigma_y = 0$,$\tau_{xy} = -400$;

(c) $\sigma_x = -2\,000$,$\sigma_y = 1\,000$,$\tau_{xy} = -400$;

(d) $\sigma_x = -1\,000$,$\sigma_y = -1\,500$,$\tau_{xy} = 500$。

答案:(a) 150,0,35°16′;　(b) 512,−312,−37°57′;

　　　(c) 1 052,−2 052,−82°32′;　(d) −691,−1 809,31°43′。

2-17 设有任意形状的等厚度薄板,体力可以不计,在全部边界上(包括孔口边界上)受有均匀压力 q。试证 $\sigma_x = \sigma_y = -q$ 及 $\tau_{xy} = 0$ 能满足平衡微分方程、相容方程和应力边界条件,也能满足位移单值条件,因而就是正确的解答。

2-18 设有矩形截面的悬臂梁,在自由端受有集中荷载 F(图 2-22),体力可以不计。试根据材料力学公式,写出弯应力 σ_x 和切应力 τ_{xy} 的表达式,并取挤压应力 $\sigma_y = 0$,然后证明这些表达式满足平衡微分方程和相容方程,再说明这些表达式是否就表示正确的解答。

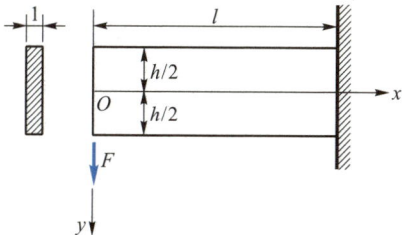

图 2-22

2-19 试证明,如果体力虽然不是常量,但却是有势的力,即体力分量可以表示为

$$f_x = -\frac{\partial V}{\partial x},\quad f_y = -\frac{\partial V}{\partial y},$$

其中 V 是势函数,则应力分量亦可用应力函数表示成为

$$\sigma_x = \frac{\partial^2 \Phi}{\partial y^2} + V,\quad \sigma_y = \frac{\partial^2 \Phi}{\partial x^2} + V,\quad \tau_{xy} = -\frac{\partial^2 \Phi}{\partial x \partial y}。$$

试导出相应的相容方程。

答案:平面应力问题中的相容方程为 $\nabla^4 \Phi = -(1-\mu) \nabla^2 V$;

平面应变问题中的相容方程为 $\nabla^4 \Phi = -\dfrac{1-2\mu}{1-\mu} \nabla^2 V$。

部分习题提示

题 2-1,题 2-2:参照上述内容提要 1。

题 2-3,题 2-4:当考虑至二阶微量的精度时,都同样地得出式(2-1)和式(2-2)。

题 2-5:导出平衡微分方程和几何方程时,应用了连续性和小变形的假定;导出物理方程时,应用了理想弹性体的假定。

题 2-8:应用应力边界条件求出,且 AB 边界上没有面力。

题 2-10:两者是静力等效的。

题 2-11,题 2-12,题 2-13:参考上述内容提要 2,3,4。

题 2-14:参照上述内容提要 3,校核按应力求解的全部条件。

题 2-17:(1) 在考虑边界条件时,应考虑边界为任意的斜边界,并应用公式(2-15)。
(2) 对于多连体的情况,应由应力分量求出位移分量,再校核位移单值条件是否满足(参考第三章求位移的方法)。

题 2-18:取应力分量为

$$\sigma_y = 0, \quad \sigma_x = \frac{M}{I}y = -\frac{12F}{h^3}xy, \quad \tau_{xy} = \frac{QS}{bI} = -\frac{6F}{h^3}\left(\frac{h^2}{4} - y^2\right).$$

本题应按照按应力求解的条件(上述内容提要 3)进行校核。这些应力均满足了平衡微分方程,相容方程及上、下的主要边界条件和左、右的小边界条件。因此,它们是该问题的正确解答。

第三章 平面问题的直角坐标解答

电子教案
第三章

§3-1 逆解法与半逆解法 多项式解答

在上一章中已经得出,当体力为常量时,按应力求解平面问题,最后可以归纳为求解一个应力函数 $\varPhi$,它必须满足下列条件:

(1)在区域内的相容方程,见式(2-25),即

$$\frac{\partial^4 \varPhi}{\partial x^4} + 2\frac{\partial^4 \varPhi}{\partial x^2 \partial y^2} + \frac{\partial^4 \varPhi}{\partial y^4} = 0;$$

(2)在边界 s 上的应力边界条件(假设全部为应力边界条件,$s = s_\sigma$,$s_u = 0$),见式(2-15),即

$$\left.\begin{array}{c} (l\sigma_x + m\tau_{yx})_s = \bar{f}_x \\[2mm] (m\sigma_y + l\tau_{xy})_s = \bar{f}_y \end{array}\right\} \qquad (在 s 上)$$

(3)对于多连体,还需满足多连体中的位移单值条件。

求出应力函数 $\varPhi$ 后,可以由下式求得应力分量,见式(2-24),即

$$\sigma_x = \frac{\partial^2 \varPhi}{\partial y^2} - f_x x, \quad \sigma_y = \frac{\partial^2 \varPhi}{\partial x^2} - f_y y, \quad \tau_{xy} = -\frac{\partial^2 \varPhi}{\partial x \partial y},$$

然后再求出应变分量和位移分量。前已说明,当体力为常量时,式(2-24)的应力分量是平衡微分方程的解,当然是满足该方程的。

由于相容方程式(2-25)是偏微分方程,它的通解不能写成有限项数的形式,因此我们一般都不能直接求解问题,而只能采用逆解法或半逆解法。

所谓逆解法,就是先设定各种形式的、满足相容方程(2-25)的应力函数 $\varPhi$;并由式(2-24)求得应力分量;然后再根据应力边界条件式(2-15)和弹性体的边界形状,得出这些应力分量对应的边界上的面力,从而得知所选取的应力函数可以解决的问题。

视频 3-1-1
逆解法

所谓**半逆解法**,就是针对所要求解的问题,根据弹性体的边界形状和受力情况,假设部分或全部应力分量的函数形式;并从而由式(2-24)推出应力函数的形式;然后代入相容方程,求出应力函数的具体表达式;再按式(2-24)由应力函数求得应力分量;并考察这些应力分量能否满足全部应力边界条件(对于多连体,还需满足位移单值条件)。如果所有条件都能满足,自然得出的就是正确解答。如果某方面的条件不能满足,就要另作假设,重新进行求解。

下面先用逆解法求出几个简单平面问题的解答。假定体力可以不计,也就是 $f_x = f_y = 0$,应力函数取为多项式。

首先取应力函数为一次式

$$\Phi = a + bx + cy \, 。$$

不论各系数取任何值,相容方程式(2-25)总能满足。由式(2-24)得应力分量 $\sigma_x = 0, \sigma_y = 0, \tau_{xy} = \tau_{yx} = 0$。因此不论弹性体为何形状,也不论坐标轴如何选择,由应力边界条件总是得出 $\bar{f}_x = \bar{f}_y = 0$。于是可见:(1)线性应力函数对应于无体力、无面力、无应力的状态;(2)在平面问题的应力函数中加减一个线性函数,并不影响应力。

其次,取应力函数为二次式

$$\Phi = ax^2 + bxy + cy^2 \, 。$$

不论各系数取何值,相容方程式(2-25)也总能满足。为明了起见,试分别考察该式中每一项所能解决的问题。

对应于 $\Phi = ax^2$,应力分量是 $\sigma_x = 0, \sigma_y = 2a, \tau_{xy} = \tau_{yx} = 0$。对于图 3-1a 所示的矩形板和坐标轴,当板内发生上述应力时,由应力边界条件可知左右两边没有面力,而上下两边分别受有向上和向下的均布面力 $2a$。可见应力函数 $\Phi = ax^2$ 能解决矩形板在 y 方向受均布拉力(设 $a > 0$)或均布压力(设 $a < 0$)作用的问题。

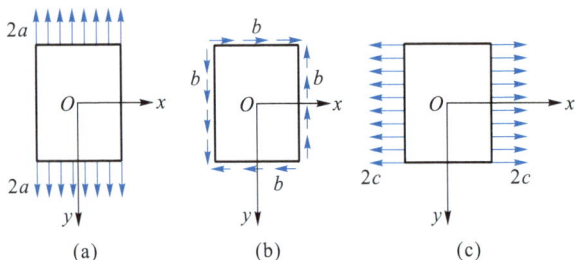

图 3-1

对应于 $\Phi = bxy$,应力分量是 $\sigma_x = 0, \sigma_y = 0, \tau_{xy} = \tau_{yx} = -b$。对于图 3-1b 所示的矩形板和坐标轴,当板内发生上述应力时,由应力边界条件可知,在左右两边分别有向下和向上的均布切向面力 b，而在上下两边分别有向右和向左的均布切向面力 b，可见应力函数 $\Phi = bxy$ 能解决矩形板受均布剪力作用的问题。

同样可见，应力函数 $\Phi = cy^2$ 能解决矩形板在 x 方向受均布拉力（设 $c>0$）或均布压力（设 $c<0$）作用的问题（图 3-1c）。

再其次，取三次式

$$\Phi = ay^3$$

不论系数 a 取何值，相容方程式（2-25）也总能满足。

对应的应力分量是 $\sigma_x = 6ay, \sigma_y = 0, \tau_{xy} = \tau_{yx} = 0$。对于图 3-2 所示的矩形板和坐标轴，当板内发生上述应力时，上下两边没有面力；在左右两边，没有铅直切向面力，只有按直线变化的水平面力，而每一边上的水平面力合成为一个力偶。可见应力函数 $\Phi = ay^3$ 能解决矩形梁受纯弯曲的问题，详细的讨论见下节。

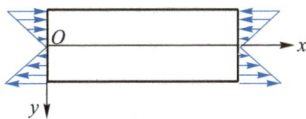

图 3-2

如果取应力函数 Φ 为四次或四次以上的多项式，则其中的系数必须满足一定的条件，才能满足相容方程。

§3-2 矩形梁的纯弯曲

设有矩形截面的长梁（长度 l 远大于深度 h），它的宽度远小于深度和长度（近似的平面应力情况），或者远大于深度和长度（近似的平面应变情况），在两端受相反的力偶而弯曲，体力可以不计。为了方便，取单位宽度的梁来考察（图3-3），并命每单位宽度上力偶的矩为 M。注意，M 的量纲是 $\mathrm{LMT^{-2}}$。

取坐标轴如图所示。由前一节中已知，满足相容方程的应力函数

$$\Phi = ay^3$$

视频 3-2
矩形梁的
纯弯曲

图 3-3

能解决纯弯曲的问题，而相应的应力分量为

$$\sigma_x = 6ay, \quad \sigma_y = 0, \quad \tau_{xy} = \tau_{yx} = 0。 \tag{a}$$

现在来考察这些应力分量是否能满足边界条件，如果能满足，系数 a 应该取什么值。

首先考虑上下两个主要边界（占边界绝大部分）的条件。在下边和上边都没有面力，要求

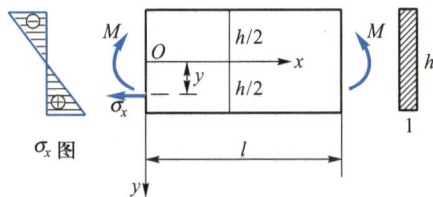

$$(\sigma_y)_{y=\pm\frac{h}{2}}=0 , \quad (\tau_{yx})_{y=\pm\frac{h}{2}}=0 。$$

这是能满足的,因为在所有各点都有 $\sigma_y=0,\tau_{yx}=0$。其次,考虑左右端小边界(占边界很小部分)的条件。在左端和右端,没有铅直面力,分别要求

$$(\tau_{xy})_{x=0}=0 , \quad (\tau_{xy})_{x=l}=0 。$$

这也是能满足的,因为在所有各点都有 $\tau_{xy}=0$。

此外,由于 $x=0,l$ 的两端面是相对较小的边界,可以应用圣维南原理,将关于 σ_x 的边界条件改用主矢量和主矩的条件代替。即在左端和右端,边界面上 σ_x 合成的主矢量应为零,而 σ_x 合成的主矩应等于面力的力偶矩 M,亦即

$$\int_{-\frac{h}{2}}^{\frac{h}{2}}(\sigma_x)_{x=0,l}\mathrm{d}y=0 , \quad \int_{-\frac{h}{2}}^{\frac{h}{2}}(\sigma_x)_{x=0,l}y\mathrm{d}y=M 。$$

将式(a)中的 σ_x 代入,上列二式成为

$$6a\int_{-\frac{h}{2}}^{\frac{h}{2}}y\mathrm{d}y=0 , \quad 6a\int_{-\frac{h}{2}}^{\frac{h}{2}}y^2\mathrm{d}y=M 。$$

前一式总能满足,而后一式要求

$$a=\frac{2M}{h^3} 。$$

代入式(a),得

$$\sigma_x=\frac{12M}{h^3}y , \quad \sigma_y=0 , \quad \tau_{xy}=\tau_{yx}=0 。 \tag{b}$$

注意到梁截面的惯性矩是 $I=\dfrac{1\times h^3}{12}$,上式又可以改写成为

$$\sigma_x=\frac{M}{I}y , \quad \sigma_y=0 , \quad \tau_{xy}=\tau_{yx}=0 。 \tag{3-1}$$

这就是矩形梁受纯弯曲时的应力分量,与材料力学中完全相同,即梁的各纵向纤维只受按直线分布的所谓弯应力,如图 3-3 所示。

应当指出,组成梁端力偶的面力必须按如图 3-2 所示的直线分布,解答式(3-1)才是完全精确的。如果两端的面力按其他方式分布,解答式(3-1)是有误差的。但是按照圣维南原理,只在梁的两端附近有显著的误差;在离开梁端较远之处,误差是可以不计的。

§3-3   位移分量的求出

本节中以矩形梁的纯弯曲问题为例,说明如何由应力分量求出位移分量。

假定这里是平面应力的情况。首先,将应力分量式(3-1)代入物理方程式

（2-12），得应变分量

$$\varepsilon_x = \frac{M}{EI}y, \quad \varepsilon_y = -\frac{\mu M}{EI}y, \quad \gamma_{xy} = 0 。 \tag{a}$$

然后，再将式（a）的应变分量代入几何方程式（2-8），得

$$\frac{\partial u}{\partial x} = \frac{M}{EI}y, \quad \frac{\partial v}{\partial y} = -\frac{\mu M}{EI}y, \quad \frac{\partial v}{\partial x} + \frac{\partial u}{\partial y} = 0 。 \tag{b}$$

前两式分别对 x 和 y 积分，给出

$$u = \frac{M}{EI}xy + f_1(y), \quad v = -\frac{\mu M}{2EI}y^2 + f_2(x), \tag{c}$$

其中的 f_1 和 f_2 分别是 y 和 x 的待定函数，可以通过几何方程的第三式来求出。将式（c）代入式（b）中的第三式，得

$$\frac{\mathrm{d}f_2(x)}{\mathrm{d}x} + \frac{M}{EI}x + \frac{\mathrm{d}f_1(y)}{\mathrm{d}y} = 0,$$

将上式移项得

$$-\frac{\mathrm{d}f_1(y)}{\mathrm{d}y} = \frac{\mathrm{d}f_2(x)}{\mathrm{d}x} + \frac{M}{EI}x 。$$

从上式可以看出，等式左边只是 y 的函数，而等式右边只是 x 的函数。因此只可能两边都等于同一常数 ω。于是有

$$\frac{\mathrm{d}f_1(y)}{\mathrm{d}y} = -\omega, \quad \frac{\mathrm{d}f_2(x)}{\mathrm{d}x} = -\frac{M}{EI}x + \omega 。$$

积分以后得

$$f_1(y) = -\omega y + u_0, \quad f_2(x) = -\frac{M}{2EI}x^2 + \omega x + v_0 。$$

代入式（c），得位移分量

$$\left.\begin{array}{l} u = \dfrac{M}{EI}xy - \omega y + u_0, \\[2mm] v = -\dfrac{\mu M}{2EI}y^2 - \dfrac{M}{2EI}x^2 + \omega x + v_0, \end{array}\right\} \tag{d}$$

其中表示刚体位移量的常数 ω, u_0, v_0 须由约束条件求得。

由式（d）中的第一式可见，不论约束情况如何（也就是不论 ω, u_0, v_0 取何值）铅直线段的转角都是（见§2-4）

$$\beta = \frac{\partial u}{\partial y} = \frac{M}{EI}x - \omega 。$$

在同一个横截面上 x 是常量，因而 β 也是常量。于是可见，同一横截面上的各铅直线段的转角相同，说明横截面保持为平面。

又由式(d)中的第二式可见,不论约束情况如何,梁的各纵向纤维的曲率是

$$\frac{1}{\rho} = -\frac{\partial^2 v}{\partial x^2} = \frac{M}{EI}。 \tag{3-2}$$

这是材料力学里求梁的挠度时所用的基本公式。

如果梁是简支梁(图3-4a),则在铰支座 O 没有水平位移和铅直位移;在连杆支座 A 没有铅直位移。因此约束条件是

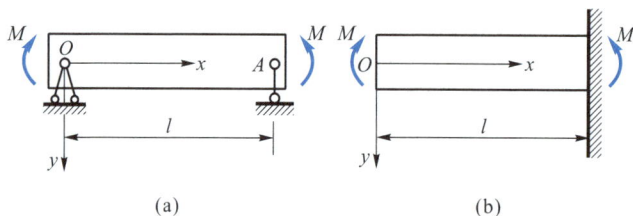

图 3-4

$$(u)_{\substack{x=0\\y=0}} = 0, \quad (v)_{\substack{x=0\\y=0}} = 0, \quad (v)_{\substack{x=l\\y=0}} = 0。$$

代入式(d),于是得出下列方程来决定任意常数 ω, u_0, v_0:

$$u_0 = 0, \quad v_0 = 0, \quad -\frac{Ml^2}{2EI} + \omega l + v_0 = 0。$$

求出各个常数,代入式(d),就得到该简支梁的位移分量:

$$u = \frac{M}{EI}\left(x - \frac{l}{2}\right)y, \quad v = \frac{M}{2EI}(l-x)x - \frac{\mu M}{2EI}y^2。 \tag{3-3}$$

梁轴的挠度方程是

$$(v)_{y=0} = \frac{M}{2EI}(l-x)x,$$

和材料力学中的结果相同。

如果梁是悬臂梁,左端自由而右端完全固定(图3-4b),则在梁的右端($x=l$),对于 y 的任何值$\left(-\frac{h}{2} \leqslant y \leqslant \frac{h}{2}\right)$,都要求 $u=0$ 和 $v=0$。在多项式解答中,这个条件是无法满足的。在工程实际上,这种完全固定的约束条件也是不大可能实现的。现在,和材料力学中一样,假定右端截面的中点不移动,该点的水平线段不转动。这样,约束条件是

$$(u)_{\substack{x=l\\y=0}} = 0, \quad (v)_{\substack{x=l\\y=0}} = 0, \quad \left(\frac{\partial v}{\partial x}\right)_{\substack{x=l\\y=0}} = 0。$$

代入式(d),于是得出下列三个方程来决定 ω, u_0, v_0:

$$u_0 = 0, \quad -\frac{Ml^2}{2EI} + \omega l + v_0 = 0, \quad -\frac{Ml}{EI} + \omega = 0 。$$

求解以后,得

$$\omega = \frac{Ml}{EI}, \quad u_0 = 0, \quad v_0 = -\frac{Ml^2}{2EI} 。$$

代入式(d),得出该悬臂梁的位移分量

$$u = -\frac{M}{EI}(l-x)y, \quad v = -\frac{M}{2EI}(l-x)^2 - \frac{\mu M}{2EI}y^2 。 \tag{3-4}$$

梁轴的挠度方程是

$$(v)_{y=0} = -\frac{M}{2EI}(l-x)^2 ,$$

也和材料力学中的解答相同。

对于平面应变情况下的梁,需在以上的应变公式和位移公式中,把 E 换为 $\dfrac{E}{1-\mu^2}$,把 μ 换为 $\dfrac{\mu}{1-\mu}$。例如,梁的纵向纤维的曲率公式(3-2),应该变换为

$$\frac{1}{\rho} = \frac{(1-\mu^2)M}{EI} 。 \tag{3-5}$$

§ 3-4   简支梁受均布荷载

设有矩形截面的简支梁,高度为 h,长度为 $2l$,体力可以不计,受均布荷载 q 作用,由两端的反力 ql 维持平衡(图 3-5)。为了方便,仍然取单位宽度的梁来考虑。

这个问题用半逆解法求解,步骤如下:

(1) 假设应力分量的函数形式。

由材料力学已知:弯应力 σ_x 主要是由弯矩引起的,切应力 τ_{xy} 主要是由剪力引起的,挤压应力 σ_y 主要是由直接荷载 q 引起的。现在,q 不随 x 而变,因而可以假设 σ_y 不随 x 而变,也就是假设 σ_y 只是 y 的函数:

$$\sigma_y = f(y) 。$$

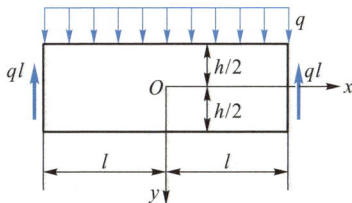

图 3-5

视频 3-4
简支梁受
均布荷载

(2) 推求应力函数的形式。

将 σ_y 代入应力公式(2-24)有

$$\frac{\partial^2 \Phi}{\partial x^2} = f(y)。$$

对 x 积分,得

$$\frac{\partial \Phi}{\partial x} = xf(y) + f_1(y)，\tag{a}$$

$$\Phi = \frac{x^2}{2}f(y) + xf_1(y) + f_2(y)，\tag{b}$$

其中 $f(y)$,$f_1(y)$ 和 $f_2(y)$ 都是待定的 y 的函数。

（3）由相容方程求解应力函数。

为使应力函数满足相容方程,将式（b）代入式（2-25）,得

$$\frac{1}{2}\frac{\mathrm{d}^4 f(y)}{\mathrm{d}y^4}x^2 + \frac{\mathrm{d}^4 f_1(y)}{\mathrm{d}y^4}x + \frac{\mathrm{d}^4 f_2(y)}{\mathrm{d}y^4} + 2\frac{\mathrm{d}^2 f(y)}{\mathrm{d}y^2} = 0。$$

在区域内应力函数必须满足相容方程,上式是 x 的二次方程,可见它的系数和自由项都必须等于零,即

$$\frac{\mathrm{d}^4 f(y)}{\mathrm{d}y^4} = 0，\quad \frac{\mathrm{d}^4 f_1(y)}{\mathrm{d}y^4} = 0，\quad \frac{\mathrm{d}^4 f_2(y)}{\mathrm{d}y^4} + 2\frac{\mathrm{d}^2 f(y)}{\mathrm{d}y^2} = 0。$$

前面两个方程的解为

$$f(y) = Ay^3 + By^2 + Cy + D，\quad f_1(y) = Ey^3 + Fy^2 + Gy。\tag{c}$$

在这里,$f_1(y)$ 中的常数项已被略去,因为这一项在 Φ 的表达式中成为 x 的一次项,不影响应力分量（见 §3-1）。第三个方程则要求

$$\frac{\mathrm{d}^4 f_2(y)}{\mathrm{d}y^4} = -2\frac{\mathrm{d}^2 f(y)}{\mathrm{d}y^2} = -12Ay - 4B，$$

从而解出

$$f_2(y) = -\frac{A}{10}y^5 - \frac{B}{6}y^4 + Hy^3 + Ky^2，\tag{d}$$

其中的一次项及常数项都被略去,因为它们不影响应力分量。将式（c）及式（d）代入式（b）,得应力函数

$$\Phi = \frac{x^2}{2}(Ay^3 + By^2 + Cy + D) + x(Ey^3 + Fy^2 + Gy) -$$

$$\frac{A}{10}y^5 - \frac{B}{6}y^4 + Hy^3 + Ky^2。\tag{e}$$

（4）由应力函数求应力分量。

将式（e）代入式（2-24）,得应力分量

$$\sigma_x = \frac{x^2}{2}(6Ay + 2B) + x(6Ey + 2F) -$$

$$2Ay^3 - 2By^2 + 6Hy + 2K, \tag{f}$$

$$\sigma_y = Ay^3 + By^2 + Cy + D, \tag{g}$$

$$\tau_{xy} = -x(3Ay^2 + 2By + C) - (3Ey^2 + 2Fy + G)。 \tag{h}$$

这些应力分量是满足平衡微分方程和相容方程的。因此如果能够适当选择常数 $A, B, \cdots, K$，使所有的边界条件都被满足，则应力分量式(f)，式(g)，式(h)就是正确的解答。

在考虑边界条件以前，先考虑一下问题的对称性(如果这个问题有对称性的话)，往往可以减少一些运算工作。在这里，因为 yz 面是梁和荷载的对称面，所以应力分布应当对称于 yz 面。这样，σ_x 和 σ_y 应该是 x 的偶函数，而 τ_{xy} 应该是 x 的奇函数。于是由式(f)和式(h)可见

$$E = F = G = 0。$$

如果不考虑问题的对称性，那么，在考虑过全部边界条件以后，也可以得出同样的结果，但运算工作要比较多些。

(5) 考察边界条件。

通常，梁的跨度远大于梁的高度，梁的上下两个边界占全部边界的绝大部分，因而上下两个边界是主要的边界。在主要的边界上，式(2-15)的应力边界条件必须完全得到满足；在左右端的小边界上(很小部分的边界上)，如果边界条件不能严格地满足，就可以引用圣维南原理，用§2-7中的3个积分的应力边界条件来代替，使边界条件得到近似的满足，仍然可以得出有用的解答。

根据这个理由，先来考虑上下两边的主要边界条件：

$$(\sigma_y)_{y=\frac{h}{2}} = 0, \quad (\sigma_y)_{y=-\frac{h}{2}} = -q, \quad (\tau_{xy})_{y=\pm\frac{h}{2}} = 0。$$

将应力分量式(g)和式(h)代入，并注意前面已有 $E = F = G = 0$，可见这些边界条件要求

$$\frac{h^3}{8}A + \frac{h^2}{4}B + \frac{h}{2}C + D = 0,$$

$$-\frac{h^3}{8}A + \frac{h^2}{4}B - \frac{h}{2}C + D = -q,$$

$$-x\left(\frac{3}{4}h^2A + hB + C\right) = 0 \quad 即 \quad \frac{3}{4}h^2A + hB + C = 0,$$

$$-x\left(\frac{3}{4}h^2A - hB + C\right) = 0 \quad 即 \quad \frac{3}{4}h^2A - hB + C = 0。$$

由于上列4个方程是互不依赖的，也是不相矛盾的，而且只包含4个未知数，因此可以联立求解而得出

$$A = -\frac{2q}{h^3}, \quad B = 0, \quad C = \frac{3q}{2h}, \quad D = -\frac{q}{2}。$$

将以上已确定的常数代入式(f),式(g),式(h),得

$$\sigma_x = -\frac{6q}{h^3}x^2 y + \frac{4q}{h^3}y^3 + 6Hy + 2K,\tag{i}$$

$$\sigma_y = -\frac{2q}{h^3}y^3 + \frac{3q}{2h}y - \frac{q}{2},\tag{j}$$

$$\tau_{xy} = \frac{6q}{h^3}xy^2 - \frac{3q}{2h}x。\tag{k}$$

现在来考虑左右两边的小边界条件。由于问题的对称性,只需考虑其中的一边,例如右边。如果右边的边界条件能满足,左边的边界条件自然也能满足。

首先,在梁的右边,没有水平面力,这就要求当 $x = l$ 时,不论 y 取何值 $\left(-\frac{h}{2} \leqslant y \leqslant \frac{h}{2}\right)$,都有 $\sigma_x = 0$。由式(i)可见,这是不可能满足的,除非是 q, H, K 均等于零。因此用多项式求解,只能要求 σ_x 在这部分边界上合成的主矢量和主矩均为零,也就是要求

$$\int_{-\frac{h}{2}}^{\frac{h}{2}} (\sigma_x)_{x=l}\,\mathrm{d}y = 0,\tag{l}$$

$$\int_{-\frac{h}{2}}^{\frac{h}{2}} (\sigma_x)_{x=l}\,y\,\mathrm{d}y = 0。\tag{m}$$

将式(i)代入式(l),得

$$\int_{-\frac{h}{2}}^{\frac{h}{2}} \left(-\frac{6ql^2}{h^3}y + \frac{4q}{h^3}y^3 + 6Hy + 2K\right)\mathrm{d}y = 0。$$

积分以后得

$$K = 0。$$

将式(i)代入式(m),并命 $K = 0$,得

$$\int_{-\frac{h}{2}}^{\frac{h}{2}} \left(-\frac{6ql^2}{h^3}y + \frac{4q}{h^3}y^3 + 6Hy\right)y\,\mathrm{d}y = 0,$$

积分以后得

$$H = \frac{ql^2}{h^3} - \frac{q}{10h}。$$

将 H 和 K 的已知值代入式(i),得

$$\sigma_x = -\frac{6q}{h^3}x^2 y + \frac{4q}{h^3}y^3 + \frac{6ql^2}{h^3}y - \frac{3q}{5h}y。\tag{n}$$

另一方面,梁右边的切应力 τ_{xy} 应当合成为约束力 ql:

$$\int_{-\frac{h}{2}}^{\frac{h}{2}} (\tau_{xy})_{x=l}\,\mathrm{d}y = -ql。$$

在 ql 前面加了负号,因为右边的切应力 τ_{xy} 以向下为正,而 ql 是向上的。将式

(k)代入上式成为

$$\int_{-\frac{h}{2}}^{\frac{h}{2}}\left(\frac{6ql}{h^3}y^2-\frac{3ql}{2h}\right)\mathrm{d}y=-ql。$$

积分以后,可见这一条件是满足的。

将式(n),式(j),式(k)略加整理,得应力分量的最后解答:

$$\left.\begin{aligned}\sigma_x&=\frac{6q}{h^3}(l^2-x^2)y+q\,\frac{y}{h}\left(4\,\frac{y^2}{h^2}-\frac{3}{5}\right),\\ \sigma_y&=-\frac{q}{2}\left(1+\frac{y}{h}\right)\left(1-\frac{2y}{h}\right)^2,\\ \tau_{xy}&=-\frac{6q}{h^3}x\left(\frac{h^2}{4}-y^2\right)。\end{aligned}\right\}\quad(\text{o})$$

各应力分量沿铅直方向的变化大致如图 3-6 所示。

注意梁截面的宽度取为一个单位,可见惯性矩是 $I=\frac{1}{12}h^3$,静矩是 $S=\frac{h^2}{8}-\frac{y^2}{2}$,而梁的任一横截面上的弯矩和剪力

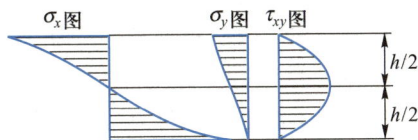

图 3-6

分别为

$$M=ql(l+x)-\frac{q}{2}(l+x)^2=\frac{q}{2}(l^2-x^2),$$

$$F_S=ql-q(l+x)=-qx。$$

于是式(o)可以写成

$$\left.\begin{aligned}\sigma_x&=\frac{M}{I}y+q\,\frac{y}{h}\left(4\,\frac{y^2}{h^2}-\frac{3}{5}\right),\\ \sigma_y&=-\frac{q}{2}\left(1+\frac{y}{h}\right)\left(1-\frac{2y}{h}\right)^2,\\ \tau_{xy}&=\frac{F_S S}{bI}。\end{aligned}\right\}\quad(3-6)$$

从应力的解答式(o)容易看出,在长度远大于高度(即 $l\gg h$)的长梁中,应力中各项的数量级是:弯应力 σ_x 的第一项与 $q\dfrac{l^2}{h^2}$ 同阶大小,为主要应力;切应力 τ_{xy} 与 $q\dfrac{l}{h}$ 同阶大小,为次要应力;而挤压应力 σ_y 及弯应力 σ_x 的第二项均与 q 同阶大小,为更次要应力。

现在来比较一下简支梁受均布荷载下的弹性力学解答和材料力学解答。在

弯应力 σ_x 的表达式中,第一项是主要项,和材料力学中的解答相同,第二项则是弹性力学提出的修正项。对于通常的浅梁,修正项很小,可以不计。对于较深的梁,则须注意修正项。读者试证:当梁的跨度 2 倍于深度时,最大弯应力需修正 $1/15$;当梁的跨度 4 倍于深度时,最大弯应力只需修正 $1/60$。因此对于跨度与深度之比大于 4 的梁,材料力学中的解答已经足够精确。

应力分量 σ_y 乃是梁的各纤维之间的挤压应力,它的最大绝对值为 q,发生在梁顶。在材料力学里一般不考虑这个应力分量。

切应力 τ_{xy} 的表达式和材料力学里完全一样。

注意:按照式(o),在梁的右边和左边,分别有水平的面力

$$\bar{f}_x = \pm(\sigma_x)_{x=\pm l} = \pm q\,\frac{y}{h}\left(4\,\frac{y^2}{h^2}-\frac{3}{5}\right)。$$

但是由式(1)及式(m)可见,每一边的水平面力是一个平衡力系,即它的主矢量和主矩均为零。因此根据圣维南原理,不管这些面力是否存在,离两边较远处的应力都和式(3-6)所示的一样。

弹性力学解答和材料力学解答的差别是由于各自的解法不同。简而言之,弹性力学的解法是严格考虑区域内的平衡微分方程、几何方程和物理方程,以及在边界上的边界条件而求解的,因而得出的解答较精确。而在材料力学的解法中,没有严格考虑上述条件,因而得出的是近似的解答。例如,材料力学中引用了平截面假设而简化了几何关系,但这个假设对于一般的梁是近似的;材料力学中考虑的是有限大部分物体($h \times dx \times b$)的平衡条件,而不是微分体的平衡条件,因而也是近似的;材料力学中忽略了 σ_y 的影响,并且在主要边界上也没有严格考虑应力边界条件,这些都使材料力学的解答成为近似的解答。一般地说,材料力学的解法只适用于解决杆状构件的问题,这时,它的解答具有足够的精度。对于非杆状构件的问题,不能用材料力学的解法来求解,只能用弹性力学的解法来求解。

§3-5   楔形体受重力和液体压力

设有楔形体(图 3-7a),左面铅直,右面与铅直面成角 α,下端作为无限长,承受重力和液体压力,楔形体的密度为 ρ_1,液体的密度为 ρ_2,试求应力分量。

采用半逆解法。首先应用量纲分析方法来假设应力分量的函数形式。取坐标轴如图所示。在楔形体的任意一点,每一个应力分量都由两部分组成:一部分由重力引起,应当与 $\rho_1 g$ 成正比(g 是重力加速度);第二部分由液体压力引起,

应当与 $\rho_2 g$ 成正比。此外，每一部分还与 α, x, y 有关。由于应力的量纲是 $L^{-1}MT^{-2}$，$\rho_1 g$ 和 $\rho_2 g$ 的量纲是 $L^{-2}MT^{-2}$，α 是量纲一的量，而 x 和 y 的量纲是 L，因此，如果应力分量具有多项式的解答，那么，它们的表达式只可能是 $A\rho_1 gx$，$B\rho_1 gy$，$C\rho_2 gx$，$D\rho_2 gy$ 四种项的组合，而其中的 A，B，C，D 是量纲一的量，只与 α 有关。这就是说，各应力分量的表达式只可能是 x 和 y 的纯一次式。

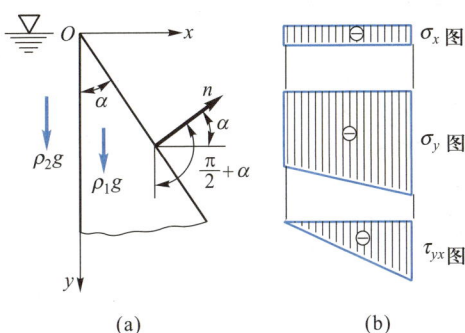

图 3-7

其次，由应力函数与应力分量的关系式(2-24)可见，应力函数比应力分量的长度量纲高二次，应该是 x 和 y 的纯三次式。因此，假设

$$\Phi = ax^3 + bx^2 y + cxy^2 + dy^3 。$$

不论上式中的系数取何值，纯三次式的应力函数总能满足相容方程式(2-25)。并且注意到体力分量 $f_x = 0$ 而 $f_y = \rho_1 g$，于是由式(2-24)得应力分量的表达式

$$\left.\begin{aligned}
\sigma_x &= \frac{\partial^2 \Phi}{\partial y^2} - f_x x = 2cx + 6dy , \\
\sigma_y &= \frac{\partial^2 \Phi}{\partial x^2} - f_y y = 6ax + 2by - \rho_1 gy , \\
\tau_{xy} &= -\frac{\partial^2 \Phi}{\partial x \partial y} = -2bx - 2cy 。
\end{aligned}\right\} \tag{a}$$

这些应力分量自然是满足平衡微分方程和相容方程的。现在来考察，如果适当选择各个系数，是否也能满足应力边界条件。

在左面($x=0$)，应力边界条件是

$$(\sigma_x)_{x=0} = -\rho_2 gy , \quad (\tau_{xy})_{x=0} = 0 。$$

将式(a)代入，得

$$6dy = -\rho_2 gy , \quad -2cy = 0 ,$$

要求 $d = -\dfrac{\rho_2 g}{6}$，$c = 0$，而式(a)成为

$$\sigma_x = -\rho_2 gy , \quad \sigma_y = 6ax + 2by - \rho_1 gy , \quad \tau_{xy} = \tau_{yx} = -2bx 。 \tag{b}$$

右面是斜边界，它的边界线方程是 $x = y\tan \alpha$，在斜面上没有任何面力，$\bar{f}_x = \bar{f}_y = 0$，按照一般的应力边界条件式(2-15)，有

$$l(\sigma_x)_{x=y\tan\alpha}+m(\tau_{xy})_{x=y\tan\alpha}=0,$$
$$m(\sigma_y)_{x=y\tan\alpha}+l(\tau_{xy})_{x=y\tan\alpha}=0。$$

将式(b)代入,得

$$\left.\begin{array}{l}l(-\rho_2 gy)+m(-2by\tan\alpha)=0,\\ m(6ay\tan\alpha+2by-\rho_1 gy)+l(-2by\tan\alpha)=0。\end{array}\right\} \quad (c)$$

但由图可见

$$l=\cos(n,x)=\cos\alpha,$$

$$m=\cos(n,y)=\cos\left(\frac{\pi}{2}+\alpha\right)=-\sin\alpha。$$

代入式(c),求解 b 和 a,即得

$$b=\frac{\rho_2 g}{2}\cot^2\alpha, \qquad a=\frac{\rho_1 g}{6}\cot\alpha-\frac{\rho_2 g}{3}\cot^3\alpha。$$

将这些系数代入式(b),得

$$\left.\begin{array}{l}\sigma_x=-\rho_2 gy,\\ \sigma_y=(\rho_1 g\cot\alpha-2\rho_2 g\cot^3\alpha)x+(\rho_2 g\cot^2\alpha-\rho_1 g)y,\\ \tau_{xy}=\tau_{yx}=-\rho_2 gx\cot^2\alpha。\end{array}\right\} \quad (3-7)$$

各应力分量沿水平方向的变化如图3-7b所示。

应力分量 σ_x 沿水平方向没有变化,这个结果是不能由材料力学公式求得的。应力分量 σ_y 沿水平方向按直线变化,在左面和右面,它分别为

$$(\sigma_y)_{x=0}=-(\rho_1 g-\rho_2 g\cot^2\alpha)y,$$

$$(\sigma_y)_{x=y\tan\alpha}=-\rho_2 gy\cot^2\alpha,$$

与用材料力学里偏心受压公式算得的结果相同。应力分量 τ_{yx} 也按直线变化,在左面和右面分别为

$$(\tau_{yx})_{x=0}=0,$$

$$(\tau_{yx})_{x=y\tan\alpha}=-\rho_2 gy\cot\alpha,$$

与等截面梁中的切应力变化规律不同。

以上所得的解答,一向被当作是三角形重力坝中应力的基本解答。但是必须指出下列三点:

(1)沿着坝轴,坝身往往具有不同的截面,而且坝身也不是无限长,因此,严格地说来,这里不是一个平面问题。但是如果沿着坝轴,有一些伸缩缝把坝身分成若干段,在每一段范围内,坝身的截面可以当作没有变化,而且 τ_{zx} 和 τ_{zy} 可以当作等于零,那么,在计算时是可以把这个问题近似地当作平面应力问题的。

(2)这里假定楔形体在下端是无限长,可以自由地变形。但是实际上坝身

是有限高的,底部与地基相连,坝身底部的变形受到地基的约束,因此,对于底部,以上所得的解答是不精确的。

(3) 坝顶总具有一定的宽度,而不会是一个尖顶,而且顶部通常还受有其他的荷载,因此,在靠近坝顶处,以上所得的解答也不适用。

关于重力坝的较精确的应力分析,目前大都采用有限单元法来进行。

▶ 本章内容提要

1. 在常体力下,按应力函数求解,Φ 应当满足相容方程式(2-25),应力边界条件式(2-15)(假设全部为应力边界条件)。若为多连体,还应满足位移单值条件。由于相容方程是偏微分方程,它的解答不能用确定的有限形式表示,因此采用逆解法或半逆解法求解。

2. 用逆解法求应力函数 Φ 时,其步骤是:(1) 先找出满足相容方程的 Φ 解;(2) 由 Φ 求出应力分量;(3) 在给定的边界形状下,根据应力边界条件,由应力反推出面力。从而得出,在此组面力作用下,其解答就是上述的 Φ 和应力。

3. 用半逆解法求应力函数 Φ 时,其步骤是:(1) 根据边界形状和受力情况等,假设应力分量的函数形式;(2) 根据式(2-24),由应力推出 Φ 的函数形式;(3) 将 Φ 代入相容方程,求出 Φ;(4) 将 Φ 代入式(2-24),求出应力分量;(5) 将应力代入应力边界条件,考察它们是否满足全部边界条件(对于多连体还需满足位移单值条件)。如果所有条件都能满足,上述解答就是正确的解答;否则,就要修改假设,重新进行求解。

4. 当求出应力后,由应力求位移的步骤是:(1) 将应力分量代入物理方程,求出应变分量;(2) 将应变分量代入几何方程,由前两式分别积分,求出 u 和 v,其中包含待定的积分函数;再由第三式求出这些积分函数;(3) 由物体的刚体约束条件,求出待定刚体位移分量 u_0,v_0 和 ω。

5. 在校核应力边界条件时,必须注意以下几点:(1) 首先应考虑主要边界(大边界),并必须精确地满足应力边界条件式(2-15),每边有两个条件,都是函数方程;(2) 在小边界上,如不能精确地满足应力边界条件式(2-15),可以用三个积分的边界条件(即主矢量和主矩的条件)来代替,每边有三个条件,都是代数方程;(3) 应力边界条件是在边界上建立的,必须把边界方程代入应力公式,方程才成立;(4) 注意边界条件中,应力和面力的不同符号规定;(5) 所有的边界条件都必须进行校核并使之满足。在平衡微分方程和其他的应力边界条件都已满足的条件下,最后一个小边界的三个积分的边界条件(主矢量和主矩的条件)是自然满足的,可以不必校核。

应力边界条件可以有两种表达方式:(1) 根据边界点的微分体的平衡条件得出;(2) 在同一边界面上,应力分量应等于对应的面力分量。

当应用圣维南原理时,也可有两种表达方式:(1) 在同一小边界上,应力的主矢量和主矩应等于对应的面力的主矢量和主矩;(2) 在小边界附近取出一脱离体,考虑它的主矢量和主矩的平衡条件。

习 题

3-1 为什么在主要边界(大边界)上必须满足精确的应力边界条件式(2-15),而在小边界上可以应用圣维南原理,用三个积分的应力边界条件(即主矢量、主矩的条件)来代替? 如果在主要边界上用三个积分的应力边界条件代替式(2-15),将会发生什么问题?

3-2 如果在某一应力边界问题中,除了一个小边界外,平衡微分方程和其他的应力边界条件都已满足,试证:在最后的这个小边界上,三个积分的应力边界条件必然是自然满足的,因而可以不必校核。

3-3 如果某一应力边界问题中有 m 个主要边界和 n 个小边界,试问在主要边界和小边界上各应满足什么类型的应力边界条件,各有几个条件?

3-4 试考察应力函数 $\Phi = ay^3$ 在图 3-8 所示的矩形板和坐标系中能解决什么问题(体力不计)。

答案:能解决偏心受拉及偏心受压的问题。

3-5 取满足相容方程的应力函数为:(1) $\Phi = ax^2y$,(2) $\Phi = bxy^2$,(3) $\Phi = cxy^3$,试求出应力分量(不计体力),画出图 3-9 所示弹性体边界上的面力分布,并在小边界上表示出面力的主矢量和主矩。

3-6 试考察应力函数 $\Phi = \dfrac{F}{2h^3}xy(3h^2 - 4y^2)$ 能满足相容方程,并求出应力分量(不计体力),画出图 3-9 所示矩形体边界上的面力分布(在小边界上画出面力的主矢量和主矩),指出该应力函数所能解决的问题。

答案:能解决悬臂梁在自由端受集中力作用的问题。

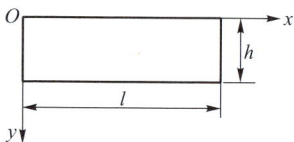

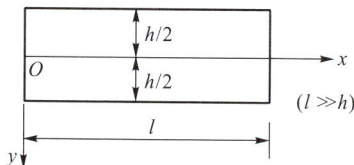

图 3-8   图 3-9

3-7 试证 $\Phi = \dfrac{qx^2}{4}\left(-4\dfrac{y^3}{h^3} + 3\dfrac{y}{h} - 1\right) + \dfrac{qy^2}{10}\left(2\dfrac{y^3}{h^3} - \dfrac{y}{h}\right)$ 能满足相容方程,并考察它在图 3-9 所示矩形板和坐标系中能解决什么问题(设矩形板的长度为 l,深度为 h,体力不计)。

答案:能解决悬臂梁在上边界受均布荷载 q 的问题。

3-8 设有矩形截面的长竖柱,密度为 ρ,在一边侧面上受均布剪力 q(图 3-10),试求应力分量。

答案:$\sigma_x = 0$, $\sigma_y = 2q\dfrac{y}{b}\left(1 - 3\dfrac{x}{b}\right) - \rho gy$, $\tau_{xy} = q\dfrac{x}{b}\left(3\dfrac{x}{b} - 2\right)$。

3-9　图 3-11 所示的墙, 高度为 h, 宽度为 b, $h \gg b$, 在两侧面上受到匀布剪力 q 的作用, 试用应力函数 $\Phi = Axy + Bx^3y$ 求解应力分量。

答案: $\sigma_x = 0$,

$$\sigma_y = \frac{12q}{b^2}xy \text{,}$$

$$\tau_{xy} = \frac{q}{2}\left(1 - 12\,\frac{x^2}{b^2}\right) \text{。}$$

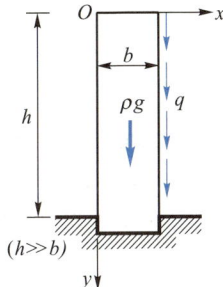 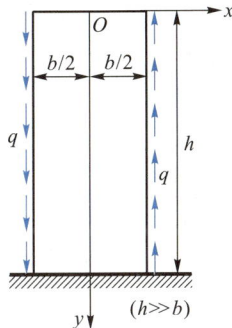

图 3-10　　　　　　　图 3-11

3-10　设单位厚度的悬臂梁在左端受到集中力和力矩作用, 体力可以不计, $l \gg h$ (图 3-12), 试用应力函数 $\Phi = Axy + By^2 + Cy^3 + Dxy^3$ 求解应力分量。

答案: $\sigma_x = -\dfrac{F_N}{h} - \dfrac{12M}{h^3}y - \dfrac{12F_S}{h^3}xy$,

$$\sigma_y = 0 \text{,}$$

$$\tau_{xy} = -\frac{3F_S}{2h}\left(1 - 4\,\frac{y^2}{h^2}\right) \text{。}$$

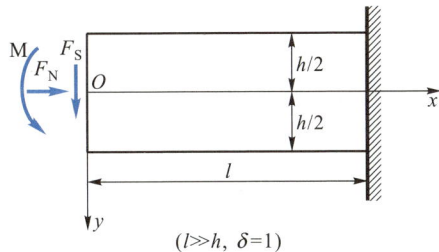

$(l \gg h,\ \delta = 1)$

图 3-12

3-11　设图 3-13 中的三角形悬臂梁只受重力作用, 而梁的密度为 ρ, 试用纯三次式的应力函数求解应力分量。

答案: $\sigma_x = \rho g x \cot\alpha - 2\rho g y \cot^2\alpha$,

$$\sigma_y = -\rho g y \text{,}$$

$$\tau_{xy} = -\rho g y \cot\alpha \text{。}$$

3-12　设图 3-5 中的简支梁只受重力作用, 而梁的密度为 ρ, 试用 §3-4 中的应力函数 (e) 求解应力分量, 并画出截面上的应力分布图。

答案: $\sigma_x = \dfrac{M}{I}y + \rho g y\left(4\,\dfrac{y^2}{h^2} - \dfrac{3}{5}\right)$,

$$\sigma_y = \frac{\rho g}{2}y\left(1 - 4\,\frac{y^2}{h^2}\right) \text{,}$$

$$\tau_{xy} = \frac{F_S S}{bI} \text{,}$$

其中，$M = \rho g h(l^2 - x^2)/2$，$F_s = -\rho g h x$。

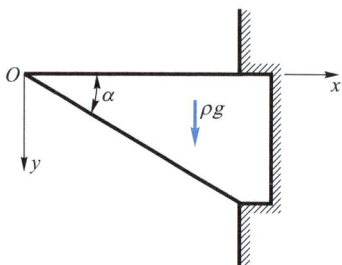

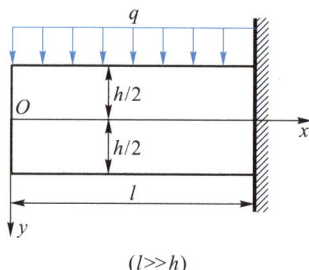

图 3-13   图 3-14

3-13 图 3-14 所示的悬臂梁，长度为 l，高度为 h，$l \gg h$，在上边界受匀布荷载 q，试检验应力函数

$$\Phi = Ay^5 + Bx^2y^3 + Cy^3 + Dx^2 + Ex^2y$$

能否成为此问题的解？如可以，试求出应力分量。

答案：$\sigma_x = q \dfrac{y}{h}\left(4\dfrac{y^2}{h^2} - \dfrac{3}{5} - 6\dfrac{x^2}{h^2}\right)$，

$\sigma_y = -\dfrac{q}{2}\left(1 - 3\dfrac{y}{h} + 4\dfrac{y^3}{h^3}\right)$，

$\tau_{xy} = -\dfrac{3q}{2}\dfrac{x}{h}\left(1 - 4\dfrac{y^2}{h^2}\right)$。

3-14 矩形截面的柱体受到顶部的集中力 $\sqrt{2}\,F$ 和力矩 M 的作用（图 3-15），不计体力，试用应力函数

$$\Phi = Ay^2 + Bxy + Cxy^3 + Dy^3$$

求解其应力分量。

答案：$\sigma_x = -\dfrac{F}{b} + \dfrac{12}{b^2}\left(q - \dfrac{F}{b}\right)xy - \dfrac{12M}{b^3}y$，

$\sigma_y = 0$，

$\tau_{xy} = \dfrac{1}{2}\left(q - \dfrac{3F}{b}\right) - \dfrac{6}{b^2}\left(q - \dfrac{F}{b}\right)y^2$。

3-15 挡水墙的密度为 ρ_1，厚度为 b（图 3-16），水的密度为 ρ_2，试求应力分量。

答案：$\sigma_x = \dfrac{2\rho_2 g}{b^3}x^3y + \dfrac{3\rho_2 g}{5b}xy - \dfrac{4\rho_2 g}{b^3}xy^3 - \rho_1 gx$，

$\sigma_y = \rho_2 gx\left(2\dfrac{y^3}{b^3} - \dfrac{3y}{2b} - \dfrac{1}{2}\right)$，

$\tau_{xy} = -\rho_2 gx^2\left(3\dfrac{y^2}{b^2} - \dfrac{3}{4b}\right) - \rho_2 gy\left(-\dfrac{y^3}{b^3} + \dfrac{3y}{10b} - \dfrac{b}{80y}\right)$。

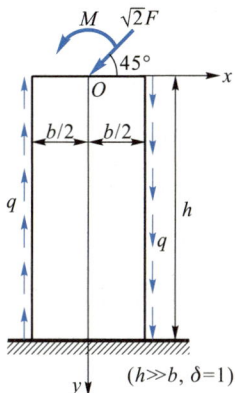

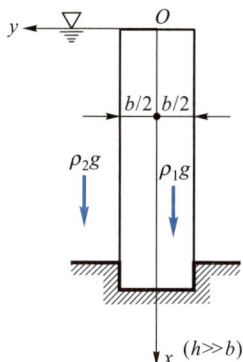

图 3-15   图 3-16

3-16　试分析简支梁受均布荷载时,平截面假设是否成立?

3-17　试证明刚体位移 u_0、v_0 和 ω 实际上表示弹性体中原点的平移和转动分量,并应用 §3-3 的解答加以验证 $\left(\text{注}:\text{微分体的转动分量 } \omega = \frac{1}{2}\left(\frac{\partial v}{\partial x} - \frac{\partial u}{\partial y}\right)\right)$。

部分习题提示

题 3-2:在区域内的每一个微分体均已满足平衡条件,其余边界上的应力边界条件(也属于平衡条件)也已满足,因此可以推出上述结论。

题 3-4 至题 3-7:是应用逆解法的习题。参考逆解法,应首先校核应力函数是否满足相容方程,只有满足了相容方程,才能成为该题的解答。其次由应力函数求出应力分量;然后再应用应力边界条件,求出各边界面上的面力。

题 3-8:本题应用半逆解法来求解。本题中可假设 $\sigma_x = 0$,或假设 $\tau_{xy} = f(x)$,或假设 σ_y 如材料力学中偏心受压公式所示。上端的小边界条件如不能精确地满足,可应用圣维南原理。

题 3-9 至题 3-14:都是应用半逆解法求解的习题。但应力函数已经给出,因而可以直接代入相容方程,首先使其满足;求出应力函数后,就可求出应力分量;然后再使应力分量满足所有的边界条件。

题 3-15:应用半逆解法求解,首先可假设 $\sigma_y = xf(y)$。上端的小边界条件如不能精确地满足,可应用圣维南原理。

题 3-17:求出任意点 (x,y) 的位移分量 u 和 v,及转动分量 ω 后,再令 $x=y=0$,就可得出上述结论。

第四章   平面问题的极坐标解答

§4-1   极坐标中的平衡微分方程

对于由径向线和圆弧线围成的圆形、圆环形、楔形、扇形等的弹性体,宜用极坐标求解。因为用极坐标表示其边界线非常方便,从而使边界条件的表示和方程的求解得到很大的简化。在极坐标中,平面内任一点 P 的位置,用径向坐标 ρ 及环向坐标 φ 来表示(图 4-1)。

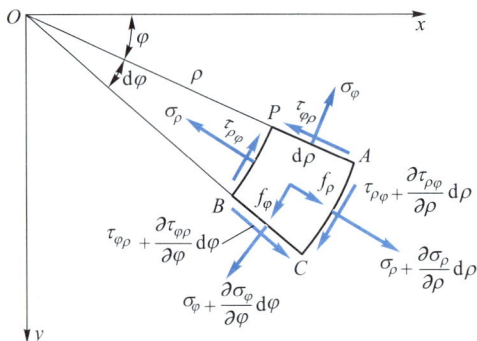

图 4-1

极坐标和直角坐标都是正交坐标系,但两者有如下区别:在直角坐标系中,x 和 y 坐标线都是直线,有固定的方向,x 和 y 坐标的量纲都是 L。在极坐标系中,ρ 坐标线($\varphi=$常数)和 φ 坐标线($\rho=$常数)在不同的点有不同的方向;ρ 坐标线是直线,而 φ 坐标线为圆弧曲线;ρ 坐标的量纲是 L,而 φ 坐标为量纲一的量。这些区别将引起弹性力学基本方程的差异。

为了表示极坐标中的应力分量,从所考察的薄板或长柱形体中取出厚度等于 1 的任一微分体 $PACB$,在 xy 平面上,这个微分体是由两条径向线(夹角为

dφ)和两条环向线(距离为 dρ)所围成,如图所示。沿 ρ 方向的正应力称为径向正应力,用 σ_ρ 代表;沿 φ 方向的正应力称为环向正应力或切向正应力,用 σ_φ 代表;切应力用 $\tau_{\rho\varphi}$ 及 $\tau_{\varphi\rho}$ 代表(根据切应力的互等关系,$\tau_{\rho\varphi}=\tau_{\varphi\rho}$)。各应力分量的正负号规定和直角坐标中一样,只是 ρ 方向代替了 x 方向,φ 方向代替了 y 方向。即正面上的应力以沿正坐标方向为正,负面上的应力以沿负坐标方向为正,反之为负。图中所示的应力分量都是正的。径向及环向的体力分量分别用 f_ρ 及 f_φ 代表,以沿正坐标方向为正,反之为负。

与直角坐标中相似,由于应力随坐标 ρ 而变化,设 PB 面上的径向正应力为 σ_ρ,则 AC 面上的将为 $\sigma_\rho+\frac{\partial\sigma_\rho}{\partial\rho}\mathrm{d}\rho$;同样,这两个面上的切应力分别为 $\tau_{\rho\varphi}$ 及 $\tau_{\rho\varphi}+\frac{\partial\tau_{\rho\varphi}}{\partial\rho}\mathrm{d}\rho$。$PA$ 及 BC 两个面上的环向正应力分别为 σ_φ 及 $\sigma_\varphi+\frac{\partial\sigma_\varphi}{\partial\varphi}\mathrm{d}\varphi$;这两个面上的切应力分别为 $\tau_{\varphi\rho}$ 及 $\tau_{\varphi\rho}+\frac{\partial\tau_{\varphi\rho}}{\partial\varphi}\mathrm{d}\varphi$。

对于极坐标中所取的微分体,应注意它的两个 ρ 面(PB 面及 AC 面)的面积不相同,分别等于 $\rho\mathrm{d}\varphi$ 及 $(\rho+\mathrm{d}\rho)\mathrm{d}\varphi$;两个 φ 面(PA 面及 BC 面)的面积都等于 dρ,但此两面不平行。微分体的体积等于 $\rho\mathrm{d}\varphi\mathrm{d}\rho$。

将微分体所受各力投影到微分体中心的径向轴上,列出径向的平衡方程,得

$$\left(\sigma_\rho+\frac{\partial\sigma_\rho}{\partial\rho}\mathrm{d}\rho\right)(\rho+\mathrm{d}\rho)\mathrm{d}\varphi-\sigma_\rho\rho\mathrm{d}\varphi-$$
$$\left(\sigma_\varphi+\frac{\partial\sigma_\varphi}{\partial\varphi}\mathrm{d}\varphi\right)\mathrm{d}\rho\sin\frac{\mathrm{d}\varphi}{2}-\sigma_\varphi\mathrm{d}\rho\sin\frac{\mathrm{d}\varphi}{2}+$$
$$\left(\tau_{\varphi\rho}+\frac{\partial\tau_{\varphi\rho}}{\partial\varphi}\mathrm{d}\varphi\right)\mathrm{d}\rho\cos\frac{\mathrm{d}\varphi}{2}-\tau_{\varphi\rho}\mathrm{d}\rho\cos\frac{\mathrm{d}\varphi}{2}+f_\rho\rho\mathrm{d}\varphi\mathrm{d}\rho=0。$$

由于 dφ 微小,可以把 $\sin\frac{\mathrm{d}\varphi}{2}$ 取为 $\frac{\mathrm{d}\varphi}{2}$,把 $\cos\frac{\mathrm{d}\varphi}{2}$ 取为 1。用 $\tau_{\rho\varphi}$ 代替 $\tau_{\varphi\rho}$,并注意上式中存在一、二、三阶微量,其中一阶微量互相抵消,三阶微量与二阶微量相比,可以略去,再除以 $\rho\mathrm{d}\varphi\mathrm{d}\rho$,得

$$\frac{\partial\sigma_\rho}{\partial\rho}+\frac{1}{\rho}\frac{\partial\tau_{\rho\varphi}}{\partial\varphi}+\frac{\sigma_\rho-\sigma_\varphi}{\rho}+f_\rho=0。$$

将所有各力投影到微分体中心的切向轴上,列出切向的平衡方程,得

$$\left(\sigma_\varphi+\frac{\partial\sigma_\varphi}{\partial\varphi}\mathrm{d}\varphi\right)\mathrm{d}\rho\cos\frac{\mathrm{d}\varphi}{2}-\sigma_\varphi\mathrm{d}\rho\cos\frac{\mathrm{d}\varphi}{2}+$$
$$\left(\tau_{\rho\varphi}+\frac{\partial\tau_{\rho\varphi}}{\partial\rho}\mathrm{d}\rho\right)(\rho+\mathrm{d}\rho)\mathrm{d}\varphi-\tau_{\rho\varphi}\rho\mathrm{d}\varphi+$$

$$\left(\tau_{\varphi\rho}+\frac{\partial\tau_{\varphi\rho}}{\partial\varphi}d\varphi\right)d\rho\sin\frac{d\varphi}{2}+\tau_{\varphi\rho}d\rho\sin\frac{d\varphi}{2}+f_{\varphi}\rho d\varphi d\rho=0。$$

用 $\tau_{\rho\varphi}$ 代替 $\tau_{\varphi\rho}$，进行同样的简化以后，得

$$\frac{1}{\rho}\frac{\partial\sigma_{\varphi}}{\partial\varphi}+\frac{\partial\tau_{\rho\varphi}}{\partial\rho}+\frac{2\tau_{\rho\varphi}}{\rho}+f_{\varphi}=0。$$

如果列出该微分体的力矩平衡方程，将得出 $\tau_{\rho\varphi}=\tau_{\varphi\rho}$，只是又一次证明切应力的互等关系。

这样，极坐标中的平衡微分方程就是

$$\left.\begin{aligned}\frac{\partial\sigma_{\rho}}{\partial\rho}+\frac{1}{\rho}\frac{\partial\tau_{\rho\varphi}}{\partial\varphi}+\frac{\sigma_{\rho}-\sigma_{\varphi}}{\rho}+f_{\rho}=0,\\[2mm]\frac{1}{\rho}\frac{\partial\sigma_{\varphi}}{\partial\varphi}+\frac{\partial\tau_{\rho\varphi}}{\partial\rho}+\frac{2\tau_{\rho\varphi}}{\rho}+f_{\varphi}=0。\end{aligned}\right\}\qquad(4-1)$$

这两个平衡微分方程中包含着 3 个未知函数 σ_{ρ}，σ_{φ} 和 $\tau_{\rho\varphi}=\tau_{\varphi\rho}$。为了求解问题，还必须应用几何学和物理学方面的条件。

§4-2   极坐标中的几何方程和物理方程

视频 4-2-1
极坐标中的
几何方程

在极坐标中，用 ε_{ρ} 代表径向线应变（径向线段的线应变），用 ε_{φ} 代表环向线应变（环向线段的线应变），用 $\gamma_{\rho\varphi}$ 代表切应变（径向与环向两线段之间的直角的改变）；用 u_{ρ} 代表径向位移，用 u_{φ} 代表环向位移。

通过任一点 $P(\rho,\varphi)$，分别沿正方向作径向和环向的微分线段，$PA=d\rho$，$PB=\rho d\varphi$（图 4-2）。现在来分析微分线段上的应变分量和位移分量之间的几何关系。

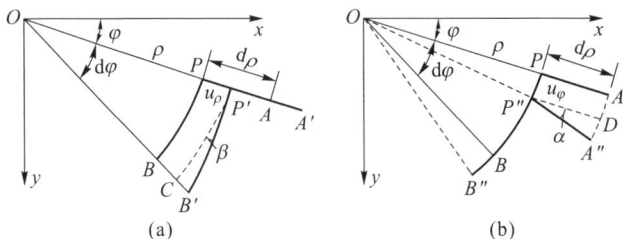

图 4-2

首先，假定只有径向位移而没有环向位移（图 4-2a）。由于这个径向位移，径向线段 PA 移到 $P'A'$，环向线段 PB 移到 $P'B'$，而 P,A,B 三点的位移分别为

$$PP' = u_\rho, \quad AA' = u_\rho + \frac{\partial u_\rho}{\partial \rho}\mathrm{d}\rho, \quad BB' = u_\rho + \frac{\partial u_\rho}{\partial \varphi}\mathrm{d}\varphi。$$

可见，径向线段 PA 的线应变为

$$\varepsilon_\rho = \frac{P'A'-PA}{PA} = \frac{AA'-PP'}{PA}$$

$$= \frac{\left(u_\rho + \frac{\partial u_\rho}{\partial \rho}\mathrm{d}\rho\right) - u_\rho}{\mathrm{d}\rho} = \frac{\partial u_\rho}{\partial \rho}。 \tag{a}$$

环向线段 PB 移到 $P'B'$。在图 4-2a 中，通过 P' 点作圆弧线 $P'C$。$P'B'$ 与 $P'C$ 的夹角 β 是微小的，因此，略去高阶微量后，得到 $P'B' \approx P'C$（见 §2-4）。由此，环向线段的线应变是

$$\varepsilon_\varphi = \frac{P'B'-PB}{PB} = \frac{P'C-PB}{PB}$$

$$= \frac{(\rho+u_\rho)\mathrm{d}\varphi - \rho\mathrm{d}\varphi}{\rho\mathrm{d}\varphi} = \frac{u_\rho}{\rho}。 \tag{b}$$

$\frac{u_\rho}{\rho}$ 项可以解释为：由于径向位移引起环向线段的伸长应变。它表示，半径为 ρ 的环向线段 $PB = \rho\mathrm{d}\varphi$，由于径向位移 u_ρ 而移到 $P'C$ 时，它的半径成为 $(\rho+u_\rho)$，长度成为 $P'C = (\rho+u_\rho)\mathrm{d}\varphi$，伸长值 $u_\rho\mathrm{d}\varphi$ 与原长 $\rho\mathrm{d}\varphi$ 之比，便是环向线应变 $\frac{u_\rho}{\rho}$。

径向线段 PA 的转角为

$$\alpha = 0。 \tag{c}$$

环向线段 PB 的转角为

$$\beta = \frac{BB'-PP'}{PB} = \frac{\left(u_\rho + \frac{\partial u_\rho}{\partial \varphi}\mathrm{d}\varphi\right) - u_\rho}{\rho\mathrm{d}\varphi} = \frac{1}{\rho}\frac{\partial u_\rho}{\partial \varphi}。 \tag{d}$$

可见切应变为

$$\gamma_{\rho\varphi} = \alpha + \beta = \frac{1}{\rho}\frac{\partial u_\rho}{\partial \varphi}。 \tag{e}$$

其次，假定只有环向位移而没有径向位移（图 4-2b）。由于这个环向位移，径向线段 PA 移到 $P''A''$，环向线段 PB 移到 $P''B''$，而 P, A, B 三点的位移分别为

$$PP'' = u_\varphi, \quad AA'' = u_\varphi + \frac{\partial u_\varphi}{\partial \rho}\mathrm{d}\rho, \quad BB'' = u_\varphi + \frac{\partial u_\varphi}{\partial \varphi}\mathrm{d}\varphi。$$

在图 4-2b 中，作 $P''D \parallel PA$，则 PA 的转角为 α。由于 α 是微小的，因此，略去高阶微量后得到 $P''A'' \approx PA$，由此得出径向线段 PA 的线应变为

$$\varepsilon_\rho = 0 \text{。} \tag{f}$$

环向线段 PB 的线应变为

$$\varepsilon_\varphi = \frac{P''B'' - PB}{PB} = \frac{BB'' - PP''}{PB}$$

$$= \frac{\left(u_\varphi + \dfrac{\partial u_\varphi}{\partial \varphi}\mathrm{d}\varphi\right) - u_\varphi}{\rho\,\mathrm{d}\varphi} = \frac{1}{\rho}\,\frac{\partial u_\varphi}{\partial \varphi} \text{。} \tag{g}$$

径向线段 PA 的转角为

$$\alpha = \frac{AA'' - PP''}{PA} = \frac{\left(u_\varphi + \dfrac{\partial u_\varphi}{\partial \rho}\mathrm{d}\rho\right) - u_\varphi}{\mathrm{d}\rho} = \frac{\partial u_\varphi}{\partial \rho} \text{。} \tag{h}$$

由于环向位移引起环向线段的转角，可以从图 4-2b 看出：在变形前，PB 线上 P 点的切线与 OP 垂直；在变形后，$P''B''$ 线上 P'' 点的切线与 OP'' 垂直，这两切线之间的夹角等于圆心角 $\angle POP''$，这就是环向线的转角。这个转角使原直角扩大，故环向线 PB 的转角为

$$\beta = -\angle POP'' = -\frac{u_\varphi}{\rho} \text{。} \tag{i}$$

可见切应变为

$$\gamma_{\rho\varphi} = \alpha + \beta = \frac{\partial u_\varphi}{\partial \rho} - \frac{u_\varphi}{\rho} \text{。} \tag{j}$$

因此，如果沿径向和环向都有位移，则由式（a），式（b），式（e）三式与式（f），式（g），式（j）三式分别叠加而得

$$\left. \begin{aligned} \varepsilon_\rho &= \frac{\partial u_\rho}{\partial \rho}, \\ \varepsilon_\varphi &= \frac{u_\rho}{\rho} + \frac{1}{\rho}\,\frac{\partial u_\varphi}{\partial \varphi}, \\ \gamma_{\rho\varphi} &= \frac{1}{\rho}\,\frac{\partial u_\rho}{\partial \varphi} + \frac{\partial u_\varphi}{\partial \rho} - \frac{u_\varphi}{\rho} \text{。} \end{aligned} \right\} \tag{4-2}$$

这就是极坐标中的几何方程。

下面来导出极坐标中平面问题的物理方程。在直角坐标中，物理方程是代数方程，且其中坐标 x 和 y 的方向是正交的。在极坐标中，坐标 ρ 和 φ 的方向也是正交的，因此极坐标中的物理方程与直角坐标中的物理方程具有同样的形式，只需将角码 x 和 y 分别改换为 ρ 和 φ。据此得出极坐标中平面应力问题的物理方程是

视频 4-2-2
极坐标中的
物理方程

$$\left.\begin{aligned}
\varepsilon_\rho &= \frac{1}{E}(\sigma_\rho - \mu\sigma_\varphi), \\[2mm]
\varepsilon_\varphi &= \frac{1}{E}(\sigma_\varphi - \mu\sigma_\rho), \\[2mm]
\gamma_{\rho\varphi} &= \frac{1}{G}\tau_{\rho\varphi} = \frac{2(1+\mu)}{E}\tau_{\rho\varphi}\circ
\end{aligned}\right\} \tag{4-3}$$

对于平面应变问题,需将上式中的 E 换为 $\dfrac{E}{1-\mu^2}$,μ 换为 $\dfrac{\mu}{1-\mu}$,而物理方程成为

$$\left.\begin{aligned}
\varepsilon_\rho &= \frac{1-\mu^2}{E}\left(\sigma_\rho - \frac{\mu}{1-\mu}\sigma_\varphi\right), \\[2mm]
\varepsilon_\varphi &= \frac{1-\mu^2}{E}\left(\sigma_\varphi - \frac{\mu}{1-\mu}\sigma_\rho\right), \\[2mm]
\gamma_{\rho\varphi} &= \frac{2(1+\mu)}{E}\tau_{\rho\varphi}\circ
\end{aligned}\right\} \tag{4-4}$$

§4-3 极坐标中的应力函数与相容方程

为了简化公式的推导,可以将直角坐标中的公式直接变换到极坐标中来。下面应用坐标之间的转换关系,把极坐标中的应力分量用应力函数 Φ 来表示。

首先,由极坐标与直角坐标之间的关系式

$$\rho^2 = x^2 + y^2, \quad \varphi = \arctan\frac{y}{x};$$

$$x = \rho\cos\varphi, \quad y = \rho\sin\varphi\circ$$

得 ρ, φ 对 x, y 的导数

视频 4-3
极坐标中
的按应力
求解

$$\frac{\partial\rho}{\partial x} = \frac{x}{\rho} = \cos\varphi, \qquad \frac{\partial\rho}{\partial y} = \frac{y}{\rho} = \sin\varphi;$$

$$\frac{\partial\varphi}{\partial x} = -\frac{y}{\rho^2} = -\frac{\sin\varphi}{\rho}, \qquad \frac{\partial\varphi}{\partial y} = \frac{x}{\rho^2} = \frac{\cos\varphi}{\rho}\circ$$

将函数 Φ 看成是 ρ, φ 的函数,即 $\Phi(\rho, \varphi)$;而 ρ, φ 又是 x, y 的函数。因此 Φ 可以认为是通过中间变量 ρ, φ 的关于 x, y 的复合函数。按照复合函数的求导公式,可得一阶导数的变换公式

$$\frac{\partial\Phi}{\partial x} = \frac{\partial\Phi}{\partial\rho}\frac{\partial\rho}{\partial x} + \frac{\partial\Phi}{\partial\varphi}\frac{\partial\varphi}{\partial x} = \cos\varphi\frac{\partial\Phi}{\partial\rho} - \frac{\sin\varphi}{\rho}\frac{\partial\Phi}{\partial\varphi},$$

$$\frac{\partial\Phi}{\partial y} = \frac{\partial\Phi}{\partial\rho}\frac{\partial\rho}{\partial y} + \frac{\partial\Phi}{\partial\varphi}\frac{\partial\varphi}{\partial y} = \sin\varphi\frac{\partial\Phi}{\partial\rho} + \frac{\cos\varphi}{\rho}\frac{\partial\Phi}{\partial\varphi}\circ$$

重复以上的运算,得到二阶导数的变换公式

$$\frac{\partial^2 \Phi}{\partial x^2} = \left(\cos\varphi \frac{\partial}{\partial \rho} - \frac{\sin\varphi}{\rho} \frac{\partial}{\partial \varphi} \right) \left(\cos\varphi \frac{\partial \Phi}{\partial \rho} - \frac{\sin\varphi}{\rho} \frac{\partial \Phi}{\partial \varphi} \right)$$

$$= \cos^2\varphi \frac{\partial^2 \Phi}{\partial \rho^2} + \sin^2\varphi \left(\frac{1}{\rho} \frac{\partial \Phi}{\partial \rho} + \frac{1}{\rho^2} \frac{\partial^2 \Phi}{\partial \varphi^2} \right) -$$

$$2\cos\varphi\sin\varphi \left[\frac{\partial}{\partial \rho} \left(\frac{1}{\rho} \frac{\partial \Phi}{\partial \varphi} \right) \right], \tag{a}$$

$$\frac{\partial^2 \Phi}{\partial y^2} = \left(\sin\varphi \frac{\partial}{\partial \rho} + \frac{\cos\varphi}{\rho} \frac{\partial}{\partial \varphi} \right) \left(\sin\varphi \frac{\partial \Phi}{\partial \rho} + \frac{\cos\varphi}{\rho} \frac{\partial \Phi}{\partial \varphi} \right)$$

$$= \sin^2\varphi \frac{\partial^2 \Phi}{\partial \rho^2} + \cos^2\varphi \left(\frac{1}{\rho} \frac{\partial \Phi}{\partial \rho} + \frac{1}{\rho^2} \frac{\partial^2 \Phi}{\partial \varphi^2} \right) +$$

$$2\cos\varphi\sin\varphi \left[\frac{\partial}{\partial \rho} \left(\frac{1}{\rho} \frac{\partial \Phi}{\partial \varphi} \right) \right], \tag{b}$$

$$\frac{\partial^2 \Phi}{\partial x \partial y} = \left(\cos\varphi \frac{\partial}{\partial \rho} - \frac{\sin\varphi}{\rho} \frac{\partial}{\partial \varphi} \right) \left(\sin\varphi \frac{\partial \Phi}{\partial \rho} + \frac{\cos\varphi}{\rho} \frac{\partial \Phi}{\partial \varphi} \right)$$

$$= \cos\varphi\sin\varphi \left[\frac{\partial^2 \Phi}{\partial \rho^2} - \left(\frac{1}{\rho} \frac{\partial \Phi}{\partial \rho} + \frac{1}{\rho^2} \frac{\partial^2 \Phi}{\partial \varphi^2} \right) \right] +$$

$$(\cos^2\varphi - \sin^2\varphi) \left[\frac{\partial}{\partial \rho} \left(\frac{1}{\rho} \frac{\partial \Phi}{\partial \varphi} \right) \right]. \tag{c}$$

由图 4-1 可见,如果把 x 轴和 y 轴分别转到 ρ 和 φ 的方向,使该微分体的 φ 坐标成为零,则该微分体上的 $\sigma_x, \sigma_y, \tau_{xy}$ 分别成为 $\sigma_\rho, \sigma_\varphi, \tau_{\rho\varphi}$。于是当不计体力时,即可利用导数的变换式(a)至式(c),并令 $\varphi = 0$,得出应力分量用应力函数来表示:

$$\left. \begin{array}{l} \sigma_\rho = (\sigma_x)_{\varphi=0} = \left(\dfrac{\partial^2 \Phi}{\partial y^2} \right)_{\varphi=0} = \dfrac{1}{\rho} \dfrac{\partial \Phi}{\partial \rho} + \dfrac{1}{\rho^2} \dfrac{\partial^2 \Phi}{\partial \varphi^2}, \\[3mm] \sigma_\varphi = (\sigma_y)_{\varphi=0} = \left(\dfrac{\partial^2 \Phi}{\partial x^2} \right)_{\varphi=0} = \dfrac{\partial^2 \Phi}{\partial \rho^2}, \\[3mm] \tau_{\rho\varphi} = (\tau_{xy})_{\varphi=0} = \left(-\dfrac{\partial^2 \Phi}{\partial x \partial y} \right)_{\varphi=0} = -\dfrac{\partial}{\partial \rho} \left(\dfrac{1}{\rho} \dfrac{\partial \Phi}{\partial \varphi} \right). \end{array} \right\} \tag{4-5}$$

极易证明,当体力分量 $f_\rho = f_\varphi = 0$ 时,这些应力分量确实能满足平衡微分方程式(4-1)。

另一方面,将式(a)与式(b)相加,得到

$$\boldsymbol{\nabla}^2 \Phi = \frac{\partial^2 \Phi}{\partial x^2} + \frac{\partial^2 \Phi}{\partial y^2} = \frac{\partial^2 \Phi}{\partial \rho^2} + \frac{1}{\rho} \frac{\partial \Phi}{\partial \rho} + \frac{1}{\rho^2} \frac{\partial^2 \Phi}{\partial \varphi^2}.$$

于是由直角坐标中的相容方程

$$\nabla^4 \Phi = \left(\frac{\partial^2}{\partial x^2} + \frac{\partial^2}{\partial y^2} \right)^2 \Phi = 0,$$

得到极坐标中的相容方程

$$\left(\frac{\partial^2}{\partial \rho^2} + \frac{1}{\rho} \frac{\partial}{\partial \rho} + \frac{1}{\rho^2} \frac{\partial^2}{\partial \varphi^2} \right)^2 \Phi = 0 。 \tag{4-6}$$

由此得出,当不计体力时,在极坐标中按应力求解平面问题,归结为求解一个应力函数 $\Phi(\rho,\varphi)$,它必须满足:(1) 在区域内的相容方程式(4-6);(2) 在边界上的应力边界条件(假设全部为应力边界条件);(3) 如为多连体,还应考虑多连体中的位移单值条件。从上述条件求出应力函数 Φ 后,就可由式(4-5)求得应力分量。

§4-4 应力分量的坐标变换式

在一定的应力状态下,由已知的直角坐标中的应力分量求极坐标中的应力分量,或者由已知的极坐标中的应力分量求直角坐标中的应力分量,就需要建立两个坐标系中应力分量的关系式,即应力分量的坐标变换式。由于应力不仅具有方向性,而且与所在的作用面有关,为了建立应力分量的坐标变换式,应取出包含两种坐标面的微分体,然后考虑其平衡条件,才能得出这种变换式。

首先,设已知直角坐标中的应力分量 σ_x、σ_y、τ_{xy},试求极坐标中的应力分量 σ_ρ、σ_φ、$\tau_{\rho\varphi}$。为此,在弹性体中取出一个包含 x 面、y 面和 ρ 面且厚度为 1 的微小三角板 A(图 4-3),它的 ab 为 x 面,ac 为 y 面,而 bc 为 ρ 面。各面上的应力如图所示。命 bc 边的长度为 ds,则 ab 边及 ac 边的长度分别为 $ds\cos\varphi$ 及 $ds\sin\varphi$。

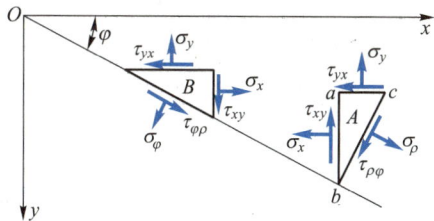

视频 4-4 应力分量的坐标变换式

图 4-3

根据三角板 A 的平衡条件 $\sum F_\rho = 0$,可以写出平衡方程

$$\sigma_\rho ds - \sigma_x ds\cos\varphi \times \cos\varphi - \sigma_y ds\sin\varphi \times \sin\varphi -$$
$$\tau_{xy} ds\cos\varphi \times \sin\varphi - \tau_{yx} ds\sin\varphi \times \cos\varphi = 0 。$$

用 τ_{xy} 代替 τ_{yx} 进行简化,就得到

$$\sigma_\rho = \sigma_x \cos^2\varphi + \sigma_y \sin^2\varphi + 2\tau_{xy}\sin\varphi\cos\varphi 。 \tag{a}$$

同样可由三角板 A 的平衡条件 $\sum F_\varphi = 0$,得到

$$\tau_{\rho\varphi} = (\sigma_y - \sigma_x)\sin\varphi\cos\varphi + \tau_{xy}(\cos^2\varphi - \sin^2\varphi) 。 \tag{b}$$

类似地取出一个包含 x 面、y 面和 φ 面且厚度为 1 的微小三角板 B(图 4-3),根据它的平衡条件 $\sum F_\varphi = 0$,可以得到

$$\sigma_\varphi = \sigma_x \sin^2\varphi + \sigma_y \cos^2\varphi - 2\tau_{xy}\sin\varphi\cos\varphi。 \tag{c}$$

并同样由平衡条件 $\sum F_\rho = 0$,可以得到 $\tau_{\varphi\rho}$,且 $\tau_{\varphi\rho} = \tau_{\rho\varphi}$。

综合以上所得的结果,就得出应力分量由直角坐标向极坐标的变换式:

$$\left. \begin{array}{l} \sigma_\rho = \sigma_x \cos^2\varphi + \sigma_y \sin^2\varphi + 2\tau_{xy}\sin\varphi\cos\varphi, \\[2mm] \sigma_\varphi = \sigma_x \sin^2\varphi + \sigma_y \cos^2\varphi - 2\tau_{xy}\sin\varphi\cos\varphi, \\[2mm] \tau_{\rho\varphi} = (\sigma_y - \sigma_x)\sin\varphi\cos\varphi + \tau_{xy}(\cos^2\varphi - \sin^2\varphi)。 \end{array} \right\} \tag{4-7}$$

读者试导出应力分量由极坐标向直角坐标的变换式

$$\left. \begin{array}{l} \sigma_x = \sigma_\rho \cos^2\varphi + \sigma_\varphi \sin^2\varphi - 2\tau_{\rho\varphi}\sin\varphi\cos\varphi, \\[2mm] \sigma_y = \sigma_\rho \sin^2\varphi + \sigma_\varphi \cos^2\varphi + 2\tau_{\rho\varphi}\sin\varphi\cos\varphi, \\[2mm] \tau_{xy} = (\sigma_\rho - \sigma_\varphi)\sin\varphi\cos\varphi + \tau_{\rho\varphi}(\cos^2\varphi - \sin^2\varphi)。 \end{array} \right\} \tag{4-8}$$

§4-5　轴对称应力及相应的位移

视频 4-5
轴对称应
力

所谓**轴对称**,是指物体的形状或某物理量是绕一轴对称的,凡通过对称轴的任何面都是对称面。若应力是绕 z 轴对称的,则在任一环向线上的各点,应力分量的数值相同,方向对称于 z 轴。由此可见,绕 z 轴对称的应力,在极坐标平面内应力分量仅为 ρ 的函数,不随 φ 而变;切应力 $\tau_{\rho\varphi}$ 为零。

应力函数是标量函数,在轴对称应力状态下,它只是 ρ 的函数,即

$$\varPhi = \varPhi(\rho)。$$

在这一特殊情况下,应力公式(4-5)简化为

$$\sigma_\rho = \frac{1}{\rho}\frac{\mathrm{d}\varPhi}{\mathrm{d}\rho}, \quad \sigma_\varphi = \frac{\mathrm{d}^2\varPhi}{\mathrm{d}\rho^2}, \quad \tau_{\rho\varphi} = \tau_{\varphi\rho} = 0。 \tag{4-9}$$

相容方程式(4-6)简化为

$$\left(\frac{\mathrm{d}^2}{\mathrm{d}\rho^2} + \frac{1}{\rho}\frac{\mathrm{d}}{\mathrm{d}\rho} \right)\left(\frac{\mathrm{d}^2\varPhi}{\mathrm{d}\rho^2} + \frac{1}{\rho}\frac{\mathrm{d}\varPhi}{\mathrm{d}\rho} \right) = 0。$$

轴对称问题的拉普拉斯算子可以写为

$$\nabla^2 = \left(\frac{\mathrm{d}^2}{\mathrm{d}\rho^2} + \frac{1}{\rho}\frac{\mathrm{d}}{\mathrm{d}\rho} \right) = \frac{1}{\rho}\frac{\mathrm{d}}{\mathrm{d}\rho}\left(\rho\frac{\mathrm{d}}{\mathrm{d}\rho} \right),$$

代入相容方程成为

$$\frac{1}{\rho}\frac{\mathrm{d}}{\mathrm{d}\rho}\left\{ \rho\frac{\mathrm{d}}{\mathrm{d}\rho}\left[\frac{1}{\rho}\frac{\mathrm{d}}{\mathrm{d}\rho}\left(\rho\frac{\mathrm{d}\varPhi}{\mathrm{d}\rho} \right) \right] \right\} = 0。$$

这是一个四阶常微分方程,它的全部通解只有 4 项。对上式积分 4 次,就得到轴对称应力状态下应力函数的通解

$$\Phi = A\ln\rho + B\rho^2\ln\rho + C\rho^2 + D, \qquad (4\text{--}10)$$

其中,A, B, C, D 是待定的常数。

将式(4–10)代入式(4–9),得轴对称应力的一般性解答

$$\left.\begin{aligned}
\sigma_\rho &= \frac{A}{\rho^2} + B(1+2\ln\rho) + 2C, \\[2mm]
\sigma_\varphi &= -\frac{A}{\rho^2} + B(3+2\ln\rho) + 2C, \\[2mm]
\tau_{\rho\varphi} &= \tau_{\varphi\rho} = 0 \text{。}
\end{aligned}\right\} \qquad (4\text{--}11)$$

现在来求出与轴对称应力相对应的应变和位移。

对于平面应力的情况,将应力分量式(4–11)代入物理方程式(4–3),得对应的应变分量

$$\varepsilon_\rho = \frac{1}{E}\left[(1+\mu)\frac{A}{\rho^2} + (1-3\mu)B + 2(1-\mu)B\ln\rho + 2(1-\mu)C\right],$$

$$\varepsilon_\varphi = \frac{1}{E}\left[-(1+\mu)\frac{A}{\rho^2} + (3-\mu)B + 2(1-\mu)B\ln\rho + 2(1-\mu)C\right],$$

$$\gamma_{\rho\varphi} = 0 \text{。}$$

可见,应变也是轴对称的。

将上面的应变分量的表达式代入几何方程式(4–2),得

$$\left.\begin{aligned}
\frac{\partial u_\rho}{\partial \rho} &= \frac{1}{E}\left[(1+\mu)\frac{A}{\rho^2} + (1-3\mu)B + 2(1-\mu)B\ln\rho + 2(1-\mu)C\right], \\[2mm]
\frac{u_\rho}{\rho} + \frac{1}{\rho}\frac{\partial u_\varphi}{\partial \varphi} &= \frac{1}{E}\left[-(1+\mu)\frac{A}{\rho^2} + (3-\mu)B + 2(1-\mu)B\ln\rho + 2(1-\mu)C\right], \\[2mm]
\frac{1}{\rho}\frac{\partial u_\rho}{\partial \varphi} + \frac{\partial u_\varphi}{\partial \rho} - \frac{u_\varphi}{\rho} &= 0 \text{。}
\end{aligned}\right\} \qquad (a)$$

由式(a)中第一式的积分得

$$u_\rho = \frac{1}{E}\left[-(1+\mu)\frac{A}{\rho} + (1-3\mu)B\rho + 2(1-\mu)B\rho(\ln\rho-1) + 2(1-\mu)C\rho\right] + f(\varphi), \quad (b)$$

其中,$f(\varphi)$ 是 φ 的任意函数。

其次,由式(a)中的第二式有

$$\frac{\partial u_\varphi}{\partial \varphi} = \frac{\rho}{E}\left[-(1+\mu)\frac{A}{\rho^2} + (3-\mu)B + 2(1-\mu)B\ln\rho + 2(1-\mu)C\right] - u_\rho \text{。}$$

将式(b)代入,得

$$\frac{\partial u_{\varphi}}{\partial \varphi} = \frac{4B\rho}{E} - f(\varphi) ,$$

积分以后得

$$u_{\varphi} = \frac{4B\rho\varphi}{E} - \int f(\varphi)\,\mathrm{d}\varphi + f_1(\rho) , \qquad (\mathrm{c})$$

其中,$f_1(\rho)$ 是 ρ 的任意函数。

再将式(b)及式(c)代入式(a)中的第三式,得

$$\frac{1}{\rho}\frac{\mathrm{d}f(\varphi)}{\mathrm{d}\varphi} + \frac{\mathrm{d}f_1(\rho)}{\mathrm{d}\rho} + \frac{1}{\rho}\int f(\varphi)\,\mathrm{d}\varphi - \frac{f_1(\rho)}{\rho} = 0 ,$$

把上式分开变量而写成为

$$f_1(\rho) - \rho\frac{\mathrm{d}f_1(\rho)}{\mathrm{d}\rho} = \frac{\mathrm{d}f(\varphi)}{\mathrm{d}\varphi} + \int f(\varphi)\,\mathrm{d}\varphi。$$

此方程的左边只是 ρ 的函数,只随 ρ 而变;而右边只是 φ 的函数,只随 φ 而变,因此只可能两边都等于同一常数 F。于是有

$$f_1(\rho) - \rho\frac{\mathrm{d}f_1(\rho)}{\mathrm{d}\rho} = F , \qquad (\mathrm{d})$$

$$\frac{\mathrm{d}f(\varphi)}{\mathrm{d}\varphi} + \int f(\varphi)\,\mathrm{d}\varphi = F。 \qquad (\mathrm{e})$$

式(d)的解答是

$$f_1(\rho) = H\rho + F , \qquad (\mathrm{f})$$

其中,H 是任意常数。式(e)可以通过求导变换为微分方程

$$\frac{\mathrm{d}^2 f(\varphi)}{\mathrm{d}\varphi^2} + f(\varphi) = 0 ,$$

而它的解答是

$$f(\varphi) = I\cos\varphi + K\sin\varphi , \qquad (\mathrm{g})$$

此外,并可由式(e)得

$$\int f(\varphi)\,\mathrm{d}\varphi = F - \frac{\mathrm{d}f(\varphi)}{\mathrm{d}\varphi} = F + I\sin\varphi - K\cos\varphi。 \qquad (\mathrm{h})$$

将式(g)代入式(b),并将式(h)及式(f)代入式(c),得轴对称应力状态下对应的位移分量

$$\left.\begin{aligned}
u_{\rho} &= \frac{1}{E}\left[-(1+\mu)\frac{A}{\rho} + 2(1-\mu)B\rho(\ln\rho - 1) + (1-3\mu)B\rho + \right.\\
&\quad \left. 2(1-\mu)C\rho \right] + I\cos\varphi + K\sin\varphi , \\
u_{\varphi} &= \frac{4B\rho\varphi}{E} + H\rho - I\sin\varphi + K\cos\varphi。
\end{aligned}\right\} \qquad (4\text{--}12)$$

式中的 A,B,C,H,I,K 都是待定的常数,其中的常数 H,I,K 和 §2-4 中的 ω,u_0, v_0 同样地代表刚体位移分量。

以上是轴对称应力状态下,应力分量和位移分量的一般性解答,适用于任何轴对称应力问题。应力分量式(4-11)和位移分量式(4-12)中的待定常数,可以通过应力边界条件和位移边界条件(在多连体中还需考虑位移单值条件)来确定。

对于平面应变的情况,只需将上述应变分量和位移分量中的 E 换为 $\dfrac{E}{1-\mu^2}$,μ 换为 $\dfrac{\mu}{1-\mu}$。

一般而言,产生轴对称应力状态的条件是,弹性体的形状和应力边界条件必须是轴对称的。如果位移边界条件也是轴对称的,则位移也是轴对称的。

§4-6   圆环或圆筒受均布压力

设有圆环或圆筒,内半径为 r,外半径为 R,受内压力 q_1 及外压力 q_2(图 4-4a)。显然,应力分布应当是轴对称的。因此取应力分量表达式(4-11),应当可以求出其中的任意常数 A,B,C。

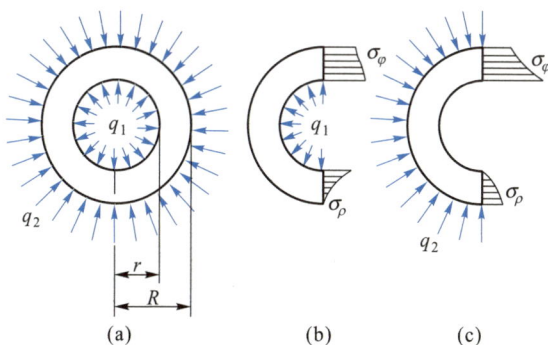

视频 4-6
圆环或圆筒受均布压力

图 4-4

内外的应力边界条件要求

$$\left.\begin{aligned}(\tau_{\rho\varphi})_{\rho=r}=0, \quad & (\tau_{\rho\varphi})_{\rho=R}=0;\\ (\sigma_\rho)_{\rho=r}=-q_1, \quad & (\sigma_\rho)_{\rho=R}=-q_2\text{。}\end{aligned}\right\}\qquad(a)$$

由表达式(4-11)可见,前两个关于 $\tau_{\rho\varphi}$ 的条件是满足的,而后两个条件要求

$$\left. \begin{aligned} \frac{A}{r^2} + B(1+2\ln r) + 2C = -q_1, \\ \frac{A}{R^2} + B(1+2\ln R) + 2C = -q_2。 \end{aligned} \right\} \tag{b}$$

现在,边界条件都已满足,但上面 2 个方程不能决定 3 个常数 A,B,C。因为这里讨论的是多连体,所以我们来考察位移单值条件。

由式(4-12)可见,在环向位移 u_φ 的表达式中,$\dfrac{4B\rho\varphi}{E}$ 一项是多值的:对于同一个 ρ 值,例如 $\rho = \rho_1$,在 $\varphi = \varphi_1$ 时与 $\varphi = \varphi_1 + 2\pi$ 时,环向位移相差 $\dfrac{8\pi B\rho_1}{E}$。在圆环或圆筒中,这是不可能的,因为 (ρ_1,φ_1) 与 $(\rho_1,\varphi_1+2\pi)$ 是同一点,不可能有不同的位移。于是由位移单值条件可见,必须 $B = 0$。

对于单连体和多连体,位移单值条件都是必须满足的。在按应力求解时,首先求出应力分量,自然取为单值函数;再求应变分量,并由几何方程通过积分求出位移分量。在多连体中,积分时常常会出现多值函数,因此需要校核位移单值条件,以排除其中的多值项。

命 $B = 0$,即可由式(b)求得 A 和 $2C$:

$$A = \frac{r^2 R^2(q_2 - q_1)}{R^2 - r^2}, \qquad 2C = \frac{q_1 r^2 - q_2 R^2}{R^2 - r^2}。$$

代入式(4-11),稍加整理,即得圆筒受均布压力的拉梅解答如下:

$$\left. \begin{aligned} \sigma_\rho = -\frac{\dfrac{R^2}{\rho^2} - 1}{\dfrac{R^2}{r^2} - 1}q_1 - \frac{1 - \dfrac{r^2}{\rho^2}}{1 - \dfrac{r^2}{R^2}}q_2, \\[4ex] \sigma_\varphi = \frac{\dfrac{R^2}{\rho^2} + 1}{\dfrac{R^2}{r^2} - 1}q_1 - \frac{1 + \dfrac{r^2}{\rho^2}}{1 - \dfrac{r^2}{R^2}}q_2。 \end{aligned} \right\} \tag{4-13}$$

为明了起见,试分别考察内压力或外压力单独作用时的情况。

如果只有内压力 q_1 作用,则 $q_2 = 0$,解答式(4-13)简化为

$$\sigma_\rho = -\frac{\dfrac{R^2}{\rho^2} - 1}{\dfrac{R^2}{r^2} - 1}q_1, \qquad \sigma_\varphi = \frac{\dfrac{R^2}{\rho^2} + 1}{\dfrac{R^2}{r^2} - 1}q_1。$$

显然,σ_ρ 总是压应力,σ_φ 总是拉应力,应力分布大致如图 4-4b 所示。当圆环或

圆筒的外半径趋于无限大时($R \to \infty$)，得到具有圆孔的无限大薄板，或具有圆形孔道的无限大弹性体，而上列解答成为

$$\sigma_\rho = -\frac{r^2}{\rho^2} q_1, \quad \sigma_\varphi = \frac{r^2}{\rho^2} q_1。$$

可见应力和$\frac{r^2}{\rho^2}$成正比。在 ρ 远大于 r 之处（即距圆孔或圆形孔道较远之处），应力是很小的，可以不计。这个实例也证实了圣维南原理，因为圆孔或圆形孔道中的内压力是平衡力系。

如果只有外压力 q_2 作用，则 $q_1 = 0$，解答式（4-13）简化为

$$\sigma_\rho = -\frac{1 - \dfrac{r^2}{\rho^2}}{1 - \dfrac{r^2}{R^2}} q_2, \quad \sigma_\varphi = -\frac{1 + \dfrac{r^2}{\rho^2}}{1 - \dfrac{r^2}{R^2}} q_2。 \tag{4-14}$$

显然，σ_ρ 和 σ_φ 都总是压应力，应力分布大致如图 4-4c 所示。

§4-7 压 力 隧 洞

设有圆筒埋在无限大弹性体中，受有均布压力 q，例如压力隧洞（图 4-5）。设圆筒和无限大弹性体的弹性常数分别为 E, μ 和 E', μ'。由于两者的材料性质不同，不符合均匀性假定，因此不能用同一个函数表示其解答。此种情况属于接触问题，即两个弹性体在边界上互相接触的问题，必须考虑交界面上的接触条件。

视频 4-7
压力隧洞

无限大弹性体，可以看成是内半径为 R 而外半径为无限大的圆筒。显然，圆筒和无限大弹性体的应力分布都是轴对称的，可以分别引用轴对称应力解答式（4-11）和相应的位移解答式（4-12），并注意这里是平面应变的情况。若取圆筒解答中的系数为 A, B, C，无限大弹性体解答中的系数为 A', B', C'，由多连体中的位移单值条件，有

$$B = 0, \tag{a}$$

$$B' = 0。 \tag{b}$$

现在，取圆筒的应力表达式为

$$\sigma_\rho = \frac{A}{\rho^2} + 2C, \quad \sigma_\varphi = -\frac{A}{\rho^2} + 2C, \tag{c}$$

取无限大弹性体的应力表达式为

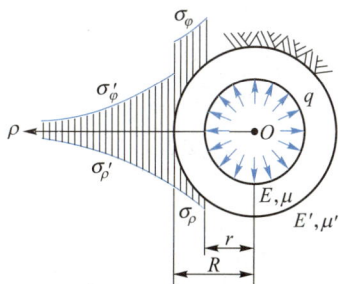

图 4-5

$$\sigma'_\rho = \frac{A'}{\rho^2} + 2C', \quad \sigma'_\varphi = -\frac{A'}{\rho^2} + 2C', \quad\quad (\text{d})$$

试考虑边界条件和接触条件来求解常数 A, C, A', C'。

首先,在圆筒的内面有边界条件 $(\sigma_\rho)_{\rho=r} = -q$,由此得

$$\frac{A}{r^2} + 2C = -q。 \quad\quad (\text{e})$$

其次,在远离圆筒处,按照圣维南原理,应当几乎没有应力,于是有

$$(\sigma'_\rho)_{\rho\to\infty} = 0, \quad (\sigma'_\varphi)_{\rho\to\infty} = 0,$$

由此得

$$2C' = 0。 \quad\quad (\text{f})$$

再其次,在圆筒和无限大弹性体的接触面上,应当有

$$(\sigma_\rho)_{\rho=R} = (\sigma'_\rho)_{\rho=R}。$$

于是由式(c)及式(d)得

$$\frac{A}{R^2} + 2C = \frac{A'}{R^2} + 2C'。 \quad\quad (\text{g})$$

上述条件仍然不足以确定 4 个常数,下面来考虑位移。

应用式(4-12)中的第一式,并注意这里是平面应变问题,而且 $B = 0$,可以写出圆筒和无限大弹性体的径向位移的表达式

$$u_\rho = \frac{1-\mu^2}{E}\left[-\left(1+\frac{\mu}{1-\mu}\right)\frac{A}{\rho} + 2\left(1-\frac{\mu}{1-\mu}\right)C\rho\right] + I\cos\varphi + K\sin\varphi,$$

$$u'_\rho = \frac{1-\mu'^2}{E'}\left[-\left(1+\frac{\mu'}{1-\mu'}\right)\frac{A'}{\rho} + 2\left(1-\frac{\mu'}{1-\mu'}\right)C'\rho\right] + I'\cos\varphi + K'\sin\varphi,$$

将上列二式稍加简化,得

$$\left.\begin{aligned}u_\rho &= \frac{1+\mu}{E}\left[2(1-2\mu)C\rho - \frac{A}{\rho}\right] + I\cos\varphi + K\sin\varphi, \\ u'_\rho &= \frac{1+\mu'}{E'}\left[2(1-2\mu')C'\rho - \frac{A'}{\rho}\right] + I'\cos\varphi + K'\sin\varphi。\end{aligned}\right\} \quad (\text{h})$$

在接触面上,圆筒和无限大弹性体应当具有相同的位移,即

$$(u_\rho)_{\rho=R} = (u'_\rho)_{\rho=R}。$$

将式(h)代入,得

$$\frac{1+\mu}{E}\left[2(1-2\mu)CR - \frac{A}{R}\right] + I\cos\varphi + K\sin\varphi$$

$$= \frac{1+\mu'}{E'}\left[2(1-2\mu')C'R - \frac{A'}{R}\right] + I'\cos\varphi + K'\sin\varphi。$$

因为这一方程在接触面上的任意一点都应当成立,也就是在 φ 取任何数值时都

应当成立,所以方程两边的自由项必须相等(当然,两边 $\cos\varphi$ 的系数及 $\sin\varphi$ 的系数也必须相等)。于是得

$$\frac{1+\mu}{E}\left[2(1-2\mu)CR-\frac{A}{R}\right]=\frac{1+\mu'}{E'}\left[2(1-2\mu')C'R-\frac{A'}{R}\right].$$

经过简化并利用式(f),得

$$n\left[2C(1-2\mu)-\frac{A}{R^2}\right]+\frac{A'}{R^2}=0, \tag{i}$$

其中

$$n=\frac{E'(1+\mu)}{E(1+\mu')}. \tag{4-15}$$

由方程式(e),式(f),式(g),式(i)求出 A,C,A',C',然后代入式(c)及式(d),得圆筒及无限大弹性体的应力分量表达式:

$$\left.\begin{array}{l}
\sigma_\rho=-q\dfrac{\left[1+(1-2\mu)n\right]\dfrac{R^2}{\rho^2}-(1-n)}{\left[1+(1-2\mu)n\right]\dfrac{R^2}{r^2}-(1-n)},\\[4mm]
\sigma_\varphi=q\dfrac{\left[1+(1-2\mu)n\right]\dfrac{R^2}{\rho^2}+(1-n)}{\left[1+(1-2\mu)n\right]\dfrac{R^2}{r^2}-(1-n)},\\[4mm]
\sigma'_\rho=-\sigma'_\varphi=-q\dfrac{2(1-\mu)n\dfrac{R^2}{\rho^2}}{\left[1+(1-2\mu)n\right]\dfrac{R^2}{r^2}-(1-n)}.
\end{array}\right\} \tag{4-16}$$

当 $n<1$ 时,应力分布大致如图 4-5 所示。

读者可以检查,由于本题是轴对称问题,因此关于 $\rho=r$ 面上切应力等于零的边界条件、$\rho=R$ 接触边界上环向的位移(等于零)和切应力(等于零)的接触条件都是自然满足的。

这个问题是最简单的一个接触问题。在一般的接触问题中,通常都假定各弹性体在接触面上保持"完全接触",即,既不互相脱离也不互相滑动。这样在接触面上,应力方面的接触条件是:两弹性体在接触面上的正应力相等,切应力也相等;位移方面的接触条件是:两弹性体在接触面上的法向位移相等,切向位移也相等。以前已经看到,对平面问题说来,在通常的边界面上有两个边界条件。现在看到,在接触面上有四个接触条件,条件并没有增多或减少,因为接触面是两个弹性体的共同的边界。

"光滑接触"是"非完全接触"。在光滑接触面上,也有四个接触条件:两个弹性体的切应力都等于零,两个弹性体的正应力相等,法向位移也相等(由于有滑动,切向位移并不相等)。此外,还有"摩擦滑移接触"。即在接触面上,法向仍保持接触,两弹性体的正应力相等,法向位移也相等;而在环向则达到极限滑移状态而产生移动,这时,两弹性体的切应力都等于极限摩擦力。

接触问题中若有"局部脱离接触",则在此局部接触面上,由于两弹性体互相脱离,接触面上的两个正应力和两个切应力都等于零。

§4-8　圆孔的孔口应力集中

视频 4-8
孔口应力
集中

在本节我们研究所谓"小孔口问题",即孔口的尺寸远小于弹性体的尺寸,并且孔边距弹性体的边界比较远(约大于 1.5 倍孔口尺寸,否则孔口应力分布将受边界条件的影响)。

在许多工程结构中,常常根据需要设置一些孔口。由于开孔,孔口附近的应力将远大于无孔时的应力,也远大于距孔口较远处的应力。这种现象称为孔口应力集中。孔口应力集中,不是简单地由于减少了截面尺寸(由于开孔而减少的截面尺寸一般是很小的),而是由于开孔后发生的应力扰动所引起的。因为孔口应力集中的程度比较高,所以在结构设计中应充分注意。孔口应力集中还具有局部性,一般孔口的应力集中区域约在距孔边 1.5 倍孔口尺寸(例如圆孔的直径)的范围内。

下面介绍圆孔口的一些解答。

首先,设有矩形薄板(或长柱)在离开边界较远处有半径为 r 的小圆孔,在四边受均布拉力,集度为 q(图 4-6a)。坐标原点取在圆孔的中心,坐标轴平行于边界。

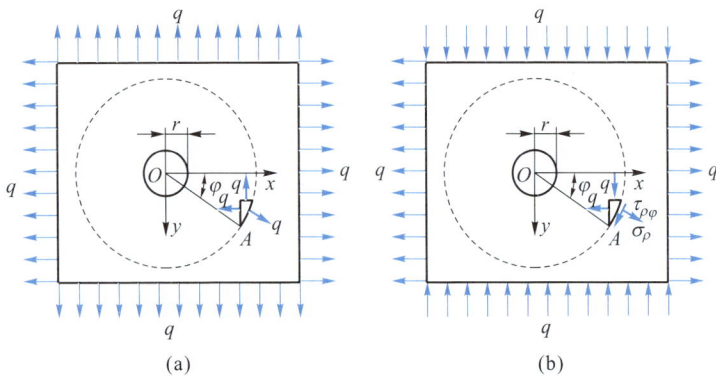

图 4-6

　　就直边的边界条件而论,宜用直角坐标;就圆孔的边界条件而论,宜用极坐标。因为这里主要是考察圆孔附近的应力,所以用极坐标求解,而首先将直边变换为圆边。为此,以远大于 r 的某一长度 R 为半径,以坐标原点为圆心,作一个大圆,如图中虚线所示。由应力集中的局部性可见,在大圆周处,例如在 A 点,应力情况与无孔时相同,也就是 $\sigma_x = q , \sigma_y = q , \tau_{xy} = 0$。代入坐标变换式(4-7),得到该处的极坐标应力分量为 $\sigma_\rho = q , \tau_{\rho\varphi} = 0$。于是,原来的问题变换为这样一个新问题:内半径为 r 而外半径为 R 的圆环或圆筒,在外边界上受均布拉力 q。

　　为了得出这个新问题的解答,只需在圆环(或圆筒)受均布外压力时的解答式(4-14)中将 $-q_2$ 代替为 q。于是得

$$\sigma_\rho = q\,\frac{1-\dfrac{r^2}{\rho^2}}{1-\dfrac{r^2}{R^2}}, \quad \sigma_\varphi = q\,\frac{1+\dfrac{r^2}{\rho^2}}{1-\dfrac{r^2}{R^2}}, \quad \tau_{\rho\varphi} = \tau_{\varphi\rho} = 0 。$$

既然 R 远大于 r,可以取 $\dfrac{r}{R} = 0$,从而得到解答

$$\sigma_\rho = q\left(1 - \frac{r^2}{\rho^2}\right), \quad \sigma_\varphi = q\left(1 + \frac{r^2}{\rho^2}\right), \quad \tau_{\rho\varphi} = \tau_{\varphi\rho} = 0 。 \tag{4-17}$$

　　其次,设该矩形薄板(或长柱)在左右两边受有均布拉力 q,在上下两边受有均布压力 q(图4-6b)。进行与上相同的处理和分析,可见在大圆周处,例如在点 A,应力情况与无孔时相同,也就是 $\sigma_x = q , \sigma_y = -q , \tau_{xy} = 0$。利用坐标变换式(4-7),可得

$$\left.\begin{array}{l} (\sigma_\rho)_{\rho=R} = q\cos^2\varphi - q\sin^2\varphi = q\cos 2\varphi , \\[2mm] (\tau_{\rho\varphi})_{\rho=R} = -2q\sin\varphi\cos\varphi = -q\sin 2\varphi 。 \end{array}\right\} \tag{a}$$

而这也就是外边界上的边界条件。在孔边,边界条件是

$$(\sigma_\rho)_{\rho=r} = 0 , \quad (\tau_{\rho\varphi})_{\rho=r} = 0 。 \tag{b}$$

　　由边界条件式(a)和式(b)可见,用半逆解法时,可以假设 σ_ρ 为 ρ 的某一函数乘以 $\cos 2\varphi$,而 $\tau_{\rho\varphi}$ 为 ρ 的另一函数乘以 $\sin 2\varphi$。但

$$\sigma_\rho = \frac{1}{\rho}\frac{\partial\Phi}{\partial\rho} + \frac{1}{\rho^2}\frac{\partial^2\Phi}{\partial\varphi^2}, \quad \tau_{\rho\varphi} = -\frac{\partial}{\partial\rho}\left(\frac{1}{\rho}\frac{\partial\Phi}{\partial\varphi}\right) ,$$

因此可以假设

$$\Phi = f(\rho)\cos 2\varphi 。 \tag{c}$$

　　将式(c)代入相容方程式(4-6),得

$$\cos 2\varphi\left[\frac{\mathrm{d}^4 f(\rho)}{\mathrm{d}\rho^4} + \frac{2}{\rho}\frac{\mathrm{d}^3 f(\rho)}{\mathrm{d}\rho^3} - \frac{9}{\rho^2}\frac{\mathrm{d}^2 f(\rho)}{\mathrm{d}\rho^2} + \frac{9}{\rho^3}\frac{\mathrm{d}f(\rho)}{\mathrm{d}\rho}\right] = 0 。$$

删去因子 $\cos 2\varphi$ 以后,求解这个常微分方程,得

$$f(\rho) = A\rho^4 + B\rho^2 + C + \frac{D}{\rho^2},$$

其中,A,B,C,D 为待定常数。代入式(c),得应力函数

$$\Phi = \cos 2\varphi\left(A\rho^4 + B\rho^2 + C + \frac{D}{\rho^2}\right),$$

从而由式(4-5)得应力分量

$$\left.\begin{array}{l} \sigma_\rho = -\cos 2\varphi\left(2B + \dfrac{4C}{\rho^2} + \dfrac{6D}{\rho^4}\right), \\[3mm] \sigma_\varphi = \cos 2\varphi\left(12A\rho^2 + 2B + \dfrac{6D}{\rho^4}\right), \\[3mm] \tau_{\rho\varphi} = \sin 2\varphi\left(6A\rho^2 + 2B - \dfrac{2C}{\rho^2} - \dfrac{6D}{\rho^4}\right). \end{array}\right\} \qquad (d)$$

将式(d)代入边界条件式(a)和式(b),得

$$2B + \frac{4C}{R^2} + \frac{6D}{R^4} = -q,$$

$$6AR^2 + 2B - \frac{2C}{R^2} - \frac{6D}{R^4} = -q,$$

$$2B + \frac{4C}{r^2} + \frac{6D}{r^4} = 0,$$

$$6Ar^2 + 2B - \frac{2C}{r^2} - \frac{6D}{r^4} = 0.$$

求解 A,B,C,D,然后命 $\dfrac{r}{R} \to 0$,得

$$A = 0, \quad B = -\frac{q}{2}, \quad C = qr^2, \quad D = -\frac{qr^4}{2}.$$

再将各已知值回代式(d),得应力分量的最后表达式

$$\left.\begin{array}{l} \sigma_\rho = q\cos 2\varphi\left(1 - \dfrac{r^2}{\rho^2}\right)\left(1 - 3\dfrac{r^2}{\rho^2}\right), \\[3mm] \sigma_\varphi = -q\cos 2\varphi\left(1 + 3\dfrac{r^4}{\rho^4}\right), \\[3mm] \tau_{\rho\varphi} = \tau_{\varphi\rho} = -q\sin 2\varphi\left(1 - \dfrac{r^2}{\rho^2}\right)\left(1 + 3\dfrac{r^2}{\rho^2}\right). \end{array}\right\} \qquad (4-18)$$

如果该矩形薄板(或长柱)在左右两边受有均布拉力 q_1,在上下两边受有均布拉力 q_2(图4-7a),可以将荷载分解为两部分:第一部分是四边的均布拉力

$\dfrac{q_1+q_2}{2}$（图 4-7b），第二部分是左右两边的均布拉力 $\dfrac{q_1-q_2}{2}$ 和上下两边的均布压

力 $\dfrac{q_1-q_2}{2}$（图 4-7c）。对于第一部分荷载，可应用解答式（4-17）而命 $q=\dfrac{q_1+q_2}{2}$；对

于第二部分荷载，可应用解答式（4-18）而命 $q=\dfrac{q_1-q_2}{2}$。将两部分解答叠加，即得

原荷载作用下的应力分量。

例如，设该矩形薄板（或长柱）只在左右两边受有均布拉力 q（图 4-8），则由
上述叠加法得出基尔斯的解答：

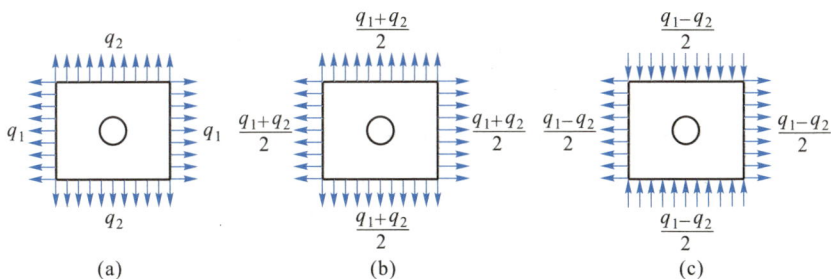

图 4-7

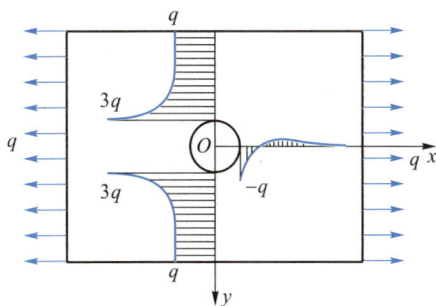

图 4-8

$$\sigma_\rho=\frac{q}{2}\left(1-\frac{r^2}{\rho^2}\right)+\frac{q}{2}\cos 2\varphi\left(1-\frac{r^2}{\rho^2}\right)\left(1-3\frac{r^2}{\rho^2}\right),$$

$$\sigma_\varphi=\frac{q}{2}\left(1+\frac{r^2}{\rho^2}\right)-\frac{q}{2}\cos 2\varphi\left(1+3\frac{r^4}{\rho^4}\right),$$

$$\tau_{\rho\varphi}=\tau_{\varphi\rho}=-\frac{q}{2}\sin 2\varphi\left(1-\frac{r^2}{\rho^2}\right)\left(1+3\frac{r^2}{\rho^2}\right).$$

(4-19)

沿着孔边，$\rho=r$，环向正应力是

$$\sigma_\varphi = q(1-2\cos 2\varphi) ,$$

它的几个重要数值如下表所示。

φ	0°	30°	45°	60°	90°
σ_φ	$-q$	0	q	$2q$	$3q$

沿着 y 轴，$\varphi = 90°$，环向正应力是

$$\sigma_\varphi = q\left(1 + \frac{1}{2}\frac{r^2}{\rho^2} + \frac{3}{2}\frac{r^4}{\rho^4} \right) 。$$

它的几个重要数值如下表所示。

ρ	r	$2r$	$3r$	$4r$
σ_φ	$3q$	$1.22q$	$1.07q$	$1.04q$

可见应力在孔边达到均匀拉力的 3 倍，但随着远离孔边而急剧趋近于 q，如图 4-8 所示。

沿着 x 轴，$\varphi = 0°$，环向正应力是

$$\sigma_\varphi = -\frac{q}{2}\frac{r^2}{\rho^2}\left(3\frac{r^2}{\rho^2} - 1 \right) 。$$

在 $\rho = r$ 处，$\sigma_\varphi = -q$；在 $\rho = \sqrt{3}\,r$ 处，$\sigma_\varphi = 0$，如图 4-8 所示。在 $\rho = r$ 与 $\rho = \sqrt{3}\,r$ 之间，压应力的合力为

$$F = \int_r^{\sqrt{3}\,r} (\sigma_\varphi)_{\varphi=0}\,\mathrm{d}\rho = -0.192\,4qr 。$$

显然，当 q 为均布压力时，在 $\rho = r$ 与 $\rho = \sqrt{3}\,r$ 之间将发生拉应力，其合力为 $0.192\,4qr$。

对于其他各种形状的孔口，大多是应用弹性理论中的复变函数解法求解的。由圆孔和其他孔口的解答可见，这些小孔口问题的应力集中现象具有共同的特点：一是集中性，孔附近的应力远大于较远处的应力，且最大和最小的应力一般都发生在孔边上。二是局部性，由于开孔引起的应力扰动，主要发生在距孔边 1.5 倍孔口尺寸（例如圆孔的直径）的范围内。在此区域外，由于开孔引起的应力扰动值一般小于 5%，可以忽略不计。

孔口应力集中与孔口的形状有关，圆孔的应力集中程度较低，因此应尽可能采用圆孔型式。此外，对于具有凹尖角的孔口，在尖角处会发生高度的应力集中，因此，在孔口中应尽量避免出现凹尖角。

根据以上所述，如果有任意形状的薄板（或长柱），受有任意面力，而在距边

界较远处有一小圆孔,那么,只要有了无孔时的应力解答,也就可以计算孔附近的应力。为此,只需先求出无孔时相应于圆孔中心处的应力分量,从而求出相应的两个应力主向以及主应力 σ_1 和 σ_2。如果圆孔确实很小,圆孔的附近部分就可以当作是沿两个主向分别受均布拉力 $q_1 = \sigma_1$ 和 $q_2 = \sigma_2$,也就可以应用前面所说的叠加法。这样求得的孔附近应力,当然会有一定的误差,但在工程实际上却很有参考价值。

§4-9 半平面体在边界上受集中力

设有半平面体,在其直边界上受有集中力,与边界法线成角 β(图 4-9),取单位厚度的部分来考虑,并命单位厚度上所受的力为 F,它的量纲是 MT^{-2}。取坐标轴如图所示。

用半逆解法求解。首先按量纲分析法来假设应力分量的函数形式。在这里,半平面体内任意一点的应力分量决定于 β,F,ρ,φ,因而各应力分量的表达式中只会包含这几个量。但是,应力分量的量纲是 $\mathrm{L}^{-1}\mathrm{MT}^{-2}$,$F$ 的量纲是 MT^{-2},而 β 和 φ 是量纲一的量。因此各应力分量的表达式只可能取 $\dfrac{F}{\rho}N$ 的形式,其中 N 是由 β 和 φ 组成的量纲一的量。这就是说,在各应力分量的表达式中,ρ 只可能以负一次幂出现。由式(4-5)又可看出,应力函数 Φ 中的 ρ 的幂次应当比各应力分量中的 ρ 的幂次高出两次。因此可以假设应力函数 Φ 是 φ 的某一函数乘以 ρ 的一次幂,即

$$\Phi = \rho f(\varphi)。 \tag{a}$$

将式(a)代入相容方程式(4-6),得

$$\frac{1}{\rho^3}\left[\frac{\mathrm{d}^4 f(\varphi)}{\mathrm{d}\varphi^4} + 2\frac{\mathrm{d}^2 f(\varphi)}{\mathrm{d}\varphi^2} + f(\varphi)\right] = 0。$$

删去因子 $\dfrac{1}{\rho^3}$,求解这一常微分方程,得

$$f(\varphi) = A\cos\varphi + B\sin\varphi + \varphi(C\cos\varphi + D\sin\varphi),$$

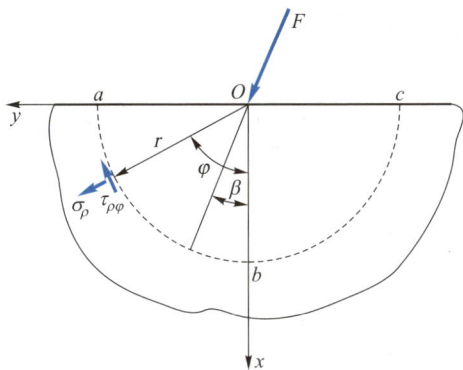

图 4-9

视频 4-9
半平面体
在边界上
受集中力

其中, A,B,C,D 是待定常数。代入式(a),得

$$\Phi = A\rho\cos\varphi + B\rho\sin\varphi + \rho\varphi(C\cos\varphi + D\sin\varphi)。$$

由§3-1中已知,式中的前两项 $A\rho\cos\varphi + B\rho\sin\varphi = Ax + By$ 不影响应力,可以删去。因此只需取

$$\Phi = \rho\varphi(C\cos\varphi + D\sin\varphi)。 \tag{4-20}$$

于是由式(4-5)得出应力分量:

$$\left. \begin{array}{l} \sigma_\rho = \dfrac{1}{\rho}\dfrac{\partial\Phi}{\partial\rho} + \dfrac{1}{\rho^2}\dfrac{\partial^2\Phi}{\partial\varphi^2} = \dfrac{2}{\rho}(D\cos\varphi - C\sin\varphi)\,, \\[4mm] \sigma_\varphi = \dfrac{\partial^2\Phi}{\partial\rho^2} = 0\,, \\[4mm] \tau_{\rho\varphi} = \tau_{\varphi\rho} = -\dfrac{\partial}{\partial\rho}\left(\dfrac{1}{\rho}\dfrac{\partial\Phi}{\partial\varphi}\right) = 0。 \end{array} \right\} \tag{b}$$

下面来考察应力边界条件,并求解上式中的待定系数。除了原点之外,在 $\varphi = \pm\dfrac{\pi}{2}$ 的主要边界面上,没有任何法向和切向面力,因而应力边界条件要求

$$(\sigma_\varphi)_{\varphi=\pm\frac{\pi}{2},\rho\neq0} = 0\,, \quad (\tau_{\varphi\rho})_{\varphi=\pm\frac{\pi}{2},\rho\neq0} = 0。$$

由式(b)可见,这两个边界条件是满足的。

此外,还须考虑在点 O 有集中力 F 的作用。集中力 F 可以看成是下列荷载的抽象化:在点 O 附近的一小部分边界面上,受有一组面力。这组面力向点 O 简化后,成为主矢量 F,而主矩为零。为了考虑点 O 附近小边界上的应力边界条件,按照圣维南原理,以点 O 为中心,以 ρ 为半径作圆弧 abc,在点 O 附近割出一小部分脱离体 $Oabc$(图4-9),然后考虑此脱离体的平衡条件,列出三个平衡方程:

$$\left. \begin{array}{l} \sum F_x = 0\,, \quad \displaystyle\int_{-\frac{\pi}{2}}^{\frac{\pi}{2}}[(\sigma_\rho)_{\rho=\rho}\cos\varphi\,\rho\mathrm{d}\varphi - (\tau_{\rho\varphi})_{\rho=\rho}\sin\varphi\rho\,\mathrm{d}\varphi] + F\cos\beta = 0\,, \\[4mm] \sum F_y = 0\,, \quad \displaystyle\int_{-\frac{\pi}{2}}^{\frac{\pi}{2}}[(\sigma_\rho)_{\rho=\rho}\sin\varphi\,\rho\mathrm{d}\varphi + (\tau_{\rho\varphi})_{\rho=\rho}\cos\varphi\,\rho\mathrm{d}\varphi] + F\sin\beta = 0\,, \\[4mm] \sum M_O = 0\,, \quad \displaystyle\int_{-\frac{\pi}{2}}^{\frac{\pi}{2}}(\tau_{\rho\varphi})_{\rho=\rho}\rho\mathrm{d}\varphi \cdot \rho = 0。 \end{array} \right\} \tag{c}$$

将应力分量式(b)代入,由于 $\tau_{\rho\varphi} = 0$,式(c)中的第三式自然满足,而由第一、二式得出

$$\pi D + F\cos\beta = 0\,, \quad -\pi C + F\sin\beta = 0\,,$$

由此得

$$D = -\frac{F}{\pi}\cos\beta\,, \quad C = \frac{F}{\pi}\sin\beta。$$

代入式(b),即得应力分量的最后解答

$$\sigma_\rho = -\frac{2F}{\pi\rho}(\cos\beta\cos\varphi+\sin\beta\sin\varphi), \quad \sigma_\varphi=0, \quad \tau_{\rho\varphi}=\tau_{\varphi\rho}=0。 \quad (4-21)$$

由上式可见,当 ρ 趋于无限小时,σ_ρ 无限增大。实际上,当最大的 σ_ρ 超过半平面体材料的比例极限时,弹性力学的基本方程就不再适用,以上的解答也就不适用。因此,我们必须这样来理解:半平面体在点 O 附近受有一定的面力,这个面力以及所引起应力的最大集度不超过比例极限,而面力的合成是图中所示的力 F。当然,面力分布的方式不同,应力分布也就不同。但是按照圣维南原理,不论这个面力如何分布,在离开面力稍远的地方,应力分布都相同,也就和式 (4-21)所示的分布相同。

当力 F 垂直于直线边界时(图4-10),解答最为有用。为了得出这一情况下的应力分量,只需在式(4-21)中取 $\beta=0$,于是得

$$\sigma_\rho = -\frac{2F}{\pi}\frac{\cos\varphi}{\rho}, \; \sigma_\varphi=0, \; \tau_{\rho\varphi}=\tau_{\varphi\rho}=0。$$

$$(4-22)$$

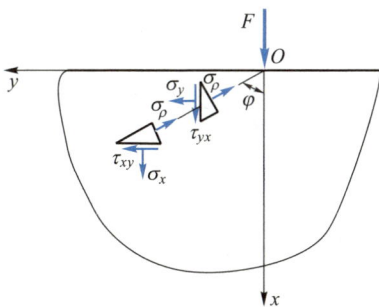

图 4-10

应用坐标变换式(4-8),可由上式求得直角坐标中的应力分量:

$$\left.\begin{array}{l}\sigma_x = \sigma_\rho\cos^2\varphi = -\dfrac{2F}{\pi}\dfrac{\cos^3\varphi}{\rho}, \\[2mm] \sigma_y = \sigma_\rho\sin^2\varphi = -\dfrac{2F}{\pi}\dfrac{\sin^2\varphi\cos\varphi}{\rho}, \\[2mm] \tau_{xy} = \sigma_\rho\sin\varphi\cos\varphi = -\dfrac{2F}{\pi}\dfrac{\sin\varphi\cos^2\varphi}{\rho}。\end{array}\right\} \quad (4-23)$$

这是把直角坐标中的应力分量用极坐标表示。也可以把式(4-23)中的极坐标变换为直角坐标而得

$$\left.\begin{array}{l}\sigma_x = -\dfrac{2F}{\pi}\dfrac{x^3}{(x^2+y^2)^2}, \\[2mm] \sigma_y = -\dfrac{2F}{\pi}\dfrac{xy^2}{(x^2+y^2)^2}, \\[2mm] \tau_{xy}=\tau_{yx} = -\dfrac{2F}{\pi}\dfrac{x^2y}{(x^2+y^2)^2}。\end{array}\right\} \quad (4-24)$$

现在来求出位移,先假定这里是平面应力情况。将应力分量式(4-22)代入物理方程式(4-3),得应变分量

$$\varepsilon_\rho = -\frac{2F}{\pi E}\frac{\cos\varphi}{\rho}, \quad \varepsilon_\varphi = \frac{2\mu F}{\pi E}\frac{\cos\varphi}{\rho}, \quad \gamma_{\rho\varphi} = 0 \text{。}$$

再将这应变分量代入几何方程式(4-2),得

$$\frac{\partial u_\rho}{\partial\rho} = -\frac{2F}{\pi E}\frac{\cos\varphi}{\rho},$$

$$\frac{u_\rho}{\rho} + \frac{1}{\rho}\frac{\partial u_\varphi}{\partial\varphi} = \frac{2\mu F}{\pi E}\frac{\cos\varphi}{\rho},$$

$$\frac{1}{\rho}\frac{\partial u_\rho}{\partial\varphi} + \frac{\partial u_\varphi}{\partial\rho} - \frac{u_\varphi}{\rho} = 0 \text{。}$$

进行和§4-5中相同的运算,可以得出位移分量

$$\left.\begin{aligned}
u_\rho &= -\frac{2F}{\pi E}\cos\varphi\ln\rho - \frac{(1-\mu)F}{\pi E}\varphi\sin\varphi + I\cos\varphi + K\sin\varphi, \\
u_\varphi &= \frac{2F}{\pi E}\sin\varphi\ln\rho + \frac{(1+\mu)F}{\pi E}\sin\varphi - \\
&\quad \frac{(1-\mu)F}{\pi E}\varphi\cos\varphi + H\rho - I\sin\varphi + K\cos\varphi,
\end{aligned}\right\} \tag{d}$$

其中的 H, I, K 都是待定常数。

由问题的对称条件有

$$(u_\varphi)_{\varphi=0} = 0 \text{。}$$

将式(d)中的 u_φ 代入,得 $H = K = 0$。于是式(d)成为

$$\left.\begin{aligned}
u_\rho &= -\frac{2F}{\pi E}\cos\varphi\ln\rho - \frac{(1-\mu)F}{\pi E}\varphi\sin\varphi + I\cos\varphi, \\
u_\varphi &= \frac{2F}{\pi E}\sin\varphi\ln\rho - \frac{(1-\mu)F}{\pi E}\varphi\cos\varphi + \\
&\quad \frac{(1+\mu)F}{\pi E}\sin\varphi - I\sin\varphi \text{。}
\end{aligned}\right\} \tag{e}$$

如果半平面体不受沿铅直方向的约束,则常数 I 不能确定,因为常数 I 就代表铅直方向(x 方向)的刚体平移。如果半平面体受有铅直方向的约束,就可以根据这个约束条件来确定常数 I。

为了求得边界上任意一点 M 向下的铅直位移,即所谓沉陷,可应用式(e)中的第二式。注意,位移分量 u_φ 是以沿 φ 正方向为正,因此 M 点的沉陷是

$$-(u_\varphi)_{\varphi=\frac{\pi}{2}} = -\frac{2F}{\pi E}\ln\rho - \frac{(1+\mu)F}{\pi E} + I \text{。} \tag{f}$$

如果常数 I 未能确定,则沉陷也不能确定。这时只能求得相对沉陷。试在边界上取一个基点 B(图4-11),它距荷载作用点 O 的水平距离为 s。边界上任意一

点 M 对于基点 B 的相对沉陷,等于 M 点的沉陷减去 B 点的沉陷,即

$$\eta = \left[-\frac{2F}{\pi E}\ln \rho - \frac{(1+\mu)F}{\pi E} + I \right] - \left[-\frac{2F}{\pi E}\ln s - \frac{(1+\mu)F}{\pi E} + I \right]。$$

简化以后,得

$$\eta = \frac{2F}{\pi E}\ln \frac{s}{\rho}。 \qquad (4-25)$$

对于平面应变情况下的半平面体,在以上关于形变或位移的公式中,须将 E 换为 $\dfrac{E}{1-\mu^2}$,将 μ 换为 $\dfrac{\mu}{1-\mu}$。

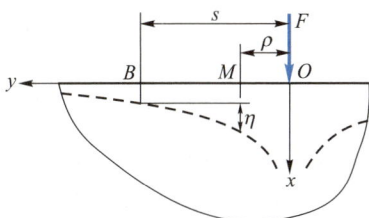

图 4-11

本节中的解答,是由符拉芒首先得出的,故称符拉芒解答。

§4-10 半平面体在边界上受分布力

有了上一节中关于半平面体在边界上受铅直集中力作用时的应力公式和沉陷公式,即可通过叠加而得出分布力作用时的应力和沉陷。设半平面体在其边界的 AB 段上受有铅直分布力,它在各点的集度为 q(图 4-12)。为了求出半平面体内某一点 M 处的应力,取坐标轴如图所示,命 M 点的坐标为 (x,y)。在 AB 一段上距坐标原点 O 为 ξ 处取微小长度 $\mathrm{d}\xi$,将其上所受的力 $\mathrm{d}F = q\mathrm{d}\xi$ 看作一个微小集中力。对于这个微小集中力引起的应力,即可应用式(4-24)。注意,在式(4-24)中,x 和 y 分别为欲求应力之点与集中力 F 作用点的铅直和水平距离,而在图 4-12 中,M 点与微小集中力 $\mathrm{d}F$ 的铅直及水平距离分别为 x 及 $y-\xi$。因此微小集中力 $\mathrm{d}F = q\mathrm{d}\xi$ 在 M 点引起的应力为

视频 4-10
半平面体
在边界上
受分布力

$$\mathrm{d}\sigma_x = -\frac{2q\mathrm{d}\xi}{\pi}\frac{x^3}{[x^2+(y-\xi)^2]^2},$$

$$\mathrm{d}\sigma_y = -\frac{2q\mathrm{d}\xi}{\pi}\frac{x(y-\xi)^2}{[x^2+(y-\xi)^2]^2},$$

$$\mathrm{d}\tau_{xy} = -\frac{2q\mathrm{d}\xi}{\pi}\frac{x^2(y-\xi)}{[x^2+(y-\xi)^2]^2}。$$

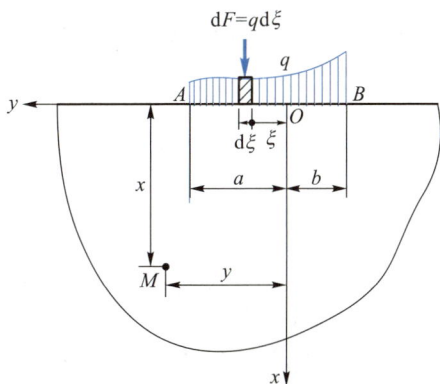

图 4-12

为了求出全部分布力引起的应力,只需将所有各个微小集中力引起的应力相叠加,也就是求上列三式的积分,从 $\xi = -b$ 到 $\xi = a$:

$$\sigma_x = -\frac{2}{\pi}\int_{-b}^{a}\frac{qx^3\,\mathrm{d}\xi}{[\,x^2+(y-\xi)^2\,]^2},$$

$$\sigma_y = -\frac{2}{\pi}\int_{-b}^{a}\frac{qx(y-\xi)^2\,\mathrm{d}\xi}{[\,x^2+(y-\xi)^2\,]^2},$$ (4-26)

$$\tau_{xy} = -\frac{2}{\pi}\int_{-b}^{a}\frac{qx^2(y-\xi)\,\mathrm{d}\xi}{[\,x^2+(y-\xi)^2\,]^2}\,。$$

在应用上列公式时,须将分布力的集度 q 表示成为 ξ 的函数,然后再进行积分。

对于均布荷载,q 是常量,应用式(4-26),得

$$\sigma_x = -\frac{2q}{\pi}\int_{-b}^{a}\frac{x^3\,\mathrm{d}\xi}{[\,x^2+(y-\xi)^2\,]^2} = -\frac{q}{\pi}\Big[\arctan\frac{y+b}{x} -$$

$$\arctan\frac{y-a}{x} + \frac{x(y+b)}{x^2+(y+b)^2} - \frac{x(y-a)}{x^2+(y-a)^2}\Big],$$

$$\sigma_y = -\frac{2q}{\pi}\int_{-b}^{a}\frac{x(y-\xi)^2\,\mathrm{d}\xi}{[\,x^2+(y-\xi)^2\,]^2} = -\frac{q}{\pi}\Big[\arctan\frac{y+b}{x} -$$ (4-27)

$$\arctan\frac{y-a}{x} - \frac{x(y+b)}{x^2+(y+b)^2} + \frac{x(y-a)}{x^2+(y-a)^2}\Big],$$

$$\tau_{xy} = -\frac{2q}{\pi}\int_{-b}^{a}\frac{x^2(y-\xi)\,\mathrm{d}\xi}{[\,x^2+(y-\xi)^2\,]^2} = \frac{q}{\pi}\Big[\frac{x^2}{x^2+(y+b)^2} -$$

$$\frac{x^2}{x^2+(y-a)^2}\Big]\,。$$

下面再来导出半平面体在边界上受有均布单位力作用时的沉陷公式。

设有单位力均匀分布在半平面体边界的长度 c 上面$\Big($分布集度为 $\dfrac{1}{c}\Big)$,如图 4-13 所示。为了求得距均布力中点 I 为 x 的一点 K 的沉陷,将这均布力分为微分力 $\mathrm{d}F = \dfrac{1}{c}\mathrm{d}r$,其中 r 为该微分力至 K 点的距离。应用半平面体的沉陷公式(4-25),得出点 K 由于 $\mathrm{d}F$ 作用而引起的微分沉陷

$$\mathrm{d}\eta_{ki} = \frac{2\mathrm{d}F}{\pi E}\ln\frac{s}{r} = \frac{2}{\pi Ec}\ln\frac{s}{r}\mathrm{d}r,$$ (a)

其中,s 是微分力与基点 B 之间的距离。将式(a)对 r 进行积分,即可求得沉陷 η_{ki}。

如果点 K 在均布力之外,则沉陷为

$$\eta_{ki} = \int_{x-\frac{c}{2}}^{x+\frac{c}{2}}\mathrm{d}\eta_{ki} = \int_{x-\frac{c}{2}}^{x+\frac{c}{2}}\frac{2}{\pi Ec}\ln\frac{s}{r}\mathrm{d}r\,。$$

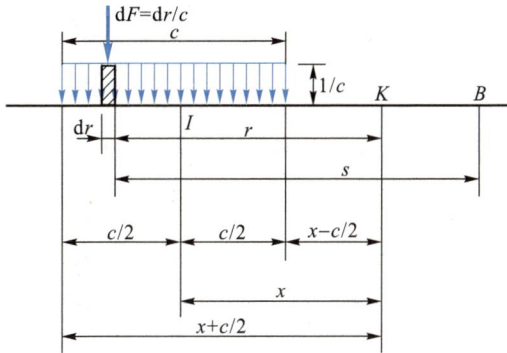

图 4-13

显然,上式中的 s 也是随 r 而变化的。为简单起见,我们假定沉陷的基点取得很远($s \gg r$),积分时可以把 s 当作常量。积分的结果可以写成

$$\eta_{ki} = \frac{1}{\pi E}(F_{ki} + C),\qquad(4\text{-}28)$$

其中

$$F_{ki} = -2\,\frac{x}{c}\ln\left(\frac{2\,\dfrac{x}{c}+1}{2\,\dfrac{x}{c}-1}\right) - \ln\left(4\,\frac{x^2}{c^2}-1\right),\qquad(b)$$

$$C = 2\left(\ln\frac{s}{c}+1+\ln 2\right)。\qquad(c)$$

如果点 K 在均布力的中点 $I(x=0)$,则沉陷为

$$\eta_{ki} = \frac{2}{\pi Ec}2\int_0^{\frac{c}{2}}\ln\frac{s}{r}\mathrm{d}r。$$

积分的结果仍然可以写成公式(4-28)的形式,而且常数 C 仍然如式(c)所示,但 $F_{ki}=0$。

当 $\dfrac{x}{c}$ 值为整数时$\left(包括\dfrac{x}{c}=0\,在内\right)$,可以从表 4-1 查得式(4-28)中的 F_{ki} 的数值。

对于平面应变情况下的半平面体,沉陷公式(4-28)仍然适用,但式中的 E 应当换为 $\dfrac{E}{1-\mu^2}$。

在用连杆法计算基础梁的平面问题时,要应用沉陷公式(4-28)及表 4-1。

表 4-1   半平面体沉陷公式中的 F_{ki} 值

$\dfrac{x}{c}$	F_{ki}	$\dfrac{x}{c}$	F_{ki}	$\dfrac{x}{c}$	F_{ki}	$\dfrac{x}{c}$	F_{ki}
0	0						
1	-3.296	6	-6.967	11	-8.181	16	-8.931
2	-4.751	7	-7.276	12	-8.356	17	-9.052
3	-5.574	8	-7.544	13	-8.516	18	-9.167
4	-6.154	9	-7.780	14	-8.664	19	-9.275
5	-6.602	10	-7.991	15	-8.802	20	-9.378

本章内容提要

1. 注意极坐标系与直角坐标系的异同,并比较两者的平衡微分方程、几何方程和物理方程的异同。

2. 掌握极坐标系与直角坐标系中的坐标变量、函数、矢量、导数和应力等的变换关系。

3. 在极坐标系中按应力函数求解时,Φ 应满足:(1) 区域内的相容方程式(4-6);(2) 在边界上的应力条件(假设全部为应力边界条件);(3) 若为多连体,还须满足位移单值条件。

4. 在轴对称应力的情况下,相容方程成为常微分方程,应力函数只有确定的四个解,由此得出应力和应变的一般解,以及相应的位移的一般解,它们均可应用于各种边界条件的问题。

习 题

4-1 试比较极坐标和直角坐标中的平衡微分方程、几何方程和物理方程,指出哪些项是相似的,哪些项是极坐标中特有的? 并说明产生这些项的原因。

4-2 试导出极坐标和直角坐标中位移分量的坐标变换式。

答案:$u_\rho = u\cos\varphi + v\sin\varphi$, $u_\varphi = -u\sin\varphi + v\cos\varphi$。

$u = u_\rho\cos\varphi - u_\varphi\sin\varphi$, $v = u_\rho\sin\varphi + u_\varphi\cos\varphi$。

4-3 在轴对称位移问题中,试导出按位移求解的基本方程。并证明 $u_\rho = A\rho + \dfrac{B}{\rho}$,$u_\varphi = 0$ 可以满足此基本方程。

答案:求解 u_ρ 的基本方程是

$$\frac{\mathrm{d}^2 u_\rho}{\mathrm{d}\rho^2} + \frac{1}{\rho}\frac{\mathrm{d}u_\rho}{\mathrm{d}\rho} - \frac{u_\rho}{\rho^2} = 0,$$

或者

$$\frac{\mathrm{d}}{\mathrm{d}\rho}\left[\frac{1}{\rho}\frac{\mathrm{d}}{\mathrm{d}\rho}(\rho u_\rho)\right] = 0,$$

上式积分两次,就可得出通解。

4-4　试导出轴对称位移问题中,按应力求解时的相容方程。

答案:相容方程为 $\dfrac{\mathrm{d}\varepsilon_\varphi}{\mathrm{d}\rho}=\dfrac{\varepsilon_\rho-\varepsilon_\varphi}{\rho}$。

4-5　轴对称应力条件下的应力和位移的通解,可以应用于各种应力边界条件和位移边界条件的情形。试考虑下列圆环或圆筒的问题应如何求解:

(1)内边界受均布压力 q_1,而外边界为固定边。

(2)外边界受均布压力 q_2,而内边界为固定边。

(3)外边界受到强迫的均匀位移 $u_\rho=-\Delta$,而内边界为自由边(如车辆的轮箍作用)。

(4)内边界受到强迫的均匀位移 $u_\rho=\Delta$,而外边界为自由边。

4-6　试由一阶导数的坐标变换式,导出二阶导数的坐标变换[§4-3 中的式(a),式(b),式(c)]。

4-7　试由应力分量的坐标变换式

$$\sigma_x=\sigma_\rho\cos^2\varphi+\sigma_\varphi\sin^2\varphi-2\tau_{\rho\varphi}\sin\varphi\cos\varphi,$$

和二阶导数 $\dfrac{\partial^2\Phi}{\partial y^2}$ 的坐标变换式[§4-3 中的式(b)],导出用应力函数 $\Phi(\rho,\varphi)$ 表示应力分量 $\sigma_\rho,\sigma_\varphi,\tau_{\rho\varphi}$ 的表达式[§4-3 中的式(4-5)]。

4-8　实心圆盘在 $\rho=r$ 的周界上受有均布压力 q 的作用,试导出其解答。

答案: $\sigma_\rho=\sigma_\varphi=-q$, $\tau_{\varphi\varphi}=0$。

4-9　试考察应力函数 $\Phi=\dfrac{q}{6a}\rho^3\cos3\varphi$,能解决图 4-14 所示弹性体的何种受力问题?

答案: $(\sigma_\varphi)_{\varphi=\pm30°}=0$, $\qquad(\tau_{\varphi\rho})_{\varphi=\pm30°}=\pm\dfrac{\rho}{a}q$;

$(\sigma_\rho)_{\rho=a}=-q\cos3\varphi$, $\quad(\tau_{\rho\varphi})_{\rho=a}=q\sin3\varphi$。

4-10　半平面体表面上受有均布水平力 q,试用应力函数 $\Phi=\rho^2(B\sin2\varphi+C\varphi)$ 求解应力分量(图 4-15)。

答案: $\sigma_\rho=q\sin2\varphi$, $\sigma_\varphi=-q\sin2\varphi$, $\tau_{\rho\varphi}=q\cos2\varphi$。

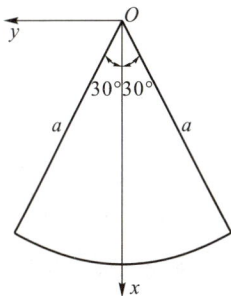

图 4-14

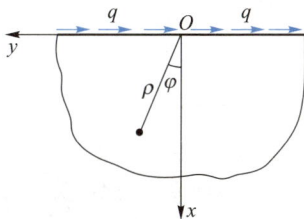

图 4-15

4-11　试证应力函数 $\Phi=\dfrac{M}{2\pi}\varphi$ 能满足相容方程，并求出对应的应力分量。若在内半径为 r、外半径为 R 且厚度为 1 的圆环中发生上述应力，试求出边界上的面力。

答案：$\sigma_\rho=\sigma_\varphi=0$，$\quad \tau_{\rho\varphi}=\dfrac{1}{\rho^2}\dfrac{M}{2\pi}$。

4-12　设上题所述的圆环在 $\rho=r$ 处被固定，试求位移分量。

答案：$u_\rho=0$，$u_\varphi=\dfrac{M}{4\pi Gr}\left(\dfrac{\rho}{r}-\dfrac{r}{\rho}\right)$。

4-13　楔形体在两侧面上受有均布剪力 q（图 4-16），试求其应力分量。

答案：$\sigma_\rho=-q\left(\dfrac{\cos 2\varphi}{\sin\alpha}+\cot\alpha\right)$，

$\qquad\quad\ \sigma_\varphi=q\left(\dfrac{\cos 2\varphi}{\sin\alpha}-\cot\alpha\right)$，

$\qquad\quad\ \tau_{\rho\varphi}=\tau_{\varphi\rho}=q\dfrac{\sin 2\varphi}{\sin\alpha}$。

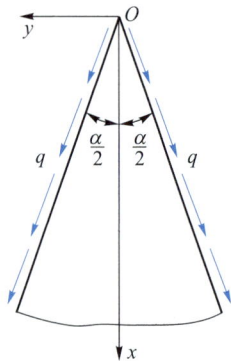

图 4-16

4-14　设有内半径为 r 而外半径为 R 的圆筒受均布内压力 q，试求内半径和外半径的改变量，并求圆筒厚度的改变量。

答案：$\dfrac{qr(1-\mu^2)}{E}\left(\dfrac{R^2+r^2}{R^2-r^2}+\dfrac{\mu}{1-\mu}\right)$，$\dfrac{qr(1-\mu^2)}{E}\dfrac{2rR}{R^2-r^2}$；$-\dfrac{qr(1-\mu^2)}{E}\left(\dfrac{R-r}{R+r}+\dfrac{\mu}{1-\mu}\right)$。

4-15　设有一刚体，具有半径为 R 的圆柱形孔道，孔道内放置外半径为 R 而内半径为 r 的圆筒，圆筒受内压力 q，试求圆筒的应力。

答案：$\sigma_\varphi=\dfrac{\dfrac{1-2\mu}{\rho^2}-\dfrac{1}{R^2}}{\dfrac{1-2\mu}{r^2}+\dfrac{1}{R^2}}q$，$\sigma_\rho=-\dfrac{\dfrac{1-2\mu}{\rho^2}+\dfrac{1}{R^2}}{\dfrac{1-2\mu}{r^2}+\dfrac{1}{R^2}}q$。

4-16　在薄板内距边界较远的某一点处，应力分量为 $\sigma_x=\sigma_y=0$，$\tau_{xy}=q$，如该处有一小圆孔，试求孔边的最大正应力。

答案：$4q$。

4-17　同习题 4-15，但 $\sigma_x=\sigma_y=\tau_{xy}=q$。

答案：$6q$。

4-18　在距表面为 h 的弹性地基中，挖一直径为 d 的水平小圆形孔道，设 $h\gg d$，弹性地基的密度为 ρ，弹性模量为 E，泊松比为 μ。试求小圆孔附近的最大、最小应力。

答案：圆孔中的最大、最小环向应力分别发生在孔顶和孔侧，其值为 $\dfrac{1-4\mu}{1-\mu}\rho gh$，$-\dfrac{3-4\mu}{1-\mu}\rho gh$。

4-19　试从下列观点解释孔口应力集中现象：

（1）开孔后使主应力线发生间断（类似于流体的绕流现象），因而产生孔口应力集中现象。

（2）根据圣维南原理，孔口应力集中现象是局部性的。

4-20 黄河小浪底工程中的泄洪、输沙、发电、导流等孔口共有 18 个,组成孔口洞群,在设计中孔口之间的净间距取为大于 1~1.5 倍孔径,为什么?

4-21 设半平面体在直边界上受有集中力偶作用,单位宽度上力偶矩为 M(图 4-17),试求应力分量。

答案:$\sigma_\rho = \dfrac{2M\sin 2\varphi}{\pi\rho^2}$,$\sigma_\varphi = 0$,$\tau_{\rho\varphi} = -\dfrac{M(\cos 2\varphi + 1)}{\pi\rho^2}$。

4-22 设有厚度为 1 的无限大薄板,在板内小孔中受集中力 F(图 4-18),试用如下的应力函数求解:

$$\Phi = A\rho\ln\rho\cos\varphi + B\rho\varphi\sin\varphi。$$

答案:$\sigma_\rho = -\dfrac{(3+\mu)F}{4\pi}\dfrac{\cos\varphi}{\rho}$,

$\qquad\quad \sigma_\varphi = \dfrac{(1-\mu)F}{4\pi}\dfrac{\cos\varphi}{\rho}$,

$\qquad\quad \tau_{\rho\varphi} = \dfrac{(1-\mu)F}{4\pi}\dfrac{\sin\varphi}{\rho}$。

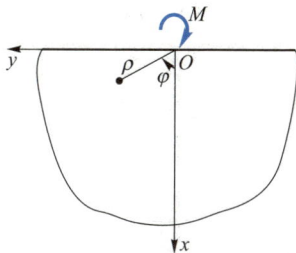
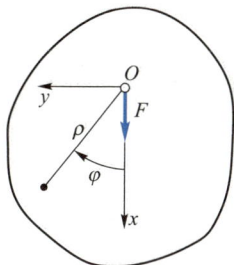

图 4-17　　　　　　　　　图 4-18

部分习题提示

题 4-3:采用按位移求解的方法。由于位移是轴对称的,可假设 $u_\rho = u_\rho(\rho)$,$u_\varphi = 0$;然后应用几何方程,将应变用位移表示;再代入物理方程,将应力用位移表示。将此应力代入平衡微分方程,其中第二式自然满足,并由第一式得出求位移的基本方程。

题 4-4:在轴对称情况下,应力中 $\tau_{\rho\varphi} = 0$,只有 σ_ρ,σ_φ 为基本未知函数,且它们仅为 ρ 的函数。求解应力的基本方程是:(1)平衡微分方程(其中第二式自然满足);(2)相容方程。相容方程可以从几何方程中消去位移分量得出,再将其中的应变分量通过物理方程用应力分量表示。

题 4-7:由 $\sigma_x = \dfrac{\partial^2\Phi}{\partial y^2}$,两边代入有关的物理量,再比较系数就可得出。

题 4-8:在弹性力学中,除了应力集中点外,应考虑所谓"应力有限值条件",即应力应保持为有限值,或 $\sigma \neq \infty$。在一般的情况下,应力有限值条件是自然满足的。但如有 $\rho = 0$ 和 $\rho = \infty$ 时,应检查此条件是否满足。

题 4-9:按逆解法求解。先校核 Φ 是否满足相容方程,然后由 Φ 求出应力,再反推出边界上的面力。

题 4-10:用半逆解法求解。在已给出 Φ 的情况下,应校核相容方程是否满足,再求出应力,并校核应力边界条件。

题 4-12:由应力求出位移,并应用约束条件求解。

题 4-13:应用半逆解法求解。可假设应力中含有 q 及 ρ 的零次幂,则应力函数应为 $\Phi = \rho^2 f(\varphi)$;然后代入相容方程,求出 Φ;再得出应力,并校核边界条件是否满足。

或直接用 $\Phi = \rho^2(A\cos 2\varphi + B\sin 2\varphi + C\varphi + D)$ 进行求解,并注意问题的对称性。

题 4-15:在轴对称应力的情况下,应力及相应的位移的一般性解答都已经得出。因此,可用来解决任何应力或位移边界条件的问题。

题 4-18:距地表为 h 处,无孔时的铅直应力是 $\sigma_z = -\rho g h$,由水平方向的条件 $\varepsilon_x = \varepsilon_y = 0$,可得水平应力为 $\sigma_x = \sigma_y = -\dfrac{\mu}{1-\mu}\rho g h$。

题 4-21:应用半逆解法。单位厚度上的力偶矩 M 的量纲是 LMT^{-2},应力只能是 $\dfrac{M}{\rho^2}$ 的形式,所以可假设应力函数为 $\Phi = \Phi(\varphi)$。

题 4-22:当 Φ 满足相容方程并求出应力后,应用圣维南原理校核点 O 附近小圆孔处的小边界条件;又由于弹性体为二连体,还需考虑位移单值条件才能定解。

5

第五章 平面问题的差分法和变分法

§5-1 差分公式的推导

自从弹性力学基本方程建立以后,这些方程在各种问题的边界条件下如何求解,曾经是很多数学家和力学家研究的内容。但是,对于工程上许多重要的问题,由于荷载及边界条件较为复杂,并没有能够得出函数式解答。因此,弹性力学问题的各种数值解法便具有重要的实际意义。差分法和变分法是沿用较久的两种数值解法。

差分法是微分方程的一种近似数值解法。它不是去寻求函数式的解答,而是去求出函数在一些网格结点上的数值。具体地讲,差分法就是把微分用有限差分代替,把导数用有限差商代替,从而把基本方程和边界条件(一般均为微分方程)近似地改用差分方程(代数方程)来表示,把求解微分方程的问题改换成为求解代数方程的问题。因此,在讲述差分法之前,先来导出弹性力学中常用的一些导数的差分公式,以便用它们来建立差分方程。

我们在弹性体上用相隔等间距 h 而平行于坐标轴的两组平行线织成网格(图 5-1)。网格的交点称为结点,网格的间距称为步长。设 $f=f(x,y)$ 为弹性体内的某一个连续函数,它可能是某一个应力分量或者位移分量,也可能是应力函数,等等。这个函数,在平行于 x 轴的一根网线上,例如在 3-0-1 上,只随 x 坐标的改变而变化。为了导出导数的差分公式,在结点 0 的近处,将函数 f 展为泰勒级数如下:

$$f = f_0 + \left(\frac{\partial f}{\partial x}\right)_0 (x-x_0) + \frac{1}{2!}\left(\frac{\partial^2 f}{\partial x^2}\right)_0 (x-x_0)^2 +$$

$$\frac{1}{3!}\left(\frac{\partial^3 f}{\partial x^3}\right)_0 (x-x_0)^3 + \frac{1}{4!}\left(\frac{\partial^4 f}{\partial x^4}\right)_0 (x-x_0)^4 + \cdots 。 \tag{a}$$

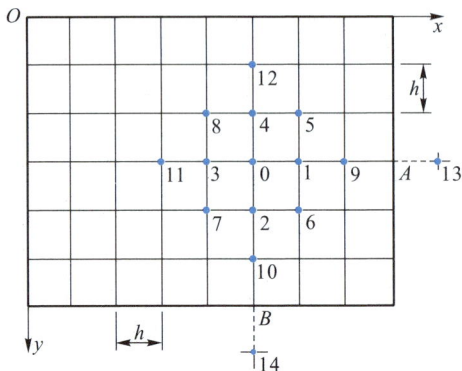

图 5-1

在结点 3 及结点 1, x 分别等于 x_0-h 及 x_0+h, 即 $x-x_0$ 分别等于 $-h$ 及 h。代入式 (a), 得

$$f_3 = f_0 - h\left(\frac{\partial f}{\partial x}\right)_0 + \frac{h^2}{2}\left(\frac{\partial^2 f}{\partial x^2}\right)_0 - \frac{h^3}{6}\left(\frac{\partial^3 f}{\partial x^3}\right)_0 + \frac{h^4}{24}\left(\frac{\partial^4 f}{\partial x^4}\right)_0 - \cdots, \tag{b}$$

$$f_1 = f_0 + h\left(\frac{\partial f}{\partial x}\right)_0 + \frac{h^2}{2}\left(\frac{\partial^2 f}{\partial x^2}\right)_0 + \frac{h^3}{6}\left(\frac{\partial^3 f}{\partial x^3}\right)_0 + \frac{h^4}{24}\left(\frac{\partial^4 f}{\partial x^4}\right)_0 + \cdots。 \tag{c}$$

假定网格间距 h 是充分小的, 因而可以不计它的三次幂及更高次幂的各项, 则式 (b) 及式 (c) 简化为

$$f_3 = f_0 - h\left(\frac{\partial f}{\partial x}\right)_0 + \frac{h^2}{2}\left(\frac{\partial^2 f}{\partial x^2}\right)_0, \tag{d}$$

$$f_1 = f_0 + h\left(\frac{\partial f}{\partial x}\right)_0 + \frac{h^2}{2}\left(\frac{\partial^2 f}{\partial x^2}\right)_0。 \tag{e}$$

联立求解 $\left(\dfrac{\partial f}{\partial x}\right)_0$ 及 $\left(\dfrac{\partial^2 f}{\partial x^2}\right)_0$, 得一阶和二阶导数在结点 0 的差分公式

$$\left(\frac{\partial f}{\partial x}\right)_0 = \frac{f_1 - f_3}{2h}, \tag{5-1}$$

$$\left(\frac{\partial^2 f}{\partial x^2}\right)_0 = \frac{f_1 + f_3 - 2f_0}{h^2}。 \tag{5-2}$$

同样可以得到

$$\left(\frac{\partial f}{\partial y}\right)_0 = \frac{f_2 - f_4}{2h}, \tag{5-3}$$

$$\left(\frac{\partial^2 f}{\partial y^2}\right)_0 = \frac{f_2 + f_4 - 2f_0}{h^2}。 \tag{5-4}$$

式 (5-1) 至式 (5-4) 是基本差分公式, 从而可以导出其他的差分公式。例

如,利用式(5-1)及式(5-3),可以导出混合二阶导数的差分公式如下:

$$\left(\frac{\partial^2 f}{\partial x \partial y}\right)_0 = \left[\frac{\partial}{\partial x}\left(\frac{\partial f}{\partial y}\right)\right]_0 = \frac{\left(\frac{\partial f}{\partial y}\right)_1 - \left(\frac{\partial f}{\partial y}\right)_3}{2h}$$

$$= \frac{\frac{f_6-f_5}{2h} - \frac{f_7-f_8}{2h}}{2h} = \frac{1}{4h^2}\left[(f_6+f_8)-(f_5+f_7)\right] \tag{5-5}$$

又例如,用同样的方法,由式(5-2)及式(5-4)可以导出四阶导数的差分公式如下:

$$\left(\frac{\partial^4 f}{\partial x^4}\right)_0 = \frac{1}{h^4}\left[6f_0-4(f_1+f_3)+(f_9+f_{11})\right], \tag{5-6}$$

$$\left(\frac{\partial^4 f}{\partial x^2 \partial y^2}\right)_0 = \frac{1}{h^4}\left[4f_0-2(f_1+f_2+f_3+f_4)+(f_5+f_6+f_7+f_8)\right], \tag{5-7}$$

$$\left(\frac{\partial^4 f}{\partial y^4}\right)_0 = \frac{1}{h^4}\left[6f_0-4(f_2+f_4)+(f_{10}+f_{12})\right]。 \tag{5-8}$$

建议读者自行推导这些公式,作为练习。

　　以上在导出基本差分公式(5-1)至式(5-4)时,在式(a)中略去了 $x-x_0$ 的三次幂及更高次幂的各项。这样就把函数 f 简化为 x 的二次函数,也就是说,在连续两段网格间距之内,把 f 看作按抛物线变化。因此,基本差分公式(5-1)至式(5-4)常称为抛物线差分公式。

§5-2　应力函数的差分解

　　在§2-9中已知,在不计体力的情况下,平面问题中的应力分量 $\sigma_x, \sigma_y, \tau_{xy}$ 可以用应力函数 Φ 的二阶导数表示如下:

$$\sigma_x = \frac{\partial^2 \Phi}{\partial y^2}, \quad \sigma_y = \frac{\partial^2 \Phi}{\partial x^2}, \quad \tau_{xy} = -\frac{\partial^2 \Phi}{\partial x \partial y}。 \tag{a}$$

如果在弹性体上织成如图5-1所示的网格,应用差分公式(5-4),式(5-2),式(5-5),就可以把任一结点0处的应力分量表示成

$$\left.\begin{aligned}
(\sigma_x)_0 &= \left(\frac{\partial^2 \Phi}{\partial y^2}\right)_0 = \frac{1}{h^2}\left[(\Phi_2+\Phi_4)-2\Phi_0\right], \\
(\sigma_y)_0 &= \left(\frac{\partial^2 \Phi}{\partial x^2}\right)_0 = \frac{1}{h^2}\left[(\Phi_1+\Phi_3)-2\Phi_0\right], \\
(\tau_{xy})_0 &= \left(-\frac{\partial^2 \Phi}{\partial x \partial y}\right)_0 = \frac{1}{4h^2}\left[(\Phi_5+\Phi_7)-(\Phi_6+\Phi_8)\right]。
\end{aligned}\right\} \tag{5-9}$$

可见,如果已知各结点处的 Φ 值,就可以求得各结点处的应力分量。

为了求得弹性体边界以内各结点处的 Φ 值,须利用应力函数的重调和方程,但须首先把它变换为差分方程。为此,要把差分公式(5-6)至式(5-8)代入 $(\nabla^4\Phi)_0=0$,即

$$\left(\frac{\partial^4\Phi}{\partial x^4}\right)_0+2\left(\frac{\partial^4\Phi}{\partial x^2\partial y^2}\right)_0+\left(\frac{\partial^4\Phi}{\partial y^4}\right)_0=0。$$

这样就得出重调和方程在结点 0 的差分形式,

$$20\Phi_0-8(\Phi_1+\Phi_2+\Phi_3+\Phi_4)+2(\Phi_5+\Phi_6+\Phi_7+\Phi_8)+$$
$$(\Phi_9+\Phi_{10}+\Phi_{11}+\Phi_{12})=0。 \tag{5-10}$$

对于弹性体边界以内的每一结点,其 Φ 值取为基本未知值,并可以建立这样一个差分方程。但是,对于边界内一行的(距边界为 h 的)结点,差分方程中还将包含边界上各结点处的 Φ 值,以及边界外一行的虚结点处的 Φ 值。

为了求得边界上各结点处的 Φ 值,需要应用应力边界条件

$$l(\sigma_x)_s+m(\tau_{xy})_s=\bar{f}_x,\quad m(\sigma_y)_s+l(\tau_{xy})_s=\bar{f}_y。$$

利用式(a),可将它变换成为

$$l\left(\frac{\partial^2\Phi}{\partial y^2}\right)_s-m\left(\frac{\partial^2\Phi}{\partial x\partial y}\right)_s=\bar{f}_x,\quad m\left(\frac{\partial^2\Phi}{\partial x^2}\right)_s-l\left(\frac{\partial^2\Phi}{\partial x\partial y}\right)_s=\bar{f}_y。 \tag{b}$$

但由图5-2可见,沿 s 的正方向(与坐标 φ 的方向一致,在图中即为顺时针方向)移动 $\mathrm{d}s$ 长度时,相应的 $\mathrm{d}y$ 为正值而 $\mathrm{d}x$ 本身为负值。由此,外法线 n 的方向余弦为

$$l=\cos(n,x)=\cos\alpha=\frac{\mathrm{d}y}{\mathrm{d}s},$$

$$m=\cos(n,y)=\sin\alpha=-\frac{\mathrm{d}x}{\mathrm{d}s}。$$

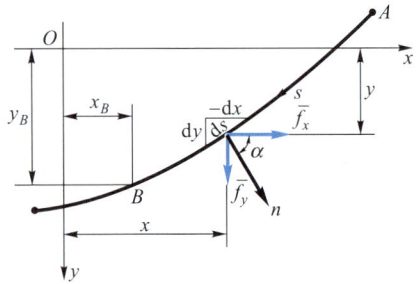

因此,式(b)可以改写成为

图 5-2

$$\frac{\mathrm{d}y}{\mathrm{d}s}\left(\frac{\partial^2\Phi}{\partial y^2}\right)_s+\frac{\mathrm{d}x}{\mathrm{d}s}\left(\frac{\partial^2\Phi}{\partial x\partial y}\right)_s=\bar{f}_x,\quad -\frac{\mathrm{d}x}{\mathrm{d}s}\left(\frac{\partial^2\Phi}{\partial x^2}\right)_s-\frac{\mathrm{d}y}{\mathrm{d}s}\left(\frac{\partial^2\Phi}{\partial x\partial y}\right)_s=\bar{f}_y,$$

或表达为

$$\frac{\mathrm{d}}{\mathrm{d}s}\left(\frac{\partial\Phi}{\partial y}\right)_s=\bar{f}_x,\quad -\frac{\mathrm{d}}{\mathrm{d}s}\left(\frac{\partial\Phi}{\partial x}\right)_s=\bar{f}_y。 \tag{c}$$

将上列二式对 s 积分,从固定的基点 A 到边界 s 上任一点 B,得

$$\left(\frac{\partial\Phi}{\partial y}\right)_A^B=\int_A^B\bar{f}_x\mathrm{d}s,\quad -\left(\frac{\partial\Phi}{\partial x}\right)_A^B=\int_A^B\bar{f}_y\mathrm{d}s,$$

或

$$\left(\frac{\partial \varPhi}{\partial y}\right)_B = \left(\frac{\partial \varPhi}{\partial y}\right)_A + \int_A^B \bar{f}_x \mathrm{d}s, \quad \left(\frac{\partial \varPhi}{\partial x}\right)_B = \left(\frac{\partial \varPhi}{\partial x}\right)_A - \int_A^B \bar{f}_y \mathrm{d}s。 \tag{d}$$

另一方面,注意 $\mathrm{d}\varPhi = \frac{\partial \varPhi}{\partial x}\mathrm{d}x + \frac{\partial \varPhi}{\partial y}\mathrm{d}y$,对 s 积分,从点 A 到点 B,则由分部积分得

$$(\varPhi)_A^B = \left(x\frac{\partial \varPhi}{\partial x}\right)_A^B - \int_A^B x \frac{\mathrm{d}}{\mathrm{d}s}\left(\frac{\partial \varPhi}{\partial x}\right)_s \mathrm{d}s + \left(y\frac{\partial \varPhi}{\partial y}\right)_A^B - \int_A^B y \frac{\mathrm{d}}{\mathrm{d}s}\left(\frac{\partial \varPhi}{\partial y}\right)_s \mathrm{d}s,$$

或将式(c)代入而得

$$(\varPhi)_A^B = \left(x\frac{\partial \varPhi}{\partial x}\right)_A^B + \int_A^B x \bar{f}_y \mathrm{d}s + \left(y\frac{\partial \varPhi}{\partial y}\right)_A^B - \int_A^B y \bar{f}_x \mathrm{d}s,$$

也就是

$$\varPhi_B - \varPhi_A = x_B\left(\frac{\partial \varPhi}{\partial x}\right)_B - x_A\left(\frac{\partial \varPhi}{\partial x}\right)_A + \int_A^B x \bar{f}_y \mathrm{d}s +$$
$$y_B\left(\frac{\partial \varPhi}{\partial y}\right)_B - y_A\left(\frac{\partial \varPhi}{\partial y}\right)_A - \int_A^B y \bar{f}_x \mathrm{d}s。$$

再将式(d)代入,得

$$\varPhi_B - \varPhi_A = x_B\left[\left(\frac{\partial \varPhi}{\partial x}\right)_A - \int_A^B \bar{f}_y \mathrm{d}s\right] - x_A\left(\frac{\partial \varPhi}{\partial x}\right)_A + \int_A^B x \bar{f}_y \mathrm{d}s +$$
$$y_B\left[\left(\frac{\partial \varPhi}{\partial y}\right)_A + \int_A^B \bar{f}_x \mathrm{d}s\right] - y_A\left(\frac{\partial \varPhi}{\partial y}\right)_A - \int_A^B y \bar{f}_x \mathrm{d}s,$$

或

$$\varPhi_B = \varPhi_A + (x_B - x_A)\left(\frac{\partial \varPhi}{\partial x}\right)_A + (y_B - y_A)\left(\frac{\partial \varPhi}{\partial y}\right)_A +$$
$$\int_A^B (y_B - y)\bar{f}_x \mathrm{d}s + \int_A^B (x - x_B)\bar{f}_y \mathrm{d}s。 \tag{e}$$

由式(e)及式(d)可见,设已知固定基点 A 的 $\varPhi_A$,$\left(\frac{\partial \varPhi}{\partial x}\right)_A$,$\left(\frac{\partial \varPhi}{\partial y}\right)_A$,即可根据面力分量 $\bar{f}_x$ 及 $\bar{f}_y$ 求得边界 s 上任一点 B 的 $\varPhi_B$,$\left(\frac{\partial \varPhi}{\partial x}\right)_B$,$\left(\frac{\partial \varPhi}{\partial y}\right)_B$。但在 §3-1 中已经说明,把应力函数 $\varPhi$ 加上一个线性函数,并不影响应力。因此,我们可以假想把函数 $\varPhi$ 加上 $a + bx + cy$,并调整 a,b,c 三个系数,使得 $\varPhi_A = 0$,$\left(\frac{\partial \varPhi}{\partial x}\right)_A = 0$,$\left(\frac{\partial \varPhi}{\partial y}\right)_A = 0$。这样就可以使得式(d)及式(e)简化为

$$\left(\frac{\partial \varPhi}{\partial y}\right)_B = \int_A^B \bar{f}_x \mathrm{d}s, \tag{5-11}$$

$$\left(\frac{\partial \Phi}{\partial x}\right)_B = -\int_A^B \bar{f}_y \, ds, \tag{5-12}$$

$$\Phi_B = \int_A^B (y_B - y) \bar{f}_x \, ds + \int_A^B (x - x_B) \bar{f}_y \, ds。 \tag{5-13}$$

观察图 5-2,可见式(5-11)右边的积分式表示 A 与 B 之间的、x 方向的面力之和;式(5-12)右边的积分式表示 A 与 B 之间的、y 方向的面力之和改号;式(5-13)右边的积分式表示 A 与 B 之间的面力对于 B 点的力矩之和(这个力矩以与坐标 φ 的转向一致时为正;在如图 5-2 所示的 x 轴向右而 y 轴向下的坐标系中,这个力矩以顺时针转向为正)。

以上是针对单连体导出的结果。对于多连体,情况就不像这样简单。虽然在多连体的每一个连续边界上,式(d)和式(e)都仍然适用,但是,当我们在某一个连续边界 s 上任意选定基点 A 并取 $\Phi_A = \left(\dfrac{\partial \Phi}{\partial x}\right)_A = \left(\dfrac{\partial \Phi}{\partial y}\right)_A = 0$ 以后,应力函数 Φ 就不再具有任意性,它在弹性体的任何一点都有了一定的数值。因此,对于另一个连续边界 s_1 上任选的基点 A_1,就不能再取

$$\Phi_{A_1} = \left(\frac{\partial \Phi}{\partial x}\right)_{A_1} = \left(\frac{\partial \Phi}{\partial y}\right)_{A_1} = 0。$$

只有应用位移单值条件,才能确定 $\Phi_{A_1}, \left(\dfrac{\partial \Phi}{\partial x}\right)_{A_1}, \left(\dfrac{\partial \Phi}{\partial y}\right)_{A_1}$,从而求出 s_1 上其他各点的 Φ 值、$\dfrac{\partial \Phi}{\partial x}$ 值、$\dfrac{\partial \Phi}{\partial y}$ 值,而且由于 $\Phi_{A_1}, \left(\dfrac{\partial \Phi}{\partial x}\right)_{A_1}, \left(\dfrac{\partial \Phi}{\partial y}\right)_{A_1}$ 一般都不等于零,于是只能直接应用公式(d)和式(e),而不能应用简化了的式(5-11)至式(5-13)。这就使得差分法在多连体问题中应用起来很不方便。本教程以后所讨论的对象只以单连体为限。

至于边界外一行的(距边界为 h 的)虚结点处的 Φ 值,则可以用函数 Φ 在边界上的导数值和边界内一行的各结点处的 Φ 值来表示。例如,对于图 5-1 中的虚结点 13 及 14,因为有

$$\left(\frac{\partial \Phi}{\partial x}\right)_A = \frac{\Phi_{13} - \Phi_9}{2h}, \quad \left(\frac{\partial \Phi}{\partial y}\right)_B = \frac{\Phi_{14} - \Phi_{10}}{2h},$$

所以有

$$\Phi_{13} = \Phi_9 + 2h\left(\frac{\partial \Phi}{\partial x}\right)_A, \quad \Phi_{14} = \Phi_{10} + 2h\left(\frac{\partial \Phi}{\partial y}\right)_B。 \tag{5-14}$$

在实际计算时,可采取如下的步骤:(1)在边界上任意选定一个结点作为基点 A,取 $\Phi_A = \left(\dfrac{\partial \Phi}{\partial x}\right)_A = \left(\dfrac{\partial \Phi}{\partial y}\right)_A = 0$,然后由面力的矩及面力之和算出边界上所有

各结点处的 Φ 值,以及应用式(5-14)时所必需的一些 $\dfrac{\partial \Phi}{\partial x}$ 值及 $\dfrac{\partial \Phi}{\partial y}$ 值。(2)应用式(5-14),将边界外一行各虚结点处的 Φ 值用边界内的相应结点处的 Φ 值来表示。(3)对边界内的各结点建立差分方程(5-10),联立求解,从而求出这些结点处的 Φ 值。(4)按照式(5-14),算出边界外一行的各虚结点处的 Φ 值。(5)按照式(5-9)计算应力分量。

　　如果一部分边界是曲线,或是不与坐标轴正交,则边界附近将出现不规则的内结点,如图5-3中的结点 0。对于这样的结点,差分方程(5-10)必须加以修正。至于更靠近边界的结点 1,则根本不把这个结点处的 Φ 值(即 Φ_1)作为一个独立的基本未知值,而把它用 Φ_0 来表示。

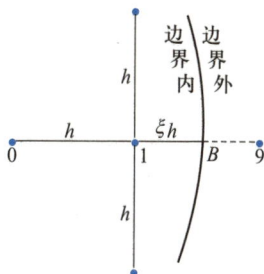

　　在 B 点附近,把应力函数 Φ 展为泰勒级数:

图 5-3

$$\Phi = \Phi_B + \left(\frac{\partial \Phi}{\partial x}\right)_B (x-x_B) + \frac{1}{2!}\left(\frac{\partial^2 \Phi}{\partial x^2}\right)_B (x-x_B)^2 + \cdots,$$

对图中的结点 9,1 和 0,x 依次等于 $x_B - \xi h + h$,$x_B - \xi h$,$x_B - (h+\xi h)$,也就是命 $x-x_B$ 依次等于 $(1-\xi)h$,$-\xi h$,$-(1+\xi)h$,得出

$$\Phi_9 = \Phi_B + (1-\xi)h\left(\frac{\partial \Phi}{\partial x}\right)_B + \frac{1}{2}(1-\xi)^2 h^2 \left(\frac{\partial^2 \Phi}{\partial x^2}\right)_B + \cdots, \tag{f}$$

$$\Phi_1 = \Phi_B - \xi h\left(\frac{\partial \Phi}{\partial x}\right)_B + \frac{1}{2}\xi^2 h^2 \left(\frac{\partial^2 \Phi}{\partial x^2}\right)_B - \cdots, \tag{g}$$

$$\Phi_0 = \Phi_B - (1+\xi)h\left(\frac{\partial \Phi}{\partial x}\right)_B + \frac{1}{2}(1+\xi)^2 h^2 \left(\frac{\partial^2 \Phi}{\partial x^2}\right)_B - \cdots。 \tag{h}$$

不计 h 的三次幂及更高次幂的各项,首先从式(f)及式(h)中消去 $\left(\dfrac{\partial^2 \Phi}{\partial x^2}\right)_B$,然后从式(g)及式(h)中消去 $\left(\dfrac{\partial^2 \Phi}{\partial x^2}\right)_B$,得

$$\Phi_9 = \frac{4\xi}{(1+\xi)^2}\Phi_B + \frac{2(1-\xi)}{1+\xi}h\left(\frac{\partial \Phi}{\partial x}\right)_B + \frac{(1-\xi)^2}{(1+\xi)^2}\Phi_0, \tag{i}$$

$$\Phi_1 = \frac{1+2\xi}{(1+\xi)^2}\Phi_B - \frac{\xi}{1+\xi}h\left(\frac{\partial \Phi}{\partial x}\right)_B + \frac{\xi^2}{(1+\xi)^2}\Phi_0, \tag{j}$$

仍取 Φ_0 为基本未知值,对结点 0 列差分方程式(5-10)时,其中的 Φ_9 及 Φ_1 应当如式(i)及式(j)所示。当 $\xi=0$ 时,结点 B 与结点 1 重合,式(j)成为 $\Phi_1 = \Phi_B$,

不起作用,而式(i)成为 $\varPhi_9 = \varPhi_0 + 2h\left(\dfrac{\partial\varPhi}{\partial x}\right)_B$,与式(5-14)中第一式的意义相同。

§5-3   应力函数差分解的实例

设有正方形的混凝土深梁(图 5-4),上边受有均布向下的铅直荷载 q,由下角点处的约束力维持平衡,试用应力函数的差分解求出应力分量。

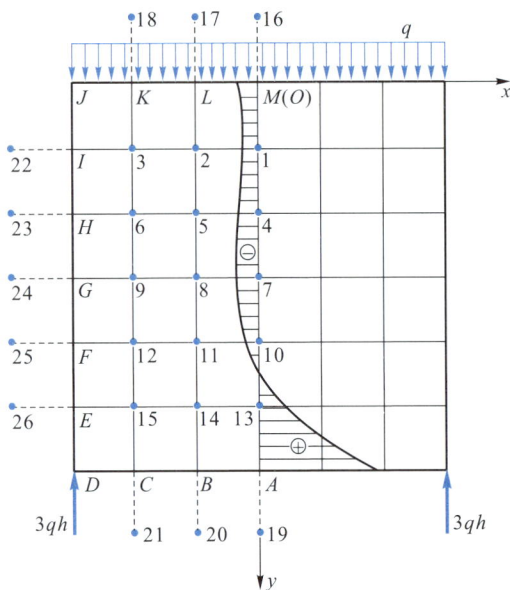

图 5-4

在这里,假定约束力集中作用在一点,一般不能符合实际情况。但是,这里的主要问题在于求出梁底中点 A 附近的拉应力,而约束力的分布方式对于这个拉应力的影响是比较小的。因此,为了计算简便,就假定约束力是集中力。

取坐标轴如图所示,并取网格间距 h 等于六分之一边长。由于对称,只需计算梁的一半,例如左一半。现在按前一节末尾所说的步骤进行如下计算:

(1) 为了反映对称性,取梁底中点 A 作为基点,取 $\varPhi_A = \left(\dfrac{\partial\varPhi}{\partial x}\right)_A = \left(\dfrac{\partial\varPhi}{\partial y}\right)_A = 0$,计算边界上所有各结点处的 $\varPhi$ 值以及必需的 $\dfrac{\partial\varPhi}{\partial x}$ 值和 $\dfrac{\partial\varPhi}{\partial y}$ 值,列表如下(不必需的导数值没有计算,在表中用横线表示)。

结点	A	B,C	D	E,F,G,H,I	J	K	L	M
$\dfrac{\partial \Phi}{\partial x}$	0	—	—	$3qh$	—	—	—	—
$\dfrac{\partial \Phi}{\partial y}$	0	0	—	—	—	0	0	0
Φ	0	0	0	0	0	$2.5qh^2$	$4.0qh^2$	$4.5qh^2$

（2）将边界外一行各个虚结点处的 Φ 值（Φ_{16} 至 Φ_{26}）用边界内一行各结点处的 Φ 值表示。在上下两边 $\dfrac{\partial \Phi}{\partial y}=0$，所以有

$$\left.\begin{array}{lll}\Phi_{16}=\Phi_1, & \Phi_{17}=\Phi_2, & \Phi_{18}=\Phi_3, \\ \Phi_{19}=\Phi_{13}, & \Phi_{20}=\Phi_{14}, & \Phi_{21}=\Phi_{15}\circ\end{array}\right\} \tag{a}$$

在左边 $\dfrac{\partial \Phi}{\partial x}=3qh$，所以有

$$\Phi_3=\Phi_{22}+2h\left(\frac{\partial \Phi}{\partial x}\right)_I=\Phi_{22}+2h(3qh)=\Phi_{22}+6qh^2,$$

即

$$\Phi_{22}=\Phi_3-6qh^2\circ \tag{b}$$

同样有

$$\Phi_{23,24,25,26}=\Phi_{6,9,12,15}-6qh^2\circ \tag{c}$$

（3）对边界内的各结点建立差分方程。例如，对结点 1，注意对称性，由式（5-10）得

$$20\Phi_1-8(2\Phi_2+\Phi_4+\Phi_M)+2(2\Phi_5+2\Phi_L)+(2\Phi_3+\Phi_7+\Phi_{16})=0\circ$$

将上表中 Φ_M 及 Φ_L 的已知值代入，并注意式（a）中的 $\Phi_{16}=\Phi_1$，得

$$21\Phi_1-16\Phi_2+2\Phi_3-8\Phi_4+4\Phi_5+\Phi_7-20qh^2=0\circ \tag{d}$$

又例如，对结点 15，得

$$20\Phi_{15}-8(\Phi_{12}+\Phi_{14}+\Phi_C+\Phi_E)+2(\Phi_{11}+\Phi_B+\Phi_D+\Phi_F)+(\Phi_9+\Phi_{13}+\Phi_{21}+\Phi_{26})=0\circ$$

将上表中的 $\Phi_C,\Phi_E,\Phi_B,\Phi_D,\Phi_F$ 代入，并注意式（a）中的 $\Phi_{21}=\Phi_{15}$ 及式（c）中的 $\Phi_{26}=\Phi_{15}-6qh^2$，得

$$\Phi_9+2\Phi_{11}-8\Phi_{12}+\Phi_{13}-8\Phi_{14}+22\Phi_{15}-6qh^2=0\circ \tag{e}$$

像式（d）和（e）这样的方程共有 15 个，其中包含 15 个未知值 Φ_1 至 Φ_{15}。联立求解，得（只列出 qh^2 前的系数）：

$$\Phi_1=4.36, \quad \Phi_2=3.89, \quad \Phi_3=2.47,$$
$$\Phi_4=3.98, \quad \Phi_5=3.59, \quad \Phi_6=2.35,$$
$$\Phi_7=3.29, \quad \Phi_8=3.03, \quad \Phi_9=2.10,$$

$$\Phi_{10}=2.23, \quad \Phi_{11}=2.13, \quad \Phi_{12}=1.63,$$

$$\Phi_{13}=0.92, \quad \Phi_{14}=0.94, \quad \Phi_{15}=0.88。$$

（4）计算边界外一行各结点处的 Φ 值。由式（a），式（b），式（c）三式得（只列出 qh^2 前的系数）：

$$\Phi_{16}=4.36, \quad \Phi_{17}=3.89, \quad \Phi_{18}=2.47,$$

$$\Phi_{19}=0.92, \quad \Phi_{20}=0.94, \quad \Phi_{21}=0.88,$$

$$\Phi_{22}=-3.53, \quad \Phi_{23}=-3.65, \quad \Phi_{24}=-3.90,$$

$$\Phi_{25}=-4.37, \quad \Phi_{26}=-5.12。$$

（5）计算应力。例如，在结点 M，按式（5-9）可得

$$(\sigma_x)_M=\frac{1}{h^2}\left[(\Phi_1+\Phi_{16})-2\Phi_M\right]$$

$$=(4.36+4.36-2\times4.50)q=-0.28q。$$

同样可以得出 $(\sigma_x)_1$，$(\sigma_x)_4$，$(\sigma_x)_7$，$(\sigma_x)_{10}$，$(\sigma_x)_{13}$，$(\sigma_x)_A$ 分别为 $-0.24q$，$-0.31q$，$-0.37q$，$-0.25q$，$0.39q$，$1.84q$。

沿着梁的中线 MA，σ_x 的变化如图 5-4 中曲线所示。

如果按照材料力学中的公式计算弯应力 σ_x，则得

$$(\sigma_x)_M=-0.75q, \quad (\sigma_x)_A=0.75q。$$

可见，对于像本例题中这样的深梁，用材料力学公式算出的应力，是远远不能反映实际情况的。

如果弹性体的形状对称于 xz 面和 yz 面，而且面力的分布也对称于这两个平面（图 5-5），那么，为了减少独立未知值的数目，我们自然要使得网格也对称于这两个平面。这时应力函数 Φ 在结点处的数值应当对称于这两个平面。但

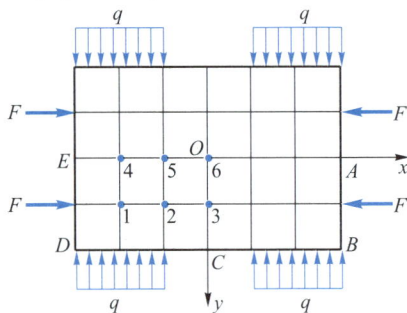

图 5-5

是，如果按照通常的办法计算边界上各结点处的 Φ 值及其导数值，就不能保证它们具有这种对称性，于是也就不能保证由差分方程解出的内结点 Φ 值具有这种对称性。

为了保证上述对称性，宜将面力分为 x 方向的和 y 方向的两组（图 5-6）。对于前一组面力（图 5-6a），以 x 轴上的 A 点为基点，取 $\Phi_A=\left(\dfrac{\partial\Phi}{\partial x}\right)_A=\left(\dfrac{\partial\Phi}{\partial y}\right)_A=0$，计算边界上各结点处的 Φ 值及其导数值，算得的结果必然是对称于 xz 面和 yz

面的。对于后一组面力(图 5-6b),则以 y 轴上的 C 点为基点,取 $\Phi_C = \left(\dfrac{\partial \Phi}{\partial x}\right)_C =$

$\left(\dfrac{\partial \Phi}{\partial y}\right)_C = 0$,进行同样的计算,其结果也必然具有上述对称性。然后将两方面的结果叠加,得出边界上各结点处总的 Φ 值及其导数值,它们也必然具有上述对称性。在实际计算时,只需对 $1/4$ 边界上的结点进行计算,因为我们只需计算弹性体的 $1/4$ 部分。以图 5-6 所示的网格为例,只需对 CDE 部分边界上的结点进行计算,然后为结点 1 至 6 列出 6 个差分方程。

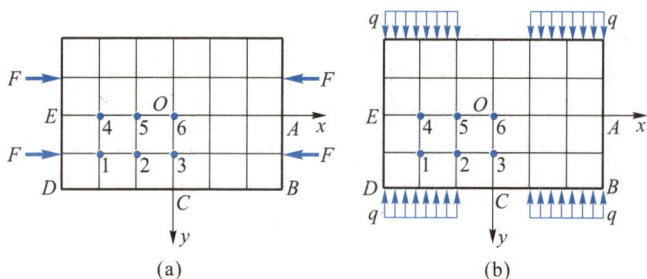

图 5-6

§5–4 弹性体的应变能和外力势能

变分法主要是研究泛函及其极值的求解方法。所谓泛函就是以函数为自变量的一类函数,简单地讲,泛函就是函数的函数。弹性力学变分法中所研究的泛函,就是弹性体的能量,如应变能、外力势能等。因此,弹性力学中的变分法又称为能量法。本章只介绍变分法中按位移求解的方法,其中取位移为基本未知函数。

按照材料力学里的论证,设弹性体只在某一个方向(例如 x 方向)受有均匀的正应力 σ_x,相应的线应变为 ε_x,则其每单位体积中具有的应变能(又称为内力势能),即所谓应变能密度,为 $\sigma_x \varepsilon_x / 2$。这里假定弹性体在受力作用的过程中始终保持平衡,因而没有动能的改变,而且弹性体的非机械能也没有变化,于是,应力所做的功完全转换为物体的应变能,存贮于体积内。读者还应注意,应力分量 σ_x 及其相应的应变分量 ε_x 都是从 0 增长到最终值 σ_x 和 ε_x 的,且两者之间成线性关系(图 5-7)。由于应力不是恒力,它所做的功是 $\displaystyle\int_0^{\varepsilon_x} \sigma_x \mathrm{d}\varepsilon_x = \dfrac{1}{2}\sigma_x \varepsilon_x$。同样,设弹性体只在某两个互相垂直的方向(例如 x 和 y 方向)受有均匀的切应力 τ_{xy},相应的切应变为 γ_{xy},则其应变能密度为 $\tau_{xy}\gamma_{xy}/2$。

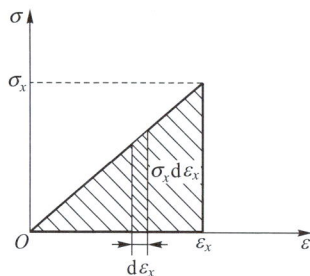

图 5–7

设弹性体受有全部 6 个应力分量 σ_x,σ_y,σ_z,τ_{yz},τ_{zx},τ_{xy},则应变能的计算似乎很复杂,因为这时的每一个应力分量均会引起与另一个应力分量相应的应变分量(例如 σ_x 会引起 ε_y,等等),好像应变能将随着弹性体受力的次序不同而不同。但是,根据能量守恒定理,应变能的多少与弹性体受力的次序无关,而完全确定于应力及应变的最终大小(要不然,我们按某一种次序对弹性体加载,而按另一种次序卸载,就将在一个循环中使弹性体增加或减少一定的能量,而这是不可能的)。因此,我们假定 6 个应力分量和 6 个应变分量全都同时按同样的比例增加到最后的大小,这样就可以很简单地算出相应于每一个应力分量的应变能密度,然后把它们相叠加,从而得出弹性体的全部应变能密度

$$U_1 = \frac{1}{2}(\sigma_x\varepsilon_x + \sigma_y\varepsilon_y + \sigma_z\varepsilon_z + \tau_{yz}\gamma_{yz} + \tau_{zx}\gamma_{zx} + \tau_{xy}\gamma_{xy})。 \tag{a}$$

在平面问题中,$\tau_{yz}=0$,$\tau_{zx}=0$。在平面应力问题中还有 $\sigma_z=0$;在平面应变问题中,还有 $\varepsilon_z=0$。因此,在两种平面问题中,弹性体的应变能密度的表达式都简化为

$$U_1 = \frac{1}{2}(\sigma_x\varepsilon_x + \sigma_y\varepsilon_y + \tau_{xy}\gamma_{xy})。 \tag{b}$$

在一般的平面问题中,弹性体各部分的受力并非均匀,各个应力分量和应变分量都是坐标 x 和 y 的函数,因而应变能密度 U_1 一般也是坐标 x 和 y 的函数。为了得出整个弹性体具有的应变能 U,必须将应变能密度 U_1 在整个弹性体内积分。和以前一样,为了简便,在 z 方向取一个单位长度。这样就得到厚度为 1 的平面区域 A 内的应变能

$$U = \iint_A U_1 \, \mathrm{d}x\mathrm{d}y = \frac{1}{2}\iint_A (\sigma_x\varepsilon_x + \sigma_y\varepsilon_y + \tau_{xy}\gamma_{xy}) \, \mathrm{d}x\mathrm{d}y。 \tag{c}$$

应变能可以单用应变分量来表示。为此,利用平面应力问题的物理方程式(2–16),即

$$\left.\begin{aligned} \sigma_x &= \frac{E}{1-\mu^2}(\varepsilon_x + \mu\varepsilon_y), \\ \sigma_y &= \frac{E}{1-\mu^2}(\varepsilon_y + \mu\varepsilon_x), \\ \tau_{xy} &= \frac{E}{2(1+\mu)}\gamma_{xy}。 \end{aligned}\right\} \tag{d}$$

代入式(b),得

$$U_1 = \frac{E}{2(1-\mu^2)}\left[\varepsilon_x^2 + \varepsilon_y^2 + 2\mu\varepsilon_x\varepsilon_y + \frac{1-\mu}{2}\gamma_{xy}^2\right]。 \tag{e}$$

试将式(e)分别对 $\varepsilon_x, \varepsilon_y, \gamma_{xy}$ 求导,再参阅式(d),可见有

$$\frac{\partial U_1}{\partial \varepsilon_x} = \sigma_x, \qquad \frac{\partial U_1}{\partial \varepsilon_y} = \sigma_y, \qquad \frac{\partial U_1}{\partial \gamma_{xy}} = \tau_{xy}。 \tag{5-15}$$

它们表示:弹性体每单位体积中的应变能对于任一应变分量的改变率,就等于相应的应力分量。

应变能还可以用位移分量来表示。为此,只需将几何方程式(2-8)代入式(e),得

$$U_1 = \frac{E}{2(1-\mu^2)}\left[\left(\frac{\partial u}{\partial x}\right)^2 + \left(\frac{\partial v}{\partial y}\right)^2 + 2\mu\frac{\partial u}{\partial x}\frac{\partial v}{\partial y} + \frac{1-\mu}{2}\left(\frac{\partial v}{\partial x} + \frac{\partial u}{\partial y}\right)^2\right], \tag{f}$$

并由式(c)得

$$U = \frac{E}{2(1-\mu^2)}\iint_A\left[\left(\frac{\partial u}{\partial x}\right)^2 + \left(\frac{\partial v}{\partial y}\right)^2 + 2\mu\frac{\partial u}{\partial x}\frac{\partial v}{\partial y} + \frac{1-\mu}{2}\left(\frac{\partial v}{\partial x} + \frac{\partial u}{\partial y}\right)^2\right]\mathrm{d}x\mathrm{d}y。 \tag{5-16}$$

在上式中,只需将 E 换为 $\dfrac{E}{1-\mu^2}$,将 μ 换为 $\dfrac{\mu}{1-\mu}$,就得出平面应变问题中的相应公式。

由式(e)和式(f)可见,应变能是应变分量或位移分量的二次泛函。因此叠加原理不再适用。例如,设弹性体中先发生位移 u_1,再发生位移 u_2,则 $U(u_1 + u_2) \neq U(u_1) + U(u_2)$。由上两式还可见,当应变或位移发生时,应变能总是正的,即 $U \geq 0$。

若弹性体受体力和面力作用,平面区域 A 内的体力分量为 f_x, f_y;s_σ 边界上的面力分量为 $\bar{f}_x, \bar{f}_y$,则外力(体力和面力)在实际位移上所做的功称为外力功。在 z 方向取一个单位长度,外力功是

$$W = \iint_A (f_x u + f_y v)\,\mathrm{d}x\mathrm{d}y + \int_{s_\sigma}(\bar{f}_x u + \bar{f}_y v)\,\mathrm{d}s。 \tag{5-17}$$

取位移 $u = v = 0$(或应变 $\varepsilon_x = \varepsilon_y = \gamma_{xy} = 0$)的自然状态下外力的功和势能为零。由于外力做了功,消耗了外力势能,因此在发生实际位移时,弹性体的外力势能是

$$V = -W$$

$$= -\iint_A (f_x u + f_y v)\,\mathrm{d}x\mathrm{d}y - \int_{s_\sigma}(\bar{f}_x u + \bar{f}_y v)\,\mathrm{d}s。 \tag{5-18}$$

弹性体的应变能与外力势能之和,即为弹性体的总势能 E_P,

$$E_P = U + V。 \tag{5-19}$$

§5–5   位移变分方程

设有平面问题中的任一单位厚度的弹性体,在一定的外力作用下处于平衡状态。命 u,v 为该弹性体中实际存在的位移分量,从 §2–8 按位移求解平面问题中可见,它们满足用位移分量表示的平衡微分方程,并满足位移边界条件以及用位移分量表示的应力边界条件。现在假想这些位移分量发生了位移边界条件所容许的微小改变,即所谓 虚位移 或位移变分 $\delta u,\delta v$,这时,弹性体从实际位移状态进入邻近的所谓虚位移状态,

$$u' = u + \delta u, \quad v' = v + \delta v。$$

例如,图 5–8 中的梁在外力作用下的实际位移为 v,它满足平衡微分方程、位移边界条件和应力边界条件。假设在实际位移状态附近发生了约束条件(位移边界条件)容许的虚位移 δv,则梁进入邻近的虚位移状态 $v' = v + \delta v$。由于虚位移是满足约束条件的,因此在边界的约束处,即点 A 和点 B,$\delta v = 0$。

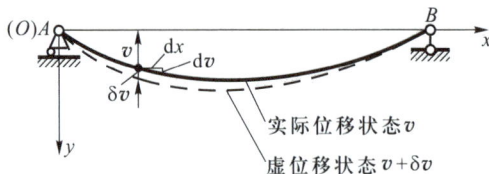

图 5–8

从图 5–8 还可以看出,微分和变分的运算对象是不同的。在微分运算中,自变量一般是坐标等变量,因变量是函数。例如,$v = v(x)$,由于坐标的微分 $\mathrm{d}x$ 引起函数的微分是 $\mathrm{d}v = \dfrac{\partial v}{\partial x}\mathrm{d}x$。在变分运算中,自变量是函数,因变量是泛函。例如,应变能 U 是位移函数 v 的函数,由于位移的变分 δv 引起应变能的变分是 $\delta U = \dfrac{\partial U}{\partial v}\delta v$。但是微分和变分都是微量,它们的运算法则是相同的。

现在我们来考察,由于弹性体发生了虚位移,所引起的外力势能和应变能的改变。

由于位移的变分 $\delta u,\delta v$ 引起的外力功的变分 δW(即外力虚功)和外力势能的变分 δV 为

$$\delta W = \iint_A (f_x \delta u + f_y \delta v)\,\mathrm{d}x\mathrm{d}y + \int_{s_\sigma} (\overline{f}_x \delta u + \overline{f}_y \delta v)\,\mathrm{d}s, \tag{5–20}$$

$$\delta V = -\iint_A (f_x \delta u + f_y \delta v)\, \mathrm{d}x\mathrm{d}y - \int_{s_\sigma} (\bar{f}_x \delta u + \bar{f}_y \delta v)\, \mathrm{d}s。 \tag{5-21}$$

其中的二重积分须包括弹性体在 xy 面内的全部面积 A,线积分须包括全部受力面的边界 s_σ。在虚位移发生之前,这些外力已经存在,并且由于虚位移是微小的,因此在虚位移过程中,外力的大小和方向可以认为保持不变。这样,在上两式中,外力是作为恒力计算的。

由于位移的变分,引起应变的变分(<u>虚应变</u>)是

$$\delta \varepsilon_x = \frac{\partial}{\partial x}(\delta u)，\quad \delta \varepsilon_y = \frac{\partial}{\partial y}(\delta v)，\quad \delta \gamma_{xy} = \frac{\partial}{\partial x}(\delta v) + \frac{\partial}{\partial y}(\delta u)。$$

从而引起应变能的变分为

$$\delta U = \iint_A (\sigma_x \delta \varepsilon_x + \sigma_y \delta \varepsilon_y + \tau_{xy} \delta \gamma_{xy})\, \mathrm{d}x\mathrm{d}y。 \tag{5-22}$$

上式中的应力分量,也是在位移变分发生之前已经存在的,应作为恒力计算,故上式中没有如上节式(c)中的系数 $1/2$。

假定弹性体在发生虚位移过程中并没有温度的改变和速度的改变,也就是没有热能或动能的改变。这样,按照能量守恒定理,应变能的增加应当等于外力势能的减少,也就等于外力所做的功,即外力虚功。于是得

$$\delta U = \delta W。$$

将式(5-20)代入,得到

$$\delta U = \iint_A (f_x \delta u + f_y \delta v)\, \mathrm{d}x\mathrm{d}y + \int_{s_\sigma} (\bar{f}_x \delta u + \bar{f}_y \delta v)\, \mathrm{d}s。 \tag{5-23}$$

这就是所谓<u>位移变分方程</u>。它表示:在实际平衡状态发生位移的变分时,所引起的应变能的变分,等于外力功的变分。有的文献把它叫作拉格朗日变分方程。

从位移变分方程(5-23)出发,可以导出弹性力学中的极小势能原理。为此,将式(5-23)写成

$$\delta U - \left[\iint_A (f_x \delta u + f_y \delta v)\, \mathrm{d}x\mathrm{d}y + \int_{s_\sigma} (\bar{f}_x \delta u + \bar{f}_y \delta v)\, \mathrm{d}s \right] = 0。 \tag{a}$$

上式的第二项中外力是恒力,可以将变分记号 δ 提到积分号前面,因此,式(a)的第二项,可以证明是对外力势能 V[式(5-18)]进行变分运算的结果,即

$$\delta[V] = \delta\left[-\iint_A (f_x u + f_y v)\, \mathrm{d}x\mathrm{d}y - \int_{s_\sigma} (\bar{f}_x u + \bar{f}_y v)\, \mathrm{d}s \right]$$

$$= -\left[\iint_A (f_x \delta u + f_y \delta v)\, \mathrm{d}x\mathrm{d}y + \int_{s_\sigma} (\bar{f}_x \delta u + \bar{f}_y \delta v)\, \mathrm{d}s \right]。$$

而式(a)的第一项[即式(5-22)],又可以证明是对应变能 U[§5-4 中式(c)]进行变分运算的结果。证明如下:

$$\delta[U] = \delta \iint_A U_1\, \mathrm{d}x\mathrm{d}y = \iint_A \left(\frac{\partial U_1}{\partial \varepsilon_x} \delta \varepsilon_x + \frac{\partial U_1}{\partial \varepsilon_y} \delta \varepsilon_y + \frac{\partial U_1}{\partial \gamma_{xy}} \delta \gamma_{xy} \right) \mathrm{d}x\mathrm{d}y。$$

注意应变能密度 U_1 对应变分量的改变率等于对应的应力分量,即式(5-15),代入上式即得

$$\delta[U] = \iint_A (\sigma_x \delta\varepsilon_x + \sigma_y \delta\varepsilon_y + \tau_{xy} \delta\gamma_{xy}) \mathrm{d}x\mathrm{d}y 。$$

因此,式(a)可以写成为,对应变能 U 和外力势能 V 的变分等于零,即

$$\delta[U+V] = \delta E_P = 0 。 \tag{5-24}$$

因为由式(5-19),$[U+V] = E_P$ 是应变能与外力势能的总和,即弹性体的总势能,所以由式(5-24)可见,在给定的外力作用下,实际存在的位移应使总势能的变分为零。这就推出这样一个原理:在给定的外力作用下,在满足位移边界条件的所有各组位移状态中,实际存在的一组位移应使总势能成为极值。如果考虑二阶变分总是大于或等于零,即 $\delta^2[U+V] = \delta^2 E_P \geqslant 0$,就可以证明:对于稳定平衡状态,这个极值是极小值。因此,上述原理称为极小势能原理。

应用位移变分方程,还可以导出另一个重要方程,即弹性力学的虚功方程。为此,将 δU 用式(5-22)表示,再代入位移变分方程(5-23),得到

$$\iint_A (\sigma_x \delta\varepsilon_x + \sigma_y \delta\varepsilon_y + \tau_{xy} \delta\gamma_{xy}) \mathrm{d}x\mathrm{d}y$$

$$= \iint_A (f_x \delta u + f_y \delta v) \mathrm{d}x\mathrm{d}y + \int_{s_\sigma} (\bar{f}_x \delta u + \bar{f}_y \delta v) \mathrm{d}s 。 \tag{5-25}$$

这就是虚功方程。它表示:如果在虚位移发生之前,弹性体处于平衡状态,那么,在虚位移过程中,外力在虚位移上所做的虚功就等于应力在虚应变上所做的虚功。

从以上的讨论可知,位移变分方程式(5-23)、极小势能原理的表达式(5-24)以及虚功方程式(5-25)这三者的本质是一样的。它们都是弹性体从实际平衡状态发生虚位移时,能量守恒定理的具体应用,只是表达方式有所不同而已。

我们以前已经得出,实际存在的位移,必须满足位移边界条件,以及用位移表示的平衡微分方程和应力边界条件。现在我们又得出,实际存在的位移,除了预先满足位移边界条件外,还必然满足位移变分方程(或极小势能原理,或虚功方程)。而且,通过进一步的运算,还可以从位移变分方程(或极小势能原理,或虚功方程)导出平衡微分方程和应力边界条件。这就证明,位移变分方程(或极小势能原理,或虚功方程)等价于平衡微分方程和应力边界条件,或者说,可以代替平衡微分方程和应力边界条件。

§5-6   位移变分法

由上节的结论,可以得出弹性力学的一种变分解法:若设定一组包含若干待

定系数的位移分量的表达式,并使它们预先满足位移边界条件,然后再令其满足位移变分方程(用来代替平衡微分方程和应力边界条件)并求出待定系数,就同样地能得出实际位移的解答。

试取位移分量的表达式如下:

$$u = u_0 + \sum_m A_m u_m, \quad v = v_0 + \sum_m B_m v_m, \quad (5-26)$$

其中,u_0, v_0 和 u_m, v_m 均为设定的坐标函数,并在约束边界 s_u 上,令 u_0, v_0 分别等于给定的约束位移值 $\bar{u}, \bar{v}$,令 u_m, v_m 分别等于零。这样,位移分量 u 和 v 预先满足了 s_u 上的位移边界条件。而 A_m, B_m 为互不依赖的 $2m$ 个待定的系数,用来反映位移状态的变化,即位移的变分是由系数 A_m, B_m 的变分来实现的。

于是,按照表达式(5-26),位移分量的变分是

$$\delta u = \sum_m u_m \delta A_m, \quad \delta v = \sum_m v_m \delta B_m, \quad (a)$$

而应变能的变分是

$$\delta U = \sum_m \left(\frac{\partial U}{\partial A_m} \delta A_m + \frac{\partial U}{\partial B_m} \delta B_m \right) 。 \quad (b)$$

将式(b)及(a)代入位移变分方程式(5-23),整理以后,得

$$\sum_m \left(\frac{\partial U}{\partial A_m} \delta A_m + \frac{\partial U}{\partial B_m} \delta B_m \right)$$

$$= \sum_m \iint_A (f_x u_m \delta A_m + f_y v_m \delta B_m) \,dx\,dy + \sum_m \int_{s_\sigma} (\bar{f}_x u_m \delta A_m + \bar{f}_y v_m \delta B_m) \,ds 。$$

进行移项,将每个系数的变分归并,得到

$$\sum_m \left[\frac{\partial U}{\partial A_m} - \iint_A f_x u_m \,dx\,dy - \int_{s_\sigma} \bar{f}_x u_m \,ds \right] \delta A_m +$$

$$\sum_m \left[\frac{\partial U}{\partial B_m} - \iint_A f_y v_m \,dx\,dy - \int_{s_\sigma} \bar{f}_y v_m \,ds \right] \delta B_m = 0 。$$

因为变分 $\delta A_m, \delta B_m$ 是完全任意的,而且是互不依赖的,所以在上式中它们的系数必须等于零。于是得出求解 A_m, B_m 的位移变分方程,即

$$\left. \begin{aligned} \frac{\partial U}{\partial A_m} &= \iint_A f_x u_m \,dx\,dy + \int_{s_\sigma} \bar{f}_x u_m \,ds, \\ \frac{\partial U}{\partial B_m} &= \iint_A f_y v_m \,dx\,dy + \int_{s_\sigma} \bar{f}_y v_m \,ds 。 \end{aligned} \right\} \quad (m=1,2,\cdots) \quad (5-27)$$

由应变能的表达式(5-16)及位移分量的表达式(5-26)可见,应变能 U 是系数 A_m, B_m 的二次函数,因而方程式(5-27)将是各个系数的一次方程。既然各个系数是互不依赖的,就总可以由这些方程求得各个系数,从而由表达式(5-26)求得位移分量。很多文献上把这个方法称为瑞利-里茨法。

用位移变分法求得位移以后,不难通过几何方程求得应变,进而通过物理方程求得应力,但往往出现这样的情况:取不多的系数 A_m, B_m, 就可以求得较精确的位移,而通过求导数后得出的应力却很不精确。为了使求得的应力充分精确,必须取更多的系数。

§5-7　位移变分法的例题

作为第一个例题,设有宽度为 a 而高度为 b 的矩形薄板(图5-9),在左边及下边受连杆支承,在右边及上边分别受有均布压力 q_1 及 q_2,不计体力,试求薄板的位移。

取坐标轴如图所示。按照式(5-26)的形式,把位移分量设定为

$$u = x(A_1 + A_2 x + A_3 y + \cdots) , \\ v = y(B_1 + B_2 x + B_3 y + \cdots) 。 \quad (a)$$

不论式中各个系数的数值如何,都可以满足左边及下边的位移边界条件,即

$$(u)_{x=0} = 0 , \quad (v)_{y=0} = 0 。$$

在这里,因为各个边界上都没有不等于零的已知位移,所以在式(5-26)中取 $u_0 = 0$, $v_0 = 0$。现在,试在式(a)中只取 A_1 及 B_1 两个待定系数,也就是取

$$u = A_1 u_1 = A_1 x , \quad v = B_1 v_1 = B_1 y 。 \quad (b)$$

于是有

$$\frac{\partial u}{\partial x} = A_1 , \quad \frac{\partial u}{\partial y} = 0 , \quad \frac{\partial v}{\partial x} = 0 , \quad \frac{\partial v}{\partial y} = B_1 。$$

代入式(5-16),得到

$$U = \frac{E}{2(1-\mu^2)} \int_0^a \int_0^b (A_1^2 + B_1^2 + 2\mu A_1 B_1) \,dx dy 。$$

进行积分以后,得到

$$U = \frac{Eab}{2(1-\mu^2)} (A_1^2 + B_1^2 + 2\mu A_1 B_1) 。 \quad (c)$$

在这里,因为不计体力,所以有 $f_x = 0$, $f_y = 0$。再注意到位移中所取的项数 $m=1$,可见式(5-27)简化为

$$\frac{\partial U}{\partial A_1} = \int_{s_\sigma} \bar{f}_x u_1 \,ds , \quad (d)$$

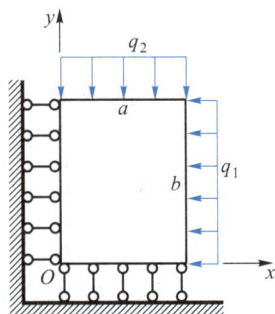

图5-9

$$\frac{\partial U}{\partial B_1} = \int_{s_\sigma} \bar{f}_y v_1 \, \mathrm{d}s \, .\tag{e}$$

计算式(d)右边的积分时,只需考虑 s_σ 边界上 $\bar{f}_x$ 和 u_1 都不等于零的部分边界。在薄板的右边有

$$\bar{f}_x = -q_1, \quad u_1 = x = a, \quad \mathrm{d}s = \mathrm{d}y,$$

从而有

$$\int_{s_\sigma} \bar{f}_x u_1 \, \mathrm{d}s = \int_0^b (-q_1) a \, \mathrm{d}y = -q_1 ab \, .$$

在其余三个边界上,不是 $\bar{f}_x = 0$,就是 $u_1 = 0$,因而积分值都等于零。

计算式(e)右边的积分时,只需考虑 s_σ 边界上 $\bar{f}_y$ 和 v_1 都不等于零的部分边界。在薄板的上边有

$$\bar{f}_y = -q_2, \quad v_1 = y = b, \quad \mathrm{d}s = \mathrm{d}x,$$

从而有

$$\int_{s_\sigma} \bar{f}_y v_1 \, \mathrm{d}s = \int_0^a (-q_2) b \, \mathrm{d}x = -q_2 ab \, .$$

在其余三个边界上,不是 $\bar{f}_y = 0$,就是 $v_1 = 0$,因而积分值都等于零。

于是由式(d)及式(e)得

$$\frac{\partial U}{\partial A_1} = -q_1 ab, \quad \frac{\partial U}{\partial B_1} = -q_2 ab \, .\tag{f}$$

将式(c)代入式(f),得出决定 A_1 及 B_1 的方程

$$\frac{Eab}{2(1-\mu^2)}(2A_1 + 2\mu B_1) = -q_1 ab,$$

$$\frac{Eab}{2(1-\mu^2)}(2B_1 + 2\mu A_1) = -q_2 ab \, .$$

求解 A_1 及 B_1,得到

$$A_1 = -\frac{q_1 - \mu q_2}{E}, \quad B_1 = -\frac{q_2 - \mu q_1}{E},\tag{g}$$

从而由式(b)得到位移分量的解答

$$u = -\frac{q_1 - \mu q_2}{E} x, \quad v = -\frac{q_2 - \mu q_1}{E} y \, .\tag{h}$$

如果在式(a)中除了 A_1 和 B_1 以外再取一些其他的待定系数,例如 A_2 和 B_2 等,则在进行与上相似的计算以后,可得这些系数都等于零,而 A_1 和 B_1 仍然如式(g)所示,从而可见位移分量的解答仍然如式(h)所示。

读者试证:按照几何方程及物理方程由位移分量式(h)求出的应力分量,可以满足平衡微分方程和应力边界条件。这就是说,式(h)所示的位移分量就是精确解答。当然,这只是一个非常特殊的情况。在一般的情况下,如果在设定的位移分量表达式中只取少数几个待定系数,是不可能求得精确解答的,也就是说,这些解答不可能精确满足平衡微分方程和应力边界条件。

作为第二个例题,设有宽度为 $2a$ 而高度为 b 的矩形薄板(图5-10),它的左边、右边和下边均被固定,而上边(自由边)具有给定的位移,如下式所示:

$$u=0, \quad v=-\eta\left(1-\frac{x^2}{a^2}\right)。 \tag{i}$$

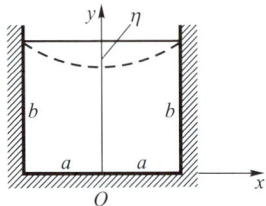
图5-10

不计体力,试求薄板的位移。

取坐标轴如图所示。按照式(5-26)的形式,但只取项数 $m=1$,把位移分量的表达式设定为

$$u=A_1\left(1-\frac{x^2}{a^2}\right)\frac{x}{a}\frac{y}{b}\left(1-\frac{y}{b}\right), \tag{j}$$

$$v=-\eta\left(1-\frac{x^2}{a^2}\right)\frac{y}{b}+B_1\left(1-\frac{x^2}{a^2}\right)\frac{y}{b}\left(1-\frac{y}{b}\right), \tag{k}$$

可以满足全部位移边界条件,即

$$(u)_{x=\pm a}=0, \quad (u)_{y=0}=0, \quad (u)_{y=b}=0,$$

$$(v)_{x=\pm a}=0, \quad (v)_{y=0}=0, \quad (v)_{y=b}=-\eta\left(1-\frac{x^2}{a^2}\right)。$$

此外,由于 u 是 x 的奇函数而 v 是 x 的偶函数,所以位移的对称性也是满足的。

在这里,因为不计体力,所以有 $f_x=0, f_y=0$;因为没有应力边界条件,即 $s_\sigma=0$,相应的线积分也不存在。于是式(5-27)简化为

$$\frac{\partial U}{\partial A_1}=0, \quad \frac{\partial U}{\partial B_1}=0。 \tag{l}$$

应用式(5-16),注意位移的对称性,可见

$$U=\frac{E}{2(1-\mu^2)}2\int_0^a\int_0^b\left[\left(\frac{\partial u}{\partial x}\right)^2+\left(\frac{\partial v}{\partial y}\right)^2+\right.$$

$$\left.2\mu\frac{\partial u}{\partial x}\frac{\partial v}{\partial y}+\frac{1-\mu}{2}\left(\frac{\partial v}{\partial x}+\frac{\partial u}{\partial y}\right)^2\right]\mathrm{d}x\mathrm{d}y。 \tag{m}$$

按照式(j)及式(k)求出位移分量的导数,代入式(m),进行积分,再将 U 的表达式代入式(l),得到 A_1 及 B_1 的两个线性方程,从而求得 A_1 及 B_1,最后由式(j)及式(k)得出位移分量的解答如下:

$$u = \frac{35(1+\mu)\eta}{42\frac{b}{a}+20(1-\mu)\frac{a}{b}}\left(1-\frac{x^2}{a^2}\right)\frac{x}{a}\frac{y}{b}\left(1-\frac{y}{b}\right),$$

$$v = -\eta\left(1-\frac{x^2}{a^2}\right)\frac{y}{b} + \frac{50(1-\mu)\eta}{16\frac{a^2}{b^2}+2(1-\mu)}\left(1-\frac{x^2}{a^2}\right)\frac{y}{b}\left(1-\frac{y}{b}\right)。$$

▶ 本章内容提要

1. 前面所述的弹性力学问题,归结为在边界条件下求解微分方程组。从数学上看,弹性力学问题属于微分方程的边值问题。对于实际的工程问题,由于荷载和边界等较为复杂,难以求出函数式的精确解答。

为了解决实际的工程问题,可以采用弹性力学中的实用近似解法,这就是差分法、变分法和有限单元法。

2. 差分法是微分方程的一种近似数值解法。在差分法中,将区域打上网格,将连续函数用网络结点上的函数值来表示,将导数用差分格式(有限差商)表示;从而将微分方程和边界条件变换为差分方程(代数方程),求解差分方程就可得出网络结点上的函数值。在差分法中,采取了函数离散的手段。

3. 变分法是弹性力学中的另一独立解法。在变分法中,根据平衡状态时的能量处于极小值的条件,建立变分方程,并进行求解。

4. 几个以位移为宗量(自变量)的变分方程:

位移变分方程式(5-23)——在实际平衡状态发生位移的变分时,所引起的应变能的变分,等于外力功的变分。

极小势能原理式(5-24)——在给定的外力作用下,在满足位移边界条件的所有各组位移状态中,实际存在的一组位移应使总势能成为极小值。

虚功方程式(5-25)——如果在虚位移发生之前,弹性体处于平衡状态,则在虚位移过程中,外力在虚位移上所做的虚功,就等于应力在虚应变上所做的虚功。

上述三个变分方程是互通的,只是表达的形式不同。可以证明,它们都等价于(或可代替)平衡微分方程和应力边界条件。

5. 位移变分法(瑞利-里茨法)——由于位移函数是未知的,因此在位移变分法中是这样求解的:首先设定包含待定系数的位移的试函数,令其预先满足位移边界条件;然后再使其满足位移变分方程(用来代替平衡微分方程和应力边界条件),并求出待定系数,从而得出位移的解答。

▶ 习 题

5-1 试导出四阶导数的差分公式(5-6)至式(5-8)。

5-2   对于图 5-4 所示的深梁,试建立结点 11,12 处的差分方程,并将 Φ 的解答代入,进行校核。

5-3   用差分法计算图 5-11 所示基础的最大拉应力,并与材料力学给出的解答对比。采用 2×4 的网格,如图所示。

答案:差分法给出 $(\sigma_x)_{\max} = (\sigma_x)_A = 1.28q$,材料力学公式给出 $\sigma_{\max} = (\sigma_x)_A = 2.25q$。

5-4   用 2×4 的网格计算应力(图 5-12)。

答案:$(\sigma_x)_3 = -0.49q$。

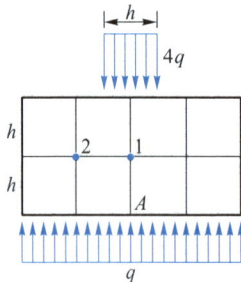

图 5-11

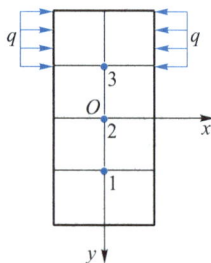

图 5-12

5-5   用 4×4 的网格计算应力(图 5-13)。

5-6   用 4×4 的网格计算应力(图 5-14)。

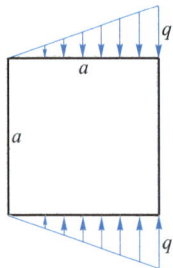

图 5-13

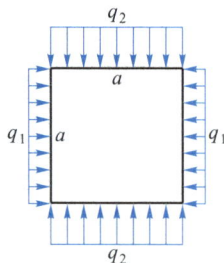

图 5-14

5-7   试比较弹性力学中的瑞利-里茨解法和按位移求解微分方程解法的区别。

5-8   根据弹性力学中的应变能公式[§5-4 式(c)],求出材料力学中的拉伸、弯曲、扭转的应变能公式。

答案:

$$U_{(拉伸)} = \frac{1}{2} \int_0^l \frac{F_N^2(x)}{EA} dx = \frac{1}{2} \int_0^l EA \left(\frac{du}{dx} \right)^2 dx,$$

$$U_{(弯曲)} = \frac{1}{2} \int_0^l \frac{M^2(x)}{EI} dx = \frac{1}{2} \int_0^l EI \left(\frac{d^2 v}{dx^2} \right)^2 dx,$$

$$U_{(扭转)} = \frac{1}{2} \int_0^l \frac{T^2(x)}{GI_p} dx = \frac{1}{2} \int_0^l GI_p \left(\frac{d\varphi}{dx} \right)^2 dx.$$

其中，F_N 为轴力，M 为弯矩，T 为扭矩。

5-9 若应用瑞利-里茨法求解图 5-15、图 5-16、图 5-17 所示的问题时，应如何设定位移试函数？

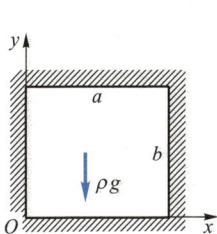 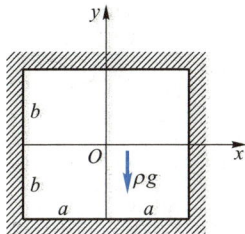 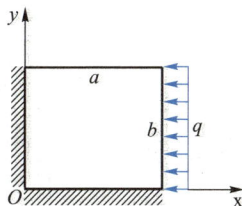

图 5-15　　　　　　图 5-16　　　　　　图 5-17

5-10 设图 5-17 所示的薄板为正方形，边长 $a=b$，厚度为一个单位，$\mu=0$。在 $x=a$ 边界上受有均布压力 q 作用，试用瑞利-里茨法求解位移。

答案：设 $u=A_1xy, v=B_1xy$，求得的位移分量为

$$u=-\frac{192}{55}\frac{q}{Ea}, \quad v=\frac{72}{55}\frac{q}{Ea}。$$

5-11 铅直平面内的正方形薄板，边长为 $2a$，四边固定（图 5-18），只受重力的作用。设 $\mu=0$，试取位移分量的表达式为

$$u=\left(1-\frac{x^2}{a^2}\right)\left(1-\frac{y^2}{a^2}\right)\frac{x}{a}\frac{y}{a}\left(A_1+A_2\frac{x^2}{a^2}+A_3\frac{y^2}{a^2}+\cdots\right),$$

$$v=\left(1-\frac{x^2}{a^2}\right)\left(1-\frac{y^2}{a^2}\right)\left(B_1+B_2\frac{x^2}{a^2}+B_3\frac{y^2}{a^2}+\cdots\right),$$

用瑞利-里茨法求解。

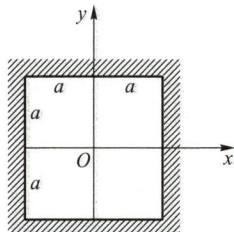

图 5-18

答案：在 u,v 中各取一项，并设 $\mu=0$ 时，用瑞利-里茨法得出求解的方程是

$$\frac{\partial U}{\partial A_1}=0,$$
$$\left.\frac{\partial U}{\partial B_1}=\iint_A f_y v_1 \mathrm{d}x\mathrm{d}y。\right\}$$

代入 U 和 f_y 后，上两式方程是

$$\frac{18}{7}A_1-B_1=0,$$
$$\left.-\frac{1}{5}A_1+6B_1=-\frac{5}{2}\frac{\rho ga^2}{E}。\right\}$$

解出

$$A_1=-\frac{175}{2\times533}\frac{\rho ga^2}{E}, \quad B_1=-\frac{225}{533}\frac{\rho ga^2}{E}。$$

位移分量的解答为

$$u = -\frac{175}{2\times533}\frac{\rho ga^2}{E}\left(\frac{x}{a}-\frac{x^3}{a^3}\right)\left(\frac{y}{a}-\frac{y^3}{a^3}\right)$$

$$v = -\frac{225}{533}\frac{\rho ga^2}{E}\left(1-\frac{x^2}{a^2}\right)\left(1-\frac{y^2}{a^2}\right)$$

应力分量为

$$\sigma_x = -\frac{175}{2\times533}\left(1-3\frac{x^2}{a^2}\right)\left(1-\frac{y^2}{a^2}\right)\rho gy,$$

$$\sigma_y = \frac{450}{533}\left(1-\frac{x^2}{a^2}\right)\rho gy,$$

$$\tau_{xy} = \left[\frac{225}{533}\left(1-\frac{y^2}{a^2}\right)-\frac{175}{4\times533}\left(1-\frac{x^2}{a^2}\right)\left(1-3\frac{y^2}{a^2}\right)\right]\rho gx。$$

部分习题提示

题 5-3 至题 5-6：注意对称性的利用，适当选择基点 A。

题 5-7：按位移求解的方法中，位移应满足：(1) s_u 上的位移边界条件；(2) s_σ 上的应力边界条件（用位移表示）；(3) 区域 A 内的平衡微分方程（用位移表示）。用瑞利-里茨法求解时，设定的位移试函数应预先满足 s_u 上的位移边界条件，再满足位移变分方程。上述的 (2) 和 (3) 的静力条件，由位移变分方程来代替。

题 5-8：在拉伸和弯曲的情况下，引用 $U=\dfrac{1}{2}\iint_A \sigma_x \varepsilon_x \mathrm{d}x\mathrm{d}y$；在扭转的情况下，引用 $U=\dfrac{1}{2}\iint_A \tau_{xy}\gamma_{xy}\mathrm{d}x\mathrm{d}y$，再代入材料力学的公式进行计算。

题 5-9：采用瑞利-里茨法时，应使设定位移的试函数满足全部的位移边界条件，但不必考虑和满足应力边界条件。

对于图 5-15 的问题，四个边界上的 u,v 均应为零，可假设

$$u = x(x-a)y(y-b)\left[A_1+A_2x+A_3y+\cdots\right],$$

$$v = x(x-a)y(y-b)\left[B_1+B_2x+B_3y+\cdots\right]。$$

对于图 5-16 的问题，y 轴是其对称轴，x 轴是其反对称轴，在设定 u,v 时，为满足全部的约束边界条件，应包含公共因子 $(x^2-a^2)(y^2-b^2)$。此外，在其余的乘积项中，应考虑 u 为 x 和 y 的奇函数，v 为 x 和 y 的偶函数。

对于图 5-17 的问题，u 和 v 在 $x=0$ 和 $y=0$ 的边界上均应为零；在其余的两边上，均为应力边界条件，可不考虑。

第六章　平面问题的有限单元法

电子教案
第六章

§6-1　基本量及基本方程的矩阵表示

视频 6-1
基本量及
基本方程
的矩阵表
示

前已指出,对于许多实际的弹性力学问题,由于荷载及边界条件较为复杂,难以求出函数式的解答。因此,对于实际的工程问题,常常采用近似的数值解法。但是,从上一章对差分法和变分法的讨论可以看出,当问题的边界条件比较复杂时,用这两种数值解法求出解答,仍然是比较困难的。有限单元法是 20 世纪 50 年代以来随着电子计算机的广泛应用而发展起来的又一种数值解法,它具有极大的通用性和灵活性,因而可以有效地用来求解弹性力学中的各种复杂边界问题。

在有限单元法中,为了简洁清晰地表示各个基本量以及它们之间的关系,也为了便于编制程序以便应用电子计算机进行计算,广泛地采用矩阵表示和矩阵运算。可以说,用有限单元法求解弹性力学问题,实际上就是结构力学的矩阵方法在弹性力学中的推广和发展。因此,在这一节中,先来介绍一些基本量和基本方程的矩阵表示。

在平面问题中,不论是平面应力问题还是平面应变问题,物体所受的体力只有 f_x 和 f_y 两个分量,可用体力列阵表示为

$$\boldsymbol{f} = \left\{ \begin{array}{c} f_x \\ f_y \end{array} \right\} = [\, f_x \quad f_y\,]^{\mathrm{T}}\text{。} \tag{6-1}$$

同样,物体所受的面力也只有 $\bar{f}_x$ 和 $\bar{f}_y$ 两个分量,可用面力列阵表示为

$$\bar{\boldsymbol{f}} = \left\{ \begin{array}{c} \bar{f}_x \\ \bar{f}_y \end{array} \right\} = [\, \bar{f}_x \quad \bar{f}_y\,]^{\mathrm{T}}\text{。} \tag{6-2}$$

与此相似,3 个应力分量可用应力列阵表示为

$$\boldsymbol{\sigma} = \begin{bmatrix} \sigma_x & \sigma_y & \tau_{xy} \end{bmatrix}^{\mathrm{T}}. \tag{6-3}$$

3 个应变分量可用应变列阵表示为

$$\boldsymbol{\varepsilon} = \begin{bmatrix} \varepsilon_x & \varepsilon_y & \gamma_{xy} \end{bmatrix}^{\mathrm{T}}. \tag{6-4}$$

2 个位移分量可用位移列阵表示为

$$\boldsymbol{d} = \begin{bmatrix} u & v \end{bmatrix}^{\mathrm{T}}. \tag{6-5}$$

现在把本章中要用到的几个基本方程用矩阵来表示。参照式(6-4),可以把几何方程式(2-8)表示为

$$\boldsymbol{\varepsilon} = \begin{bmatrix} \dfrac{\partial u}{\partial x} & \dfrac{\partial v}{\partial y} & \dfrac{\partial v}{\partial x} + \dfrac{\partial u}{\partial y} \end{bmatrix}^{\mathrm{T}}. \tag{6-6}$$

按照矩阵运算规则,平面应力问题的物理方程式(2-16)可用矩阵表示为

$$\begin{Bmatrix} \sigma_x \\ \sigma_y \\ \tau_{xy} \end{Bmatrix} = \frac{E}{1-\mu^2} \begin{bmatrix} 1 & \mu & 0 \\ \mu & 1 & 0 \\ 0 & 0 & \dfrac{1-\mu}{2} \end{bmatrix} \begin{Bmatrix} \varepsilon_x \\ \varepsilon_y \\ \gamma_{xy} \end{Bmatrix}, \tag{6-7}$$

或利用式(6-3)及式(6-4)简写为

$$\boldsymbol{\sigma} = \boldsymbol{D}\boldsymbol{\varepsilon}, \tag{6-8}$$

其中的矩阵

$$\boldsymbol{D} = \frac{E}{1-\mu^2} \begin{bmatrix} 1 & \mu & 0 \\ \mu & 1 & 0 \\ 0 & 0 & \dfrac{1-\mu}{2} \end{bmatrix} \tag{6-9}$$

只与弹性常数 E 及 μ 有关,称为平面应力问题的弹性矩阵。平面应变问题的物理方程也可以用式(6-8)表示,但需将式(6-9)所示弹性矩阵 $\boldsymbol{D}$ 中的 E 换为 $\dfrac{E}{1-\mu^2}$,μ 换为 $\dfrac{\mu}{1-\mu}$。

用 u^*,v^* 表示虚位移(即第五章中的 δu,δv),用 ε_x^*,ε_y^*,γ_{xy}^* 表示与该虚位移相应的虚应变[可由 u^*,v^* 通过式(6-6)求出,即第五章中的 $\delta\varepsilon_x$,$\delta\varepsilon_y$,$\delta\gamma_{xy}$]。根据虚功方程:在虚位移过程中,外力在虚位移上所做的虚功等于应力在虚应变上所做的虚功,对于厚度为 t 的薄板,虚功方程式(5-25)可用矩阵表示为

$$\iint_A (\boldsymbol{d}^*)^{\mathrm{T}} \boldsymbol{f} \mathrm{d}x\mathrm{d}yt + \int_{s_\sigma} (\boldsymbol{d}^*)^{\mathrm{T}} \overline{\boldsymbol{f}} \mathrm{d}st = \iint_A (\boldsymbol{\varepsilon}^*)^{\mathrm{T}} \boldsymbol{\sigma} \mathrm{d}x\mathrm{d}yt, \tag{6-10}$$

其中,$\boldsymbol{f}$,$\overline{\boldsymbol{f}}$,$\boldsymbol{\sigma}$ 分别如式(6-1),式(6-2),式(6-3)所示,而虚位移和虚应变的列阵为

$$\boldsymbol{d}^* = \begin{bmatrix} u^* & v^* \end{bmatrix}^{\mathrm{T}}, \tag{6-11}$$

$$\boldsymbol{\varepsilon}^* = \begin{bmatrix} \varepsilon_x^* & \varepsilon_y^* & \gamma_{xy}^* \end{bmatrix}^\mathrm{T}。 \quad (6-12)$$

在有限单元法中，作用于弹性体的各种外力常以作用于某些结点的等效集中力来代替。在厚度为 t 的薄板上（图 6-1），设作用于 i 点的集中力沿 x 及 y 方向的分量为 F_{ix}，F_{iy}，作用于 j 点的为 F_{jx}，F_{jy} 等。这些结点上的集中力以及和它们相应的结点虚位移可用列阵表示为

图 6-1

$$\boldsymbol{F} = \begin{bmatrix} F_{ix} & F_{iy} & F_{jx} & F_{jy} & \cdots \end{bmatrix}^\mathrm{T}, \quad (6-13)$$

$$\boldsymbol{\delta}^* = \begin{bmatrix} u_i^* & v_i^* & u_j^* & v_j^* & \cdots \end{bmatrix}^\mathrm{T}。 \quad (6-14)$$

于是各外力在虚位移上的虚功为

$$F_{ix}u_i^* + F_{iy}v_i^* + F_{jx}u_j^* + F_{jy}v_j^* + \cdots = (\boldsymbol{\delta}^*)^\mathrm{T}\boldsymbol{F}。$$

代入式（6-10）的左边，即得

$$(\boldsymbol{\delta}^*)^\mathrm{T}\boldsymbol{F} = \iint_A (\boldsymbol{\varepsilon}^*)^\mathrm{T}\boldsymbol{\sigma}\,\mathrm{d}x\mathrm{d}yt。 \quad (6-15)$$

这就是集中力作用下的虚功方程。

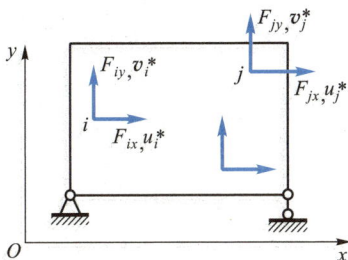

§6-2 有限单元法的概念

有限单元法是这样一种方法：首先将连续体变换成为离散化结构，然后再用虚功原理或变分方法进行求解。下面来介绍平面问题的有限单元法。

首先，将连续体变换成为离散化结构。就是将连续体划分为有限多个、有限大小的单元，这些单元仅在一些结点连接起来，构成一个所谓离散化结构。

视频 6-2 有限单元法的概念

例如，图 6-2a 所示的深梁（连续体），可以划分为许多三角形单元，并在角点（结点）铰接起来，构成一个离散化结构，如图 6-2b 所示。在约束边界处，可在结点设置铰支座或连杆支座来反映约束情况，并将每一个单元所受的体力、面力等荷载，都按静力等效原则处理到结点上，成为结点荷载。这样，求解深梁的问题就变成为求解图 6-2b 的离散化结构的问题。这样的离散化结构，与结构力学中的桁架相似，其区别仅在于：桁架的单元是杆件，而图 6-2b 的离散化结构的单元是三角形块体（注意，单元内部仍然是连续体）。

在平面问题中，最简单的单元是三角形单元，在平面应力问题中，它们是三角板，如图 6-2b 所示的深梁；在平面应变问题中，它们是三棱柱，如图 6-3 所示的重力坝。此外，在平面问题中也常采用矩形单元和任意四边形单元等。

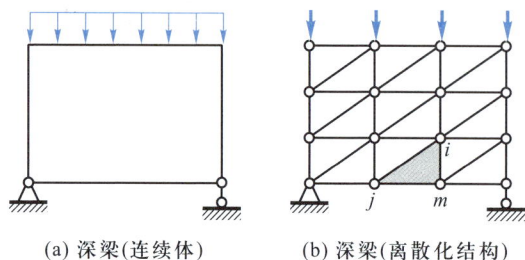

(a) 深梁(连续体)　　　　(b) 深梁(离散化结构)

图 6-2

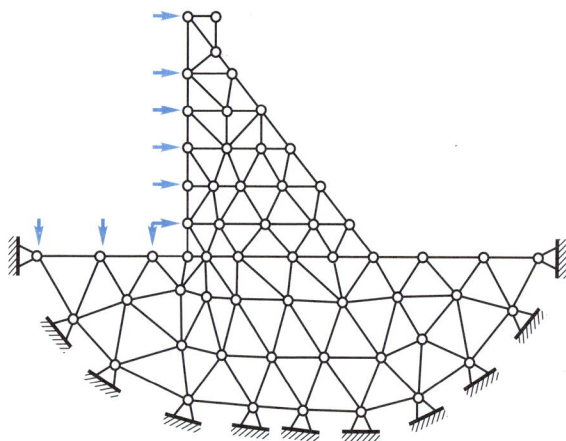

图 6-3

其次,对每个单元进行分析。以三结点三角形单元(图 6-4)组成的离散化结构(图 6-2b、图 6-3)为例,单元分析的具体步骤如下:

(1) 取三角形单元的 结点位移 为基本未知量,它们是

$$\boldsymbol{\delta}^e = \begin{bmatrix} \boldsymbol{\delta}_i & \boldsymbol{\delta}_j & \boldsymbol{\delta}_m \end{bmatrix}^{\mathrm{T}}$$

$$= \begin{bmatrix} u_i & v_i & u_j & v_j & u_m & v_m \end{bmatrix}^{\mathrm{T}},$$

(a)

$\boldsymbol{\delta}^e$ 称为单元的结点位移列阵。

(2) 应用插值公式,由单元的结点位移求出单元中的位移函数,即求出关系式

$$\boldsymbol{d} = \begin{Bmatrix} u(x,y) \\ v(x,y) \end{Bmatrix} = \boldsymbol{N}\boldsymbol{\delta}^e.$$

(b)

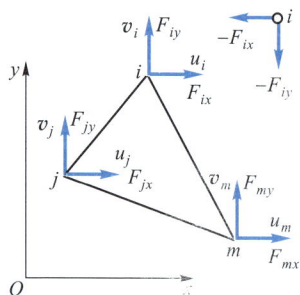

图 6-4

这种插值公式表示单元中的位移分布形式,在有限单元法中称为 位移模式,其中 $\boldsymbol{N}$ 称为形函数矩阵。

（3）应用几何方程，由单元的位移函数求出单元的应变，即求出关系式

$$\boldsymbol{\varepsilon}=\boldsymbol{B}\boldsymbol{\delta}^{e}, \tag{c}$$

其中，$\boldsymbol{B}$ 是表示 $\boldsymbol{\varepsilon}$ 与 $\boldsymbol{\delta}^{e}$ 之间关系的矩阵。

（4）应用物理方程，由单元的应变求出单元的应力，即求出关系式

$$\boldsymbol{\sigma}=\boldsymbol{S}\boldsymbol{\delta}^{e}, \tag{d}$$

其中，$\boldsymbol{S}$ 称为应力转换矩阵。

（5）应用虚功方程，由单元的应力求出单元的结点力。现在来分析单元和结点之间的相互作用力。假设把单元和结点切开，如图 6-4 中的结点 i，它们之间就有互相作用的力：结点对单元的作用力为结点力 $\boldsymbol{F}_i=[F_{ix}\quad F_{iy}]^{\mathrm{T}}$，作用于单元上，以沿坐标正向为正；单元对结点的反作用力，其绝对值与 $\boldsymbol{F}_i$ 相同而方向相反，为 $-\boldsymbol{F}_i=[-F_{ix}\quad -F_{iy}]^{\mathrm{T}}$，作用于结点 i 上。

这样，对这个三角形单元本身而言，结点力

$$\begin{aligned}\boldsymbol{F}^{e}&=[\boldsymbol{F}_i\quad \boldsymbol{F}_j\quad \boldsymbol{F}_m]^{\mathrm{T}}\\&=[F_{ix}\quad F_{iy}\quad F_{jx}\quad F_{jy}\quad F_{mx}\quad F_{my}]^{\mathrm{T}}\end{aligned} \tag{e}$$

是作用于单元的外力；另外，单元内部还产生有应力。根据虚功方程式(6-15)，即外力（结点力）的虚功等于应力的虚功，就可以将单元的结点力 $\boldsymbol{F}^{e}$ 用应力来表示，从而得出结点力公式

$$\boldsymbol{F}^{e}=\boldsymbol{k}\boldsymbol{\delta}^{e}, \tag{f}$$

其中 $\boldsymbol{k}$ 称为单元劲度矩阵。

（6）应用虚功相等原则，将单元中的各种外力荷载向结点等效处理，化为结点荷载（类似于桁架、刚架上的荷载化为结点荷载）。即由结点荷载的虚功等于原荷载的虚功，就可求出单元的结点荷载

$$\begin{aligned}\boldsymbol{F}_{\mathrm{L}}^{e}&=[\boldsymbol{F}_{\mathrm{L}i}\quad \boldsymbol{F}_{\mathrm{L}j}\quad \boldsymbol{F}_{\mathrm{L}m}]^{\mathrm{T}}\\&=[F_{\mathrm{L}ix}\quad F_{\mathrm{L}iy}\quad F_{\mathrm{L}jx}\quad F_{\mathrm{L}jy}\quad F_{\mathrm{L}mx}\quad F_{\mathrm{L}my}]^{\mathrm{T}}。\end{aligned} \tag{g}$$

最后，对离散化结构进行整体分析。列出各结点的平衡方程，组成整个结构的平衡方程组。

由于结点 i 受有环绕结点的那些单元等效处理而来的结点荷载 $\boldsymbol{F}_{\mathrm{L}i}=[F_{\mathrm{L}ix}\quad F_{\mathrm{L}iy}]^{\mathrm{T}}$，以及周围单元对结点 i 的作用力——结点力 $-\boldsymbol{F}_i=-[F_{ix}\quad F_{iy}]^{\mathrm{T}}$，因而结点 i 的平衡方程为

$$\sum_{e}\boldsymbol{F}_i=\sum_{e}\boldsymbol{F}_{\mathrm{L}i},\quad (i=1,2,\cdots,n) \tag{h}$$

或者写为标量形式，

$$\sum_{e}F_{ix}=\sum_{e}F_{\mathrm{L}ix},\quad \sum_{e}F_{iy}=\sum_{e}F_{\mathrm{L}iy},\quad (i=1,2,\cdots,n) \tag{i}$$

其中，$\sum\limits_{e}$ 表示对那些环绕结点 i 的单元求和，n 表示所有应列平衡方程的结点数。式(h)或式(i)的右边为已知的结点荷载；左边是结点力，其中包含基本未知量——结点位移。将式(f)代入式(h)或式(i)，经过整理，上述平衡方程组可以表示为

$$K\boldsymbol{\delta} = \boldsymbol{F}_{\mathrm{L}},\tag{j}$$

其中，K 称为整体劲度矩阵，$\boldsymbol{F}_{\mathrm{L}}$ 是整体结点荷载列阵，$\boldsymbol{\delta}$ 是整体结点位移列阵。由式(j)求出 $\boldsymbol{\delta}$，从而可以由式(b)和式(d)分别求出单元中的位移 $\boldsymbol{d}$ 和应力 $\boldsymbol{\sigma}$。

上述就是有限单元法的具体求解过程。

§6-3   单元的位移模式与解答的收敛性

从本节开始，我们对三结点三角形单元组成的离散化结构进行有限单元法分析。在分析中，虽然整个连续弹性体已经变换为离散化结构，但每个单元仍然是一个连续的、均匀的、各向同性的完全弹性体。

视频6-3-1
单元的位移
模式

对于每个单元，从弹性力学基本理论可见，只要求得单元中的位移函数，就可以应用几何方程求得应变，再应用物理方程求得应力。在有限单元法中，是取结点位移为基本未知量的。因此，如何由结点位移求出单元中的位移函数是首先必须解决的问题。为此，可以假定一个位移模式来表示单元中的位移函数，当然，这个函数在单元的结点上应当等于结点位移值。因此，位移模式也就是根据结点位移值在单元中作出的位移插值函数。

在三结点三角形单元中，可以假定位移分量只是坐标的线性函数，也就是假定

$$u = \alpha_1 + \alpha_2 x + \alpha_3 y, \quad v = \alpha_4 + \alpha_5 x + \alpha_6 y_{\circ}\tag{a}$$

在 i,j,m 三个结点(图6-4)，位移函数应当等于该结点位移值，即

$$\alpha_1 + \alpha_2 x_i + \alpha_3 y_i = u_i, \qquad \alpha_4 + \alpha_5 x_i + \alpha_6 y_i = v_i,$$
$$\alpha_1 + \alpha_2 x_j + \alpha_3 y_j = u_j, \qquad \alpha_4 + \alpha_5 x_j + \alpha_6 y_j = v_j,$$
$$\alpha_1 + \alpha_2 x_m + \alpha_3 y_m = u_m, \qquad \alpha_4 + \alpha_5 x_m + \alpha_6 y_m = v_{m\circ}$$

由左边三个方程求解 $\alpha_1,\alpha_2,\alpha_3$，由右边三个方程求解 $\alpha_4,\alpha_5,\alpha_6$，再代回式(a)，整理以后，可以写成

$$\left.\begin{array}{l}u = N_i u_i + N_j u_j + N_m u_m,\\ v = N_i v_i + N_j v_j + N_m v_m,\end{array}\right\}\tag{6-16}$$

其中

$$N_i = \frac{\begin{vmatrix} 1 & x & y \\ 1 & x_j & y_j \\ 1 & x_m & y_m \end{vmatrix}}{\begin{vmatrix} 1 & x_i & y_i \\ 1 & x_j & y_j \\ 1 & x_m & y_m \end{vmatrix}}。 \quad (i,j,m)^{①} \tag{6-17}$$

上式也可以改写成为

$$N_i = (a_i + b_i x + c_i y)/(2A), \quad (i,j,m) \tag{6-18}$$

其中的系数 a_i, b_i, c_i 是

$$\left. \begin{array}{l} a_i = \begin{vmatrix} x_j & y_j \\ x_m & y_m \end{vmatrix}, \\[2mm] b_i = - \begin{vmatrix} 1 & y_j \\ 1 & y_m \end{vmatrix}, \\[2mm] c_i = \begin{vmatrix} 1 & x_j \\ 1 & x_m \end{vmatrix}。 \end{array} \right\} \quad (i,j,m) \tag{6-19}$$

而其中的 A 就等于三角形 ijm 的面积：

$$A = \frac{1}{2} \begin{vmatrix} 1 & x_i & y_i \\ 1 & x_j & y_j \\ 1 & x_m & y_m \end{vmatrix}。 \tag{6-20}$$

按照解析几何学,在图6-4所示的坐标系中,为了使得出的面积 A 不致成为负值,结点 i,j,m 的次序必须是逆时针转向的。

式(6-17)或式(6-18)所示的 N_i, N_j, N_m 这三个函数,表明了单元 ijm 的位移形态(也就是位移在单元内的变化规律),因而称为形态函数,简称为形函数。根据行列式的性质,由式(6-17)不难看出

$$\left. \begin{array}{l} (N_i)_i = 1, \\ (N_i)_j = 0, \\ (N_i)_m = 0。 \end{array} \right\} \quad (i,j,m) \tag{6-21}$$

再注意到 N_i 是 x 和 y 的线性函数,可见 N_i 在单元上的分布规律(变化规律)如

_____

① 公式后面附有记号 (i,j,m),表示这个公式实际上代表三个公式,其余两个公式系由下标 i,j,m 轮换得来。以后将经常采用这种表示法,以节省篇幅。

图 6-5a 中的三角锥所示,从而可见,在 ij 及 im 两边的中点, $N_i = 1/2$;在三角形 ijm 的形心, $N_i = 1/3$。此外,也不难看出下列公式成立:

$$\iint_A N_i \mathrm{d}x\mathrm{d}y = \frac{A}{3}, \qquad \int_{ij} N_i \mathrm{d}s = \frac{1}{2}\overline{ij}, \qquad (6-22)$$

其中, $\overline{ij}$ 是 ij 边的长度。

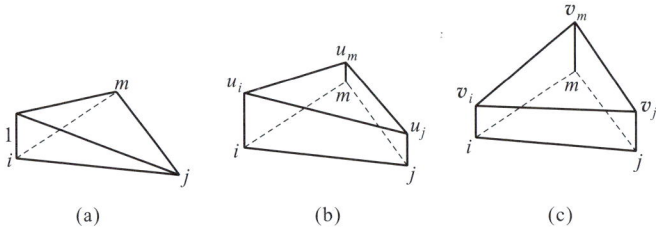

图 6-5

根据形函数的上述性质,并注意到位移分量 u, v 都是三个形函数的线性组合,可见 u 及 v 的变化规律如图 6-5b 及 6-5c 中的斜截三棱柱所示。

位移模式的表示式(6-16)可用矩阵表示为

$$\boldsymbol{d} = \begin{Bmatrix} u \\ v \end{Bmatrix} = \begin{Bmatrix} N_i u_i + N_j u_j + N_m u_m \\ N_i v_i + N_j v_j + N_m v_m \end{Bmatrix},$$

还可以简写为

$$\boldsymbol{d} = \boldsymbol{N}\boldsymbol{\delta}^e, \qquad (6-23)$$

其中

$$\boldsymbol{\delta}^e = \begin{bmatrix} \boldsymbol{\delta}_i & \boldsymbol{\delta}_j & \boldsymbol{\delta}_m \end{bmatrix}^{\mathrm{T}} = \begin{bmatrix} u_i & v_i & u_j & v_j & u_m & v_m \end{bmatrix}^{\mathrm{T}} \qquad (6-24)$$

是单元的结点位移列阵,而

$$\boldsymbol{N} = \begin{bmatrix} N_i & 0 & N_j & 0 & N_m & 0 \\ 0 & N_i & 0 & N_j & 0 & N_m \end{bmatrix} \qquad (6-25)$$

称为形态矩阵或形函数矩阵。

在有限单元法中,应力转换矩阵和劲度矩阵的建立以及荷载的等效处理等,都依赖于位移模式。因此,为了能从有限单元法得出精度较好的解答,首先必须使位移模式能够恰当地反映弹性体中的真实位移形态,具体说来,就是要满足下列三方面的条件。

(1)位移模式必须能反映单元的刚体位移。每个单元的位移一般总是包含着两部分:一部分是由本单元的应变引起的,另一部分是与本单元的应变无关的,即刚体位移,它是由于其他单元发生了应变而连带引起的。当单元的尺寸较小时,刚体位移就成为位移中的主要部分。甚至,在弹性体的某些部位,例如在靠近悬臂梁的自由端处,单元的应变很小,单元的位移主要是由于其他单元发生应变而引起的刚体位移。因此,为了正确反映单元的位移形态,位移模式必须能反映该单元的刚体位移。

(2) 位移模式必须能反映单元的常量应变。每个单元的应变一般总是包含着两个部分:一个部分是与该单元中各点的位置坐标有关的,是各点不相同的,即所谓变量应变;另一部分是与位置坐标无关的,是各点相同的,即所谓常量应变。而且,当单元的尺寸较小时,单元中各点的应变趋于相等,也就是单元的应变趋于均匀,因而常量应变就成为应变的主要部分。因此,为了正确反映单元的应变状态,位移模式必须能反映该单元的常量应变。

(3) 位移模式应当尽可能反映位移的连续性。在连续弹性体中,位移是连续的,不会发生两相邻部分互相脱离或互相侵入的现象。为了使得单元内部的位移保持连续,当然必须把位移模式取为坐标的单值连续函数。为了使得相邻单元的位移保持连续,就不仅要使它们在公共结点处具有相同的位移时,也能在整个公共边界上具有相同的位移。这样就能使得相邻单元在受力以后既不互相脱离,也不互相侵入,因而代替原为连续弹性体的离散化结构仍然保持为连续弹性体。不难想象,如果单元非常小,而且相邻单元在公共结点处具有相同的位移,也就能保证它们在整个公共边界上具有大致相同的位移。但是,在实际计算时,不大可能把单元取得如此之小,因此,我们在选取位移模式时,还是应当尽可能使它反映出位移的连续性。

理论和实践都已证明:为了有限单元法的解答在单元的尺寸逐步取小时能够收敛于正确解答,反映刚体位移和常量应变是必要条件,加上反映相邻单元的位移连续性,就是充分条件。

视频 6-3-2 解答的收敛性

现在来说明,式(a)所示的位移是反映了三角形单元的刚体位移和常量应变的。为此,把式(a)改写成为

$$
\left.
\begin{aligned}
u &= \alpha_1 + \alpha_2 x - \frac{\alpha_5 - \alpha_3}{2}y + \frac{\alpha_5 + \alpha_3}{2}y, \\
v &= \alpha_4 + \alpha_6 y + \frac{\alpha_5 - \alpha_3}{2}x + \frac{\alpha_5 + \alpha_3}{2}x_\circ
\end{aligned}
\right\}
\tag{b}
$$

与式(2-9)对比,可见

$$
u_0 = \alpha_1, \quad v_0 = \alpha_4, \quad \omega = \frac{\alpha_5 - \alpha_3}{2},
$$

它们反映了刚体平移和刚体转动。另一方面,将式(b)代入几何方程式(2-8),可见

$$\varepsilon_x = \alpha_2, \quad \varepsilon_y = \alpha_6, \quad \gamma_{xy} = \alpha_3 + \alpha_5,$$

它们反映了常量的线应变和切应变。总之,6 个参数 α_1 到 α_6,反映了 3 个刚体位移和 3 个常量应变。

现在来说明,式(a)所示的位移模式也反映了相邻单元之间位移的连续性。任意两个相邻的单元,如图 6-6 中的 ijm 和 ipj,它们在点 i 的位移相同(都是 u_i 和 v_i),在点 j 的位移也相同(都是 u_j 和 v_j)。由于式(a)所示的位移分量在每个单元中都是坐标的线性函数,在公共边界 ij 上当然也是线性变化,所以上述两个相邻单元在 ij 上的任意一点都具有相同的位移,这就保证了相邻单元之间位移的连续性。附带指出,在每一单元的内部,位移也是连续的,因为式(a)所示的线性函数是单值连续函数。

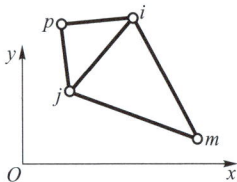

图 6-6

§6-4　单元的应变列阵和应力列阵

视频 6-4
应变列阵
和应力列阵

上节中已经由单元的结点位移得出单元的位移函数,即单元的位移模式。因此,可以利用弹性力学中的几何方程和物理方程,分别求出单元中的应变和应力,也用结点位移来表示。

将位移函数式(6-16)以及式(6-18)代入几何方程,便可得出用结点位移表示单元中应变的表达式:

$$\boldsymbol{\varepsilon} = \left\{ \begin{array}{c} \dfrac{\partial u}{\partial x} \\[2mm] \dfrac{\partial v}{\partial y} \\[2mm] \dfrac{\partial v}{\partial x} + \dfrac{\partial u}{\partial y} \end{array} \right\} = \frac{1}{2A} \begin{bmatrix} b_i & 0 & b_j & 0 & b_m & 0 \\ 0 & c_i & 0 & c_j & 0 & c_m \\ c_i & b_i & c_j & b_j & c_m & b_m \end{bmatrix} \left\{ \begin{array}{c} u_i \\ v_i \\ u_j \\ v_j \\ u_m \\ v_m \end{array} \right\},$$

或者简写为

$$\boldsymbol{\varepsilon} = \boldsymbol{B}\boldsymbol{\delta}^e, \tag{6-26}$$

其中的矩阵 $\boldsymbol{B}$ 可写成分块形式

$$\boldsymbol{B} = \begin{bmatrix} \boldsymbol{B}_i & \boldsymbol{B}_j & \boldsymbol{B}_m \end{bmatrix}, \tag{6-27}$$

而其子矩阵为

$$B_i = \frac{1}{2A} \begin{bmatrix} b_i & 0 \\ 0 & c_i \\ c_i & b_i \end{bmatrix}。 \quad (i,j,m) \quad (6-28)$$

由于矩阵 B 的元素都是常量,可见应变 ε 的元素 $\varepsilon_x, \varepsilon_y, \gamma_{xy}$ 也是常量。因此,这里所采用的三结点三角形单元,也称为平面问题的常应变单元。

再将单元的应变式(6-26)代入物理方程式(6-8),就得到用结点位移表示单元中应力的表达式

$$\boldsymbol{\sigma} = \boldsymbol{D\varepsilon} = \boldsymbol{DB\delta}^e。 \quad (6-29)$$

可见,在每一个单元中,应力分量也是常量。当然,相邻单元一般将具有不同的应力,因而在它们的公共边上,应力并不连续。

将式(6-29)简写为

$$\boldsymbol{\sigma} = \boldsymbol{S\delta}^e, \quad (6-30)$$

则有

$$\boldsymbol{S} = \boldsymbol{DB}。 \quad (6-31)$$

将弹性矩阵的表达式(6-9)及本节中的式(6-27)代入,即得平面应力问题中的应力转换矩阵,写成分块形式

$$\boldsymbol{S} = \begin{bmatrix} \boldsymbol{S}_i & \boldsymbol{S}_j & \boldsymbol{S}_m \end{bmatrix}, \quad (6-32)$$

其中的子矩阵为

$$S_i = \frac{E}{2(1-\mu^2)A} \begin{bmatrix} b_i & \mu c_i \\ \mu b_i & c_i \\ \frac{1-\mu}{2}c_i & \frac{1-\mu}{2}b_i \end{bmatrix}。 \quad (i,j,m) \quad (6-33)$$

对于平面应变问题,要把 E 换为 $\frac{E}{1-\mu^2}$,μ 换为 $\frac{\mu}{1-\mu}$。

在三结点三角形单元中,当位移函数取为线性位移模式时,也就是将位移函数在单元中用泰勒级数展开,略去其中 Δx 及 Δy 二次以上的项而得出的结果。再经过求导运算得出的应变和应力都成为常量。由此可见,线性位移模式的误差量级是 Δx 或 Δy 的二阶小量,而应变和应力的误差量级是 Δx 或 Δy 的一阶小量,因此,应力的精度低于位移的精度。这点在划分单元和整理成果时应该加以注意。

为了提高有限单元法分析的精度,一般可以采用两种方法:一是将单元的尺寸减小,以便较好地反映位移和应力的变化情况;二是采用包含更高次项的位移模式,使位移和应力的精度提高。

§6-5   单元的结点力列阵与劲度矩阵

视频 6-5-1 单元结点力列阵

现在来导出单元的结点力列阵。对于任一个单元,均假设所受的外力荷载已经等效处理到结点上,并且单元和结点已经切开,如图 6-4 所示。因此,该单元只受到结点对单元的作用力,即结点力

$$\boldsymbol{F}^{e}=\begin{bmatrix} \boldsymbol{F}_i & \boldsymbol{F}_j & \boldsymbol{F}_m \end{bmatrix}^{T}=\begin{bmatrix} F_{ix} & F_{iy} & F_{jx} & F_{jy} & F_{mx} & F_{my} \end{bmatrix}^{T}。 \qquad (6-34)$$

对于单元本身而言,这些结点力是一种外力。在结点力的作用下,单元内部产生应力 $\boldsymbol{\sigma}$。

假想在单元的结点 i,j,m 发生了虚位移,即

$$(\boldsymbol{\delta}^{*})^{e}=\begin{bmatrix} u_i^{*} & v_i^{*} & u_j^{*} & v_j^{*} & u_m^{*} & v_m^{*} \end{bmatrix}^{T}。 \qquad (a)$$

则由式(6-26),引起相应的虚应变为

$$\boldsymbol{\varepsilon}^{*}=\boldsymbol{B}(\boldsymbol{\delta}^{*})^{e}。 \qquad (b)$$

于是,该单元在虚位移过程中,结点力在虚位移上的虚功应当等于应力在虚应变上的虚功,即由虚功方程式(6-15)得

$$[(\boldsymbol{\delta}^{*})^{e}]^{T}\boldsymbol{F}^{e}=\iint_{A}(\boldsymbol{\varepsilon}^{*})^{T}\boldsymbol{\sigma}\mathrm{d}x\mathrm{d}yt。$$

将虚应变式(b)及应力表达式(6-29)代入,得

$$[(\boldsymbol{\delta}^{*})^{e}]^{T}\boldsymbol{F}^{e}=\iint_{A}[\boldsymbol{B}(\boldsymbol{\delta}^{*})^{e}]^{T}\boldsymbol{D}\ \boldsymbol{B}\ \boldsymbol{\delta}^{e}\mathrm{d}x\mathrm{d}yt$$

$$=\iint_{A}[(\boldsymbol{\delta}^{*})^{e}]^{T}\boldsymbol{B}^{T}\boldsymbol{D}\ \boldsymbol{B}\ \boldsymbol{\delta}^{e}\mathrm{d}x\mathrm{d}yt。$$

由于$(\boldsymbol{\delta}^{*})^{e}$中的元素是常量,上式右边的$[(\boldsymbol{\delta}^{*})^{e}]^{T}$可以提到积分号的前面去。又由于虚位移可以是任意的,从而矩阵$[(\boldsymbol{\delta}^{*})^{e}]^{T}$也是任意的,所以等式两边与它相乘的矩阵应当相等,于是得

$$\boldsymbol{F}^{e}=\iint_{A}\boldsymbol{B}^{T}\boldsymbol{D}\ \boldsymbol{B}\mathrm{d}x\mathrm{d}yt\boldsymbol{\delta}^{e}。 \qquad (c)$$

令

$$\boldsymbol{k}=\iint\boldsymbol{B}^{T}\boldsymbol{D}\ \boldsymbol{B}\mathrm{d}x\mathrm{d}yt, \qquad (6-35)$$

则式(c)可以简写为

视频 6-5-2 单元劲度矩阵

$$\boldsymbol{F}^{e}=\boldsymbol{k}\ \boldsymbol{\delta}^{e}。 \qquad (6-36)$$

这就建立了该单元上的结点力与结点位移之间的关系。矩阵 $\boldsymbol{k}$ 称为单元的劲度

矩阵[①]。从式(6-36)可见,它的元素表明该单元的各结点沿坐标方向发生单位位移时引起的结点力,它决定于该单元的形状、方位和弹性常数,而与单元的位置无关,即不随单元或坐标轴的平行移动而改变。

对于三结点三角形单元,$\boldsymbol{B}$ 中的元素都是常量,而 $\iint_A \mathrm{d}x\mathrm{d}y = A$,因此,式(6-35)可以简写为

$$\boldsymbol{k} = \boldsymbol{B}^\mathrm{T}\boldsymbol{D}\boldsymbol{B}tA\text{。} \tag{d}$$

将式(6-27)及式(6-9)代入式(d),即得平面应力问题中三结点三角形单元的劲度矩阵,写成分块形式如下:

$$\boldsymbol{k} = \begin{bmatrix} \boldsymbol{k}_{ii} & \boldsymbol{k}_{ij} & \boldsymbol{k}_{im} \\ \boldsymbol{k}_{ji} & \boldsymbol{k}_{jj} & \boldsymbol{k}_{jm} \\ \boldsymbol{k}_{mi} & \boldsymbol{k}_{mj} & \boldsymbol{k}_{mm} \end{bmatrix}, \tag{6-37}$$

其中

$$\boldsymbol{k}_{rs} = \frac{Et}{4(1-\mu^2)A} \begin{bmatrix} b_r b_s + \dfrac{1-\mu}{2}c_r c_s & \mu b_r c_s + \dfrac{1-\mu}{2}c_r b_s \\ \mu c_r b_s + \dfrac{1-\mu}{2}b_r c_s & c_r c_s + \dfrac{1-\mu}{2}b_r b_s \end{bmatrix},$$

$$(r=i,j,m;\ s=i,j,m) \tag{6-38}$$

注意到 $\boldsymbol{k}_{rs} = \boldsymbol{k}_{sr}^\mathrm{T}$,可见 $\boldsymbol{k}$ 是对称矩阵。对于平面应变问题,需将上式中的 E 换为 $\dfrac{E}{1-\mu^2}$,μ 换为 $\dfrac{\mu}{1-\mu}$。从式(6-38)还可见,$\boldsymbol{k}$ 与单元的大小无关,即放大或缩小单元的尺寸,其 $\boldsymbol{k}$ 值不变。

作为简例,设有平面应力情况下的等腰直角三角形单元 ijm(图6-7)。在所选的坐标系中,有

$$x_i = a,\quad x_j = 0,\quad x_m = 0,$$
$$y_i = 0,\quad y_j = a,\quad y_m = 0\text{。}$$

应用式(6-19)及式(6-20),得

$$b_i = a,\quad b_j = 0,\quad b_m = -a,$$
$$c_i = 0,\quad c_j = a,\quad c_m = -a,$$

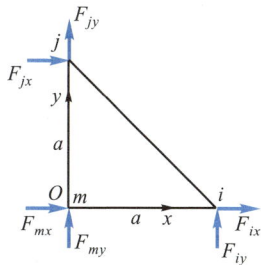

图 6-7

---

① 在中文中,通常用"刚度"表示力与应变之间关系的量,用"劲度"表示力与位移之间关系的量。故此处表示结点力与结点位移之间关系的矩阵称为劲度矩阵,但在许多有限单元法书中均已习惯地称为刚度矩阵。

$$A = \frac{a^2}{2}\text{。}$$

应用式(6-32)及式(6-33),得该单元的应力转换矩阵

$$S = \frac{E}{(1-\mu^2)a}\begin{bmatrix} 1 & 0 & 0 & \mu & -1 & -\mu \\ \mu & 0 & 0 & 1 & -\mu & -1 \\ 0 & \dfrac{1-\mu}{2} & \dfrac{1-\mu}{2} & 0 & -\dfrac{1-\mu}{2} & -\dfrac{1-\mu}{2} \end{bmatrix}\text{。} \qquad (\text{e})$$

应用式(6-37)及式(6-38),得该单元的劲度矩阵

$$k = \frac{Et}{2(1-\mu^2)}\begin{bmatrix} 1 & 0 & 0 & \mu & -1 & -\mu \\ 0 & \dfrac{1-\mu}{2} & \dfrac{1-\mu}{2} & 0 & -\dfrac{1-\mu}{2} & -\dfrac{1-\mu}{2} \\ 0 & \dfrac{1-\mu}{2} & \dfrac{1-\mu}{2} & 0 & -\dfrac{1-\mu}{2} & -\dfrac{1-\mu}{2} \\ \mu & 0 & 0 & 1 & -\mu & -1 \\ -1 & -\dfrac{1-\mu}{2} & -\dfrac{1-\mu}{2} & -\mu & \dfrac{3-\mu}{2} & \dfrac{1+\mu}{2} \\ -\mu & -\dfrac{1-\mu}{2} & -\dfrac{1-\mu}{2} & -1 & \dfrac{1+\mu}{2} & \dfrac{3-\mu}{2} \end{bmatrix}\text{。} \qquad (\text{f})$$

现在,通过这个简例,试考察一下结点力与单元中的应力这两者之间的关系。为简单明了起见,假定只有结点 i 发生位移 u_i(图 6-8a)。由式(f)得相应的结点力为

$$\begin{bmatrix} F_{ix} & F_{iy} & F_{jx} & F_{jy} & F_{mx} & F_{my} \end{bmatrix}^{\mathrm{T}}$$

$$= \frac{Et}{2(1-\mu^2)}\begin{bmatrix} 1 & 0 & 0 & \mu & -1 & -\mu \end{bmatrix}^{\mathrm{T}} u_i$$

$$= F\begin{bmatrix} 1 & 0 & 0 & \mu & -1 & -\mu \end{bmatrix}^{\mathrm{T}},$$

其中,$F = \dfrac{Etu_i}{2(1-\mu^2)}$。相应的结点位移及结点力如图 6-8a 所示。

另一方面,由此位移 u_i,并由式(e)可得相应的应力分量为

$$\begin{bmatrix} \sigma_x & \sigma_y & \tau_{xy} \end{bmatrix}^{\mathrm{T}} = \frac{Eu_i}{(1-\mu^2)a}\begin{bmatrix} 1 & \mu & 0 \end{bmatrix}^{\mathrm{T}} = \frac{2F}{ta}\begin{bmatrix} 1 & \mu & 0 \end{bmatrix}^{\mathrm{T}},$$

如图 6-8b 中 jm 及 mi 二面上所示。根据该单元的平衡条件,还可得出 ij 面上的应力,如图中所示。现在,将这三面上的应力分别按静力等效原则处理到结点上,可见将得出与图 6-8a 中相同的结点力。例如,在 mi 边上,等效处理到结点 m 的力是向下的,大小如下:

$$\frac{2\mu F}{ta}at\frac{1}{2} = \mu F,$$

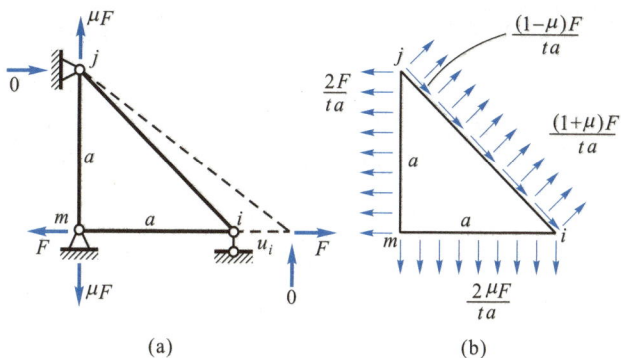

图 6-8

由这个简例可见,在有限单元法中,作用在单元上各结点处的结点力,就是单元边界上的应力向结点等效处理的结果。

§6-6 单元的结点荷载列阵

在有限单元法分析过程中,我们把单元所受的外力荷载都向结点等效处理而成为结点荷载。这种等效处理必须按照静力等效的原则来进行。对于变形体,包括弹性体在内,所谓静力等效,是指原荷载与结点荷载在任何虚位移上的虚功都相等。在一定的位移模式之下,这样等效处理的结果是唯一的,而且总能符合通常所理解的、对刚体而言的静力等效原则,即原荷载与结点荷载在任一轴上的投影之和相等,对任一轴的力矩之和也相等;也就是在向任一点简化时,它们具有相同的主矢量及主矩。

视频 6-6 单元的结点荷载列阵

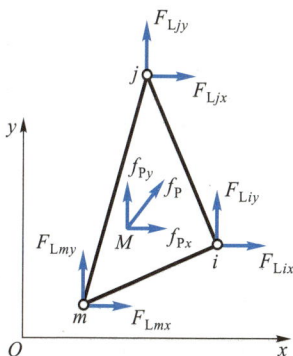

图 6-9

设单元 ijm 在坐标为 (x,y) 的任一点 M,在单位厚度上受有集中荷载 f_P,其坐标方向的分量为 f_{Px} 及 f_{Py}(图 6-9),用矩阵表示为 $f_P = (f_{Px} \quad f_{Py})^T$。将此集中力等效处理到单元的结点处,转换为结点荷载,并用单元结点荷载列阵表示为

$$F_L^e = \begin{bmatrix} F_{Li} & F_{Lj} & F_{Lm} \end{bmatrix}^T$$
$$= \begin{bmatrix} F_{Lix} & F_{Liy} & F_{Ljx} & F_{Ljy} & F_{Lmx} & F_{Lmy} \end{bmatrix}^T 。 \tag{6-39}$$

现在,假想单元的各结点发生了虚位移

$$(\boldsymbol{\delta}^*)^e = \begin{bmatrix} u_i^* & v_i^* & u_j^* & v_j^* & u_m^* & v_m^* \end{bmatrix}^T, \tag{a}$$

由位移模式的表达式(6-23),相应于集中力 $\boldsymbol{f}_P$ 的作用点(x,y)的虚位移为

$$\boldsymbol{d}^* = \begin{bmatrix} u^*(x,y) & v^*(x,y) \end{bmatrix}^T = \boldsymbol{N}(\boldsymbol{\delta}^*)^e。 \tag{b}$$

按照静力等效原则,结点荷载在结点虚位移上的虚功,应当等于原荷载——集中力在其作用点的虚位移上的虚功,即

$$[(\boldsymbol{\delta}^*)^e]^T \boldsymbol{F}_L^e = (\boldsymbol{d}^*)^T \boldsymbol{f}_P t。$$

将式(b)代入,得

$$[(\boldsymbol{\delta}^*)^e]^T \boldsymbol{F}_L^e = [\boldsymbol{N}(\boldsymbol{\delta}^*)^e]^T \boldsymbol{f}_P t$$

$$= [(\boldsymbol{\delta}^*)^e]^T \boldsymbol{N}^T \boldsymbol{f}_P t。$$

由于虚位移可以是任意的,从而矩阵 $[(\boldsymbol{\delta}^*)^e]^T$ 也是任意的,等式两边与它相乘的矩阵应当相等,于是得

$$\boldsymbol{F}_L^e = \boldsymbol{N}^T \boldsymbol{f}_P t。 \tag{6-40}$$

利用式(6-25),可将上式改写为

$$\boldsymbol{F}_L^e = \begin{bmatrix} F_{Lix} & F_{Liy} & F_{Ljx} & F_{Ljy} & F_{Lmx} & F_{Lmy} \end{bmatrix}^T$$

$$= t\begin{bmatrix} N_i f_{Px} & N_i f_{Py} & N_j f_{Px} & N_j f_{Py} & N_m f_{Px} & N_m f_{Py} \end{bmatrix}^T, \tag{6-41}$$

其中的 N_i, N_j, N_m 应当是它们在 M 点的函数值。

设上述单元受有分布体力 $\boldsymbol{f} = \begin{bmatrix} f_x & f_y \end{bmatrix}^T$,可将微分体积 $t\mathrm{d}x\mathrm{d}y$ 上的体力 $\boldsymbol{f}t\mathrm{d}x\mathrm{d}y$ 当作集中力,利用式(6-40)的积分,得到

$$\boldsymbol{F}_L^e = t\iint_A \boldsymbol{N}^T \boldsymbol{f} \,\mathrm{d}x\mathrm{d}y。 \tag{6-42}$$

利用式(6-25),可将它改写为

$$\boldsymbol{F}_L^e = \begin{bmatrix} F_{Lix} & F_{Liy} & F_{Ljx} & F_{Ljy} & F_{Lmx} & F_{Lmy} \end{bmatrix}^T$$

$$= t\iint_A \begin{bmatrix} N_i f_x & N_i f_y & N_j f_x & N_j f_y & N_m f_x & N_m f_y \end{bmatrix}^T \mathrm{d}x\mathrm{d}y。 \tag{6-43}$$

例如,设单元 ijm 的密度为 ρ,试求自重的等效结点荷载。因为 $f_x = 0, f_y = -\rho g$,故由式(6-43)得 $F_{Lix} = F_{Ljx} = F_{Lmx} = 0$,及

$$F_{Liy} = -\rho g t \iint_A N_i \mathrm{d}x\mathrm{d}y。 \quad (i,j,m)$$

应用式(6-22)中的第一式,即得

$$F_{Liy} = -\frac{1}{3}\rho g t A, \quad (i,j,m)$$

注意单元的自重为 $-\rho g t A$，可见等效处理到每个结点的荷载均为 1/3 自重。

设单元 ijm 的某一边上受有分布面力 $\bar{\boldsymbol{f}} = [\begin{array}{cc} \bar{f}_x & \bar{f}_y \end{array}]^{\mathrm{T}}$，可将微分面积 $t\mathrm{d}s$ 上的面力 $\bar{\boldsymbol{f}} t\mathrm{d}s$ 当作集中荷载，由式（6-40）得

$$\boldsymbol{F}_{\mathrm{L}}^{e} = t\int_{s_\sigma} \boldsymbol{N}^{\mathrm{T}} \bar{\boldsymbol{f}}\,\mathrm{d}s。 \tag{6-44}$$

利用式（6-25），可将它改写为

$$\begin{aligned} \boldsymbol{F}_{\mathrm{L}}^{e} &= [\begin{array}{cccccc} F_{\mathrm{L}ix} & F_{\mathrm{L}iy} & F_{\mathrm{L}jx} & F_{\mathrm{L}jy} & F_{\mathrm{L}mx} & F_{\mathrm{L}my} \end{array}]^{\mathrm{T}} \\ &= t\int_{s_\sigma} [\begin{array}{cccccc} N_i\bar{f}_x & N_i\bar{f}_y & N_j\bar{f}_x & N_j\bar{f}_y & N_m\bar{f}_x & N_m\bar{f}_y \end{array}]^{\mathrm{T}}\mathrm{d}s。 \end{aligned} \tag{6-45}$$

例如，设在 ij 边上受有沿 x 方向的均布面力 q，试求等效结点荷载。因为面力分量 $\bar{f}_x = q, \bar{f}_y = 0$，故由式（6-45）得

$$F_{\mathrm{L}ix} = qt\int_{ij} N_i\mathrm{d}s, \quad F_{\mathrm{L}jx} = qt\int_{ij} N_j\mathrm{d}s, \quad F_{\mathrm{L}mx} = qt\int_{ij} N_m\mathrm{d}s,$$
$$F_{\mathrm{L}iy} = F_{\mathrm{L}jy} = F_{\mathrm{L}my} = 0。$$

利用式（6-22）中的第二式及式（6-21）中的第三式，即得

$$F_{\mathrm{L}ix} = F_{\mathrm{L}jx} = \frac{1}{2}qt\,\overline{ij}, \quad F_{\mathrm{L}mx} = 0,$$

其中，$\overline{ij}$ 为 ij 边的长度。读者试证：若在 ij 边上受有 x 方向的线性分布面力，在 i 点为 q，在 j 点为 0，则按式（6-45）求得的结点荷载为

$$F_{\mathrm{L}ix} = \frac{1}{3}qt\,\overline{ij}, \quad F_{\mathrm{L}jx} = \frac{1}{6}qt\,\overline{ij}, \quad F_{\mathrm{L}mx} = 0;$$
$$F_{\mathrm{L}iy} = F_{\mathrm{L}jy} = F_{\mathrm{L}my} = 0。$$

§6-7 结构的整体分析 结点平衡方程组

以上几节的分析，都是针对单元进行的。即一方面将单元上的外力荷载都向结点等效处理而成为结点荷载 $\boldsymbol{F}_{\mathrm{L}}^{e} = [\begin{array}{ccc} \boldsymbol{F}_{\mathrm{L}i} & \boldsymbol{F}_{\mathrm{L}j} & \boldsymbol{F}_{\mathrm{L}m} \end{array}]^{\mathrm{T}}$；另一方面求出结点与单元之间的相互作用力，如图 6-4 所示：结点对单元的作用力是结点力 $\boldsymbol{F}^{e} = [\begin{array}{ccc} \boldsymbol{F}_i & \boldsymbol{F}_j & \boldsymbol{F}_m \end{array}]^{\mathrm{T}}$；相反，单元对结点的作用力是 $\boldsymbol{F}^{e}$ 的负值。于是，作用于结点 i 上的力，有结点荷载 $\boldsymbol{F}_{\mathrm{L}i}$ 和结点力的负值，即

$$\begin{aligned} -\boldsymbol{F}_i &= -(\boldsymbol{k}_{ii}\boldsymbol{\delta}_i + \boldsymbol{k}_{ij}\boldsymbol{\delta}_j + \boldsymbol{k}_{im}\boldsymbol{\delta}_m) \\ &= -\sum_{n=i,j,m} \boldsymbol{k}_{in}\boldsymbol{\delta}_n。 \end{aligned}$$

视频 6-7 结点的平衡方程组

因此,结点 i 的平衡方程是

$$\sum_e \boldsymbol{F}_i = \sum_e \boldsymbol{F}_{\mathrm{L}i},\qquad(6\text{-}46)$$

其中,$\sum_e$ 是对环绕结点 i 的单元求和。上式也可写为

$$\sum_e \Big(\sum_{n=i,j,m} \boldsymbol{k}_{in}\boldsymbol{\delta}_n \Big) = \sum_e \boldsymbol{F}_{\mathrm{L}i}\,。\qquad(6\text{-}47)$$

或者写为标量形式,即

$$\sum_e F_{ix} = \sum_e F_{\mathrm{L}ix},\qquad \sum_e F_{iy} = \sum_e F_{\mathrm{L}iy}\,。\qquad(6\text{-}48)$$

注意式(6-46)至式(6-48)中的编码 i,j,m 仅是每个单元内部相对的局部编码。对于整个结构,若整体结点编码为 $1,2,\cdots,n$,则将结点平衡方程按整体结点编码排列起来,就组成整个结构的结点平衡方程组

$$\boldsymbol{K}\boldsymbol{\delta} = \boldsymbol{F}_{\mathrm{L}},\qquad(6\text{-}49)$$

其中

$$\boldsymbol{\delta} = \begin{bmatrix} \boldsymbol{\delta}_1 & \boldsymbol{\delta}_2 & \cdots & \boldsymbol{\delta}_n \end{bmatrix}^{\mathrm{T}}\qquad(6\text{-}50)$$

是**整体结点位移列阵**;

$$\boldsymbol{F}_{\mathrm{L}} = \begin{bmatrix} \boldsymbol{F}_{\mathrm{L}1} & \boldsymbol{F}_{\mathrm{L}2} & \cdots & \boldsymbol{F}_{\mathrm{L}n} \end{bmatrix}^{\mathrm{T}}\qquad(6\text{-}51)$$

是**整体结点荷载列阵**;$\boldsymbol{K}$ 是**整体劲度矩阵**,其元素是

$$\boldsymbol{K}_{rs} = \sum_e \boldsymbol{k}_{rs}\,。\qquad(6\text{-}52)$$

即整体劲度矩阵的元素,例如 $\boldsymbol{K}_{rs}$ 就是按整体结点编码的、同下标 rs 的单元劲度矩阵元素叠加而得到的。

从整体平衡方程组解出结点位移 $\boldsymbol{\delta}$,便可由式(6-23)和式(6-30)分别求出每个单元的位移函数和应力。

下面将通过一个简例来说明,如何对一个结构进行整体分析:建立整体劲度矩阵和整体结点荷载列阵,建立整体结点平衡方程组,解出结点位移,并从而求出单元的应力。

设有对角受压的正方形薄板(图 6-10a),荷载沿厚度均匀分布,为 2 N/m。由于 xz 面和 yz 面均为该薄板的对称面,所以只需取四分之一部分作为计算对象(图 6-10b)。将该对象划分为 4 个单元,共有 6 个结点。单元和结点均编上号码,其中结点的整体编码为 1 至 6,以及各单元内部相对的结点局部编码 i,j,m,均示于图中,两者的对应关系如下:

单元号	I	II	III	IV
局部编码	整体编码			
i	3	5	2	6
j	1	2	5	3
m	2	4	3	5

对称面上的结点没有垂直于对称面的位移分量,因此在 1,2,4 三个结点设置了水平连杆支座,在 4,5,6 三个结点设置了铅直连杆支座。这样就得出如图 6-10b 所示的离散化结构。

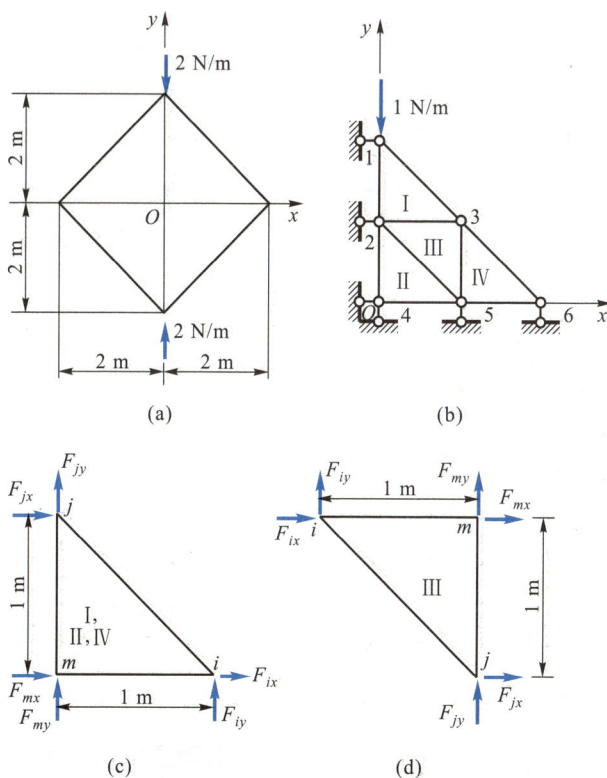

图 6-10

对于每个单元,由于结点的局部编码与整体编码的对应关系已经确定,每个单元劲度矩阵中任一子矩阵在整体劲度矩阵中的位置及其力学意义也就明确了。例如，单元 I 的局部编码的元素 k_{ii}，即为整体编码的元素 k_{33}，它的四个元素就是当结构的结点 3 沿 x 或 y 方向有单位位移时，由于单元 I 的劲度而在结点 3 的 x 或 y 方向引起的结点力，等等。据此，各个单元的劲度矩阵中 9 个子矩阵的力学意义可表示如下：

单元 I

$$\begin{matrix} F_3 \\ F_1 \\ F_2 \end{matrix} \begin{bmatrix} k_{ii} & k_{ij} & k_{im} \\ k_{ji} & k_{jj} & k_{jm} \\ k_{mi} & k_{mj} & k_{mm} \end{bmatrix} \quad (a)$$
$$\delta_3 \quad \delta_1 \quad \delta_2$$

单元 II

$$\begin{matrix} F_5 \\ F_2 \\ F_4 \end{matrix} \begin{bmatrix} k_{ii} & k_{ij} & k_{im} \\ k_{ji} & k_{jj} & k_{jm} \\ k_{mi} & k_{mj} & k_{mm} \end{bmatrix} \quad (b)$$
$$\delta_5 \quad \delta_2 \quad \delta_4$$

单元 III

$$\begin{matrix} F_2 \\ F_5 \\ F_3 \end{matrix} \begin{bmatrix} k_{ii} & k_{ij} & k_{im} \\ k_{ji} & k_{jj} & k_{jm} \\ k_{mi} & k_{mj} & k_{mm} \end{bmatrix} \quad (c)$$
$$\delta_2 \quad \delta_5 \quad \delta_3$$

单元 IV

$$\begin{matrix} F_6 \\ F_3 \\ F_5 \end{matrix} \begin{bmatrix} k_{ii} & k_{ij} & k_{im} \\ k_{ji} & k_{jj} & k_{jm} \\ k_{mi} & k_{mj} & k_{mm} \end{bmatrix} \quad (d)$$
$$\delta_6 \quad \delta_3 \quad \delta_5$$

现在，暂不考虑位移边界条件，把图 6-10b 所示结构的整体结点平衡方程组 $K\delta = F_L$ 写成

$$\begin{bmatrix} K_{11} & K_{12} & K_{13} & K_{14} & K_{15} & K_{16} \\ K_{21} & K_{22} & K_{23} & K_{24} & K_{25} & K_{26} \\ K_{31} & K_{32} & K_{33} & K_{34} & K_{35} & K_{36} \\ K_{41} & K_{42} & K_{43} & K_{44} & K_{45} & K_{46} \\ K_{51} & K_{52} & K_{53} & K_{54} & K_{55} & K_{56} \\ K_{61} & K_{62} & K_{63} & K_{64} & K_{65} & K_{66} \end{bmatrix} \begin{Bmatrix} \delta_1 \\ \delta_2 \\ \delta_3 \\ \delta_4 \\ \delta_5 \\ \delta_6 \end{Bmatrix} = \begin{Bmatrix} F_{L1} \\ F_{L2} \\ F_{L3} \\ F_{L4} \\ F_{L5} \\ F_{L6} \end{Bmatrix} \circ \quad (e)$$

在这里，整体劲度矩阵 K 按分块形式写成 6×6 的矩阵，但它的每一个子块是 2×2 的矩阵，因此，它实际上是 12×12 的矩阵。矩阵 K 中的任意一个子矩阵，例如 K_{23}，它的四个元素乃是结构的结点 3 沿 x 或 y 方向有单位位移而在结点 2 的 x 或 y 方向引起的结点力。

由于结点 3 与结点 2 在结构中是通过 I 和 III 这两个单元相联系的，因而 K_{23}

应是单元Ⅰ的 k_{23} 与单元Ⅲ的 k_{23} 之和。由式(a)可见,单元Ⅰ的 k_{23} 是它的 k_{mi};由式(c)可见,单元Ⅲ的 k_{23} 是它的 k_{im}。因此,K 中的 K_{23} 应是单元Ⅰ的劲度矩阵中的 k_{mi} 与单元Ⅲ的劲度矩阵中的 k_{im} 之和。换句话说,单元Ⅰ的 k_{mi} 及单元Ⅲ的 k_{im} 都应当叠加到 K 中 K_{23} 的位置上去。同样不难找到各个单元劲度矩阵中所有的子矩阵在整体劲度矩阵 K 中的具体位置。于是建立 K 的步骤就成为:将 K 全部充零,逐个单元地建立单元的劲度矩阵,然后根据单元结点的局部编码与整体编码的关系,将单元的劲度矩阵中每一个子矩阵叠加到 K 中的相应位置上。对所有的单元全部完成上述叠加步骤,就形成了整体劲度矩阵。这样得出图 6-10b 所示结构的整体劲度矩阵为

$$K = \begin{bmatrix}
k_{jj}^{\text{I}} & k_{jm}^{\text{I}} & k_{ji}^{\text{I}} & & & \\
k_{mj}^{\text{I}} & k_{mm}^{\text{I}}+k_{jj}^{\text{II}}+k_{ii}^{\text{III}} & k_{mi}^{\text{I}}+k_{im}^{\text{III}} & k_{jm}^{\text{II}} & k_{ji}^{\text{II}}+k_{ij}^{\text{III}} & \\
k_{ij}^{\text{I}} & k_{im}^{\text{I}}+k_{mi}^{\text{III}} & k_{ii}^{\text{I}}+k_{mm}^{\text{III}}+k_{jj}^{\text{IV}} & & k_{mj}^{\text{III}}+k_{jm}^{\text{IV}} & k_{ji}^{\text{IV}} \\
& k_{mj}^{\text{II}} & & k_{mm}^{\text{II}} & k_{mi}^{\text{II}} & \\
& k_{ij}^{\text{II}}+k_{ji}^{\text{III}} & k_{jm}^{\text{III}}+k_{mj}^{\text{IV}} & k_{im}^{\text{II}} & k_{ii}^{\text{II}}+k_{jj}^{\text{III}}+k_{mm}^{\text{IV}} & k_{mi}^{\text{IV}} \\
& & k_{ij}^{\text{IV}} & & k_{im}^{\text{IV}} & k_{ii}^{\text{IV}}
\end{bmatrix}。 \quad (f)$$

式中 k 的上标Ⅰ,Ⅱ,Ⅲ,Ⅳ表示那个 k 是哪一个单元的劲度矩阵中的子矩阵,空白处是 2×2 的零矩阵。

对于单元Ⅰ,Ⅱ,Ⅳ,可求得

$$A = 0.5 \text{ m}^2,$$
$$b_i = 1 \text{ m}, \quad b_j = 0, \quad b_m = -1 \text{ m},$$
$$c_i = 0, \quad c_j = 1 \text{ m}, \quad c_m = -1 \text{ m};$$

对于单元Ⅲ,可求得

$$A = 0.5 \text{ m}^2,$$
$$b_i = -1 \text{ m}, \quad b_j = 0, \quad b_m = 1 \text{ m},$$
$$c_i = 0, \quad c_j = -1 \text{ m}, \quad c_m = 1 \text{ m}。$$

根据上列数值,为简单起见取 $\mu = 0$,$t = 1$ m,应用式(6-38),可见两种单元的单元劲度矩阵正好相同,都是

$$k = E \begin{bmatrix} 0.5 & 0 & 0 & 0 & -0.5 & 0 \\ 0 & 0.25 & 0.25 & 0 & -0.25 & -0.25 \\ 0 & 0.25 & 0.25 & 0 & -0.25 & -0.25 \\ 0 & 0 & 0 & 0.5 & 0 & -0.5 \\ -0.5 & -0.25 & -0.25 & 0 & 0.75 & 0.25 \\ 0 & -0.25 & -0.25 & -0.5 & 0.25 & 0.75 \end{bmatrix} 。 \qquad (g)$$

将式(g)中各个单元劲度矩阵的子块的具体数值,代入整体劲度矩阵式(f)中的相应位置,叠加以后,得出整体劲度矩阵为

$$K = E \begin{bmatrix}
0.25 & 0 & -0.25 & -0.25 & 0 & 0.25 & & & & & & \\
0 & 0.5 & 0 & -0.5 & 0 & 0 & & & & & & \\
-0.25 & 0 & 1.5 & 0.25 & -1 & -0.25 & -0.25 & -0.25 & 0 & 0.25 & & \\
-0.25 & -0.5 & 0.25 & 1.5 & -0.25 & -0.5 & 0 & -0.5 & 0.25 & 0 & & \\
0 & 0 & -1 & -0.25 & 1.5 & 0.25 & & & -0.5 & -0.25 & 0 & 0.25 \\
0.25 & 0 & -0.25 & -0.5 & 0.25 & 1.5 & & & -0.25 & -1 & 0 & 0 \\
& & -0.25 & 0 & & & 0.75 & 0.25 & -0.5 & -0.25 & & \\
& & -0.25 & -0.5 & & & 0.25 & 0.75 & 0 & -0.25 & & \\
& & 0 & 0.25 & -0.5 & -0.25 & -0.5 & 0 & 1.5 & 0.25 & -0.5 & -0.25 \\
& & 0.25 & 0 & -0.25 & -1 & -0.25 & -0.25 & 0.25 & 1.5 & 0 & -0.25 \\
& & & & 0 & 0 & & & -0.5 & 0 & 0.5 & 0 \\
& & & & 0.25 & 0 & & & -0.25 & -0.25 & 0 & 0.25 \\
\end{bmatrix} 。$$

$$(h)$$

由于有位移边界条件 $u_1 = u_2 = u_4 = v_4 = v_5 = v_6 = 0$,未知的整体结点位移列阵就简化为

$$\boldsymbol{\delta} = \begin{bmatrix} v_1 & v_2 & u_3 & v_3 & u_5 & u_6 \end{bmatrix}^{\mathrm{T}} 。 \qquad (i)$$

由此可以得出,与这 6 个零位移分量相应的 6 个平衡方程不必建立,因此,需将式(h)中的第一、三、七、八、十、十二各行以及同序号的各列划去,从而式(h)的整体劲度矩阵简化为

$$\boldsymbol{K} = E \begin{bmatrix} 0.5 & -0.5 & 0 & 0 & 0 & 0 \\ -0.5 & 1.5 & -0.25 & -0.5 & 0.25 & 0 \\ 0 & -0.25 & 1.5 & 0.25 & -0.5 & 0 \\ 0 & -0.5 & 0.25 & 1.5 & -0.25 & 0 \\ 0 & 0.25 & -0.5 & -0.25 & 1.5 & -0.5 \\ 0 & 0 & 0 & 0 & -0.5 & 0.5 \end{bmatrix} \circ \qquad (j)$$

现在来建立结构的整体结点荷载列阵。在确定了每个单元的结点荷载列阵

$$\boldsymbol{F}_{\mathrm{L}}^{\mathrm{e}} = \begin{bmatrix} \boldsymbol{F}_{\mathrm{L}i} & \boldsymbol{F}_{\mathrm{L}j} & \boldsymbol{F}_{\mathrm{L}m} \end{bmatrix}^{\mathrm{T}} = \begin{bmatrix} F_{\mathrm{L}ix} & F_{\mathrm{L}iy} & F_{\mathrm{L}jx} & F_{\mathrm{L}jy} & F_{\mathrm{L}mx} & F_{\mathrm{L}my} \end{bmatrix}^{\mathrm{T}}$$

以后,根据各个单元的结点局部编码与整体编码的对应关系,不难确定其 3 个子块 $\boldsymbol{F}_{\mathrm{L}i}, \boldsymbol{F}_{\mathrm{L}j}, \boldsymbol{F}_{\mathrm{L}m}$ 在 $\boldsymbol{F}_{\mathrm{L}}$ 中的位置。例如,对于图 6-10b 所示的结构,在不考虑位移边界条件的情况下,有

$$\boldsymbol{F}_{\mathrm{L}} = \begin{Bmatrix} \boldsymbol{F}_{\mathrm{L}1} \\ \boldsymbol{F}_{\mathrm{L}2} \\ \boldsymbol{F}_{\mathrm{L}3} \\ \boldsymbol{F}_{\mathrm{L}4} \\ \boldsymbol{F}_{\mathrm{L}5} \\ \boldsymbol{F}_{\mathrm{L}6} \end{Bmatrix} = \begin{Bmatrix} \boldsymbol{F}_{\mathrm{L}j}^{\mathrm{I}} \\ \boldsymbol{F}_{\mathrm{L}m}^{\mathrm{I}} + \boldsymbol{F}_{\mathrm{L}j}^{\mathrm{II}} + \boldsymbol{F}_{\mathrm{L}i}^{\mathrm{III}} \\ \boldsymbol{F}_{\mathrm{L}i}^{\mathrm{I}} + \boldsymbol{F}_{\mathrm{L}m}^{\mathrm{III}} + \boldsymbol{F}_{\mathrm{L}j}^{\mathrm{IV}} \\ \boldsymbol{F}_{\mathrm{L}m}^{\mathrm{II}} \\ \boldsymbol{F}_{\mathrm{L}i}^{\mathrm{II}} + \boldsymbol{F}_{\mathrm{L}j}^{\mathrm{III}} + \boldsymbol{F}_{\mathrm{L}m}^{\mathrm{IV}} \\ \boldsymbol{F}_{\mathrm{L}i}^{\mathrm{IV}} \end{Bmatrix} \circ$$

现在,由于该结构只是在结点 1 受有向下的荷载 1 N/m,因而上式中具有非零元素的子块只有

$$\boldsymbol{F}_{\mathrm{L}1} = \boldsymbol{F}_{\mathrm{L}j}^{\mathrm{I}} = \begin{Bmatrix} 0 \\ -1 \end{Bmatrix} \circ$$

在考虑了位移边界条件以后,与式(i)相应的简化了的整体结点荷载列阵即成为

$$\boldsymbol{F}_{\mathrm{L}} = \begin{bmatrix} -1 & 0 & 0 & 0 & 0 & 0 \end{bmatrix}^{\mathrm{T}} \circ \qquad (\mathrm{k})$$

按照式(j)所示的 $\boldsymbol{K}$,及式(i),式(k)所示的 $\boldsymbol{\delta}, \boldsymbol{F}_{\mathrm{L}}$ 得出结构的整体平衡方程组

$$E \begin{bmatrix} 0.5 & -0.5 & 0 & 0 & 0 & 0 \\ -0.5 & 1.5 & -0.25 & -0.5 & 0.25 & 0 \\ 0 & -0.25 & 1.5 & 0.25 & -0.5 & 0 \\ 0 & -0.5 & 0.25 & 1.5 & -0.25 & 0 \\ 0 & 0.25 & -0.5 & -0.25 & 1.5 & -0.5 \\ 0 & 0 & 0 & 0 & -0.5 & 0.5 \end{bmatrix} \begin{Bmatrix} v_1 \\ v_2 \\ u_3 \\ v_3 \\ u_5 \\ u_6 \end{Bmatrix} = \begin{Bmatrix} -1 \\ 0 \\ 0 \\ 0 \\ 0 \\ 0 \end{Bmatrix} \circ$$

求解以后,得结点位移:

$$\begin{Bmatrix} v_1 \\ v_2 \\ u_3 \\ v_3 \\ u_5 \\ u_6 \end{Bmatrix} = \frac{1}{E} \begin{Bmatrix} -3.253 \\ -1.253 \\ -0.088 \\ -0.374 \\ 0.176 \\ 0.176 \end{Bmatrix} \circ$$

　　根据 $\mu=0$ 以及已求出的 A 值、b 值和 c 值,可由式(6-32)及式(6-33)得出单元的应力转换矩阵如下:对于单元 I,II,IV,有

$$S = E \begin{bmatrix} 1 & 0 & 0 & 0 & -1 & 0 \\ 0 & 0 & 0 & 1 & 0 & -1 \\ 0 & 0.5 & 0.5 & 0 & -0.5 & -0.5 \end{bmatrix};$$

对于单元 III,有

$$S = E \begin{bmatrix} -1 & 0 & 0 & 0 & 1 & 0 \\ 0 & 0 & 0 & -1 & 0 & 1 \\ 0 & -0.5 & -0.5 & 0 & 0.5 & 0.5 \end{bmatrix} \circ$$

于是可用式(6-30)求得各单元中的应力如下:

$$\begin{Bmatrix} \sigma_x \\ \sigma_y \\ \tau_{xy} \end{Bmatrix}_{\mathrm{I}} = E \begin{bmatrix} 1 & 0 & 0 & 0 & -1 & 0 \\ 0 & 0 & 0 & 1 & 0 & -1 \\ 0 & 0.5 & 0.5 & 0 & -0.5 & -0.5 \end{bmatrix} \begin{Bmatrix} u_3 \\ v_3 \\ 0 \\ v_1 \\ 0 \\ v_2 \end{Bmatrix}$$

$$= \begin{Bmatrix} -0.088 \\ -2.000 \\ 0.440 \end{Bmatrix} \mathrm{Pa},$$

$$\begin{Bmatrix} \sigma_x \\ \sigma_y \\ \tau_{xy} \end{Bmatrix}_{\mathrm{II}} = E \begin{bmatrix} 1 & 0 & 0 & 0 & -1 & 0 \\ 0 & 0 & 0 & 1 & 0 & -1 \\ 0 & 0.5 & 0.5 & 0 & -0.5 & -0.5 \end{bmatrix} \begin{Bmatrix} u_5 \\ 0 \\ 0 \\ v_2 \\ 0 \\ 0 \end{Bmatrix} = \begin{Bmatrix} 0.176 \\ -1.253 \\ 0 \end{Bmatrix} \mathrm{Pa},$$

$$\left\{\begin{array}{c}\sigma_x\\\sigma_y\\\tau_{xy}\end{array}\right\}_{\text{III}} = E\begin{bmatrix}-1 & 0 & 0 & 0 & 1 & 0\\0 & 0 & 0 & -1 & 0 & 1\\0 & -0.5 & -0.5 & 0 & 0.5 & 0.5\end{bmatrix}\left\{\begin{array}{c}0\\v_2\\u_5\\0\\u_3\\v_3\end{array}\right\} = \left\{\begin{array}{c}-0.088\\-0.374\\0.308\end{array}\right\}\text{Pa},$$

$$\left\{\begin{array}{c}\sigma_x\\\sigma_y\\\tau_{xy}\end{array}\right\}_{\text{IV}} = E\begin{bmatrix}1 & 0 & 0 & 0 & -1 & 0\\0 & 0 & 0 & 1 & 0 & -1\\0 & 0.5 & 0.5 & 0 & -0.5 & -0.5\end{bmatrix}\left\{\begin{array}{c}u_6\\0\\u_3\\v_3\\u_5\\0\end{array}\right\} = \left\{\begin{array}{c}0\\-0.374\\-0.132\end{array}\right\}\text{Pa}。$$

§6-8 解题的具体步骤 单元的划分

在应用有限单元法求解问题时,计算工作量是很大的,因此,必须利用事先编好的计算程序,在电子计算机上进行计算。具体的计算步骤大致如下。

（1）将计算对象划分成许多三角形单元,也就是织成三角形网格,并按照一定的规律将所有的结点和单元分别编上号码。

（2）选定一个直角坐标系。按照计算程序的要求,填写各种输入信息。主要的信息有:每个结点的坐标值,即 x_1, y_1, x_2, y_2 等;每个单元的单元信息,即单元 i, j, m 三个结点的整体编码;材料的弹性常数值;各种荷载信息,即荷载点的点号及荷载大小等;约束信息,即哪些结点哪个方向上的位移为零或为某已知值。将这些信息按照计算程序规定的格式输入。

（3）使用已经编好的计算程序上机计算。计算程序中对输入的各种信息进行加工、运算,一般均有如下几步:输入初始数据,形成整体劲度矩阵 K;形成整体结点荷载列阵 F_L;求解线性代数方程组,解得结构的整体结点位移列阵 δ;计算各单元的应力分量及主应力、主向;打印计算成果。

（4）对计算成果进行整理、分析,用表格或图线示出所需的位移及应力。

在以上的步骤中,工作量最大的步骤（3）,可由计算机来完成。但是,其他三步工作或多或少需用人工进行,而且这三步工作的好坏,对于计算结果的好坏起着决定性的作用。下面来说明单元划分中的一些问题。关于计算结果的整理

视频 6-8 解题的具体步骤、单元的划分

分析,另在下一节中加以讨论。

在划分单元时,就整体来说,单元的大小(即网格的疏密)要根据精度的要求和计算机的速度及容量来确定。对于三结点三角形单元,在位移模式中取到泰勒级数展开式中的一次项,因此,位移的误差量级是 $o(\Delta x^2)$,即位移的误差与单元尺寸的平方成正比;而通过求导得出的应力,其误差量级为 $o(\Delta x)$,即应力的误差与单元的尺寸成正比。可见单元分得越小,计算结果越精确。但在另一方面,单元越多,计算时间越长,要求的计算机容量也越大。因此,对于大型的工程问题,必须在计算机容量的范围以内,根据合理的计算时间,考虑工程上对精度的要求来决定单元的大小。

在单元划分图上,对于不同部位的单元,可以采用不同的大小,也应当采用不同的大小。例如,在边界比较曲折的部位,单元必须小一些;在边界比较平直的部位,单元可以大一些。又例如,对于应力和位移状态需要详细了解的重要部位,以及应力和位移变化得比较剧烈的部位,单元必须小一些;对于次要的部位,以及应力和位移变化得比较平缓的部位,单元可以大一些。如果应力和位移的变化情况不易事先预估,有时不得不先用比较均匀的单元,进行一次计算,然后根据结果重新划分单元,进行第二次计算。

根据误差分析,应力及位移的误差都和单元的最小内角的正弦成反比。据此,只要有可能,应使三角形的三个内角大小比较接近。

当结构具有对称面而荷载对称于该面或反对称于该面时,应当利用对称性或反对称性,只对结构的 1/2 或 1/4 进行计算,以减少计算工作量。对于具有对称面的结构,即使荷载并不对称于该面,也不反对称于该面,我们也宁愿把荷载分解成对称的和反对称的两组,分别计算,然后将计算结果进行叠加。

如果计算对象的厚度有突变之处(图 6-11a),或者它的弹性有突变之处(图 6-11b),除了应当把这种部位的单元取得较小些以外,还应当把突变线作为单元的界线(不要使突变线穿过单元)。这是因为:

(1) 我们对每个单元进行弹性力学分析时,曾假定该单元的厚度 t 是常量,弹性常数 E 和 μ 也是常量。

(2) 厚度或弹性的突变,必然伴随着应力的突变,而应力的这种突变不可能在一个单元中得到反映,只可能在不同的单元中得到一定程度的反映(当然不可能得到完全反映)。

如果计算对象受有集度突变的分布荷载(图 6-11c),或受有集中荷载(图 6-11d),也应当把这种部位的单元取得小一些,并在荷载突变或集中之处布置结点,以使应力的突变得到一定程度的反映。

在计算闸坝等结构时,为了使得地基弹性对结构应力的影响能反映出来,

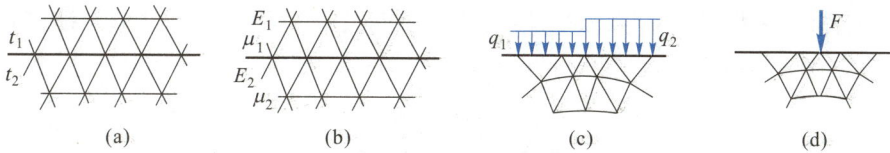

图 6-11

必须把与结构相连的一部分地基取为弹性体,和结构一起作为计算对象。按照弹性力学中关于接触应力的理论,所取地基范围的大小,应视结构底部的宽度而定(与结构的高度关系不大)。在早期的文献中,一般都建议,在结构的两边和下方,把地基范围取为大致等于结构底部的宽度,即 $l=b$(图 6-12a)。但在后来的一些文献中,大都把所取的范围扩大为 $l=2b$,在个别的文献中还把它扩大为 $l=4b$,此外,还有一些文献作者认为,应当把地基范围取为矩形区域(图6-12b),以便将铰支座改为连杆支座,以减少对地基的人为约束。大量分析指出:在地基比较均匀而且结构与地基的弹性相差不大的情况下,并没有必要使 l 超过 $2b$;用连杆支座不如用铰支座更接近实际情况;地基范围的形状,影响也并不大。

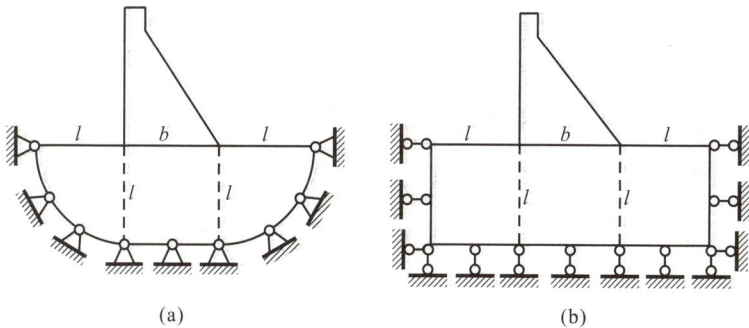

图 6-12

如果地基很不均匀,需要在地基中布置很多单元,而计算机的容量又不允许,则可将计算分两次进行。在第一次计算时,考虑较大范围地基的弹性,并尽量在这范围内多布置单元,而在结构内部仅布置较少的单元,如图 6-13a 所示。这时,主要的目的在于算出地基内靠近结构处 ABCD 一线上各结点的位移。在第二次计算时,把结构内的网格加密,如图 6-13b 所示,放弃 ABCD 以下的地基,而将第一次计算所得的 ABCD 一线上各结点的位移作为已知量输入,算出坝体中的应力及位移,作为最后结果。在两次计算中,最好是使 ABCD 一线上结点的布置相同,而且使邻近 ABCD 的一排单元的布置也相同,如图所示,这样就避免输入位移时的插值计算,从而避免引进误差,而且,上述邻近 $ABCD$ 那一排单元的应力在两次计算中的差距,可以指示出最后计算结果的精度如何。

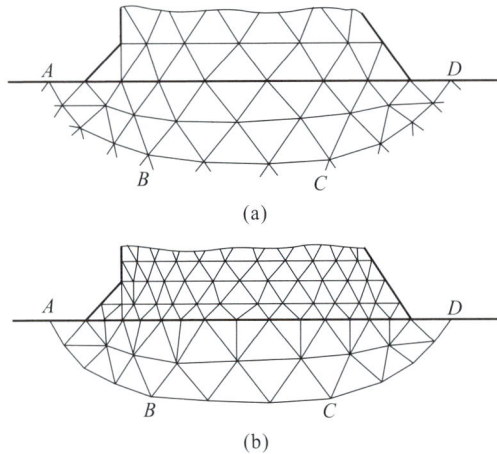

(a)

(b)

图 6-13

    当结构具有凹槽或孔洞时,在凹槽或孔洞附近将发生应力集中,即该处的应力很大而且变化剧烈。为了正确反映此项应力,必须把该处的网格画得很密,但这样就可能超出计算机的容量,而且单元的尺寸相差悬殊,可能还会引起很大的计算误差。在这种情况下,也可以把计算分两次进行。第一次计算时,把凹槽或孔洞附近的网格画得比别处仅仅稍为密一些,以约略反映凹槽或孔洞对应力分布的影响,如图 6-14a 所示半圆凹槽附近的 $ABCD$ 部分,甚至可以根本不管凹槽或孔洞的存在,而把 $ABCD$ 部分的网格画得和别处大致同样疏密。这时,主要的目的在于算出别处的应力,并算出 $ABCD$ 一线上各结点的位移。第二次计算时,把凹槽或孔洞附近的网格画得充分细密(图 6-14b),就以 $ABCD$ 部分为计算对象,而将前一次计算所得的 $ABCD$ 一线上各结点的位移作为已知量输入,即可将凹槽或孔洞附近的局部应力算得充分精确。

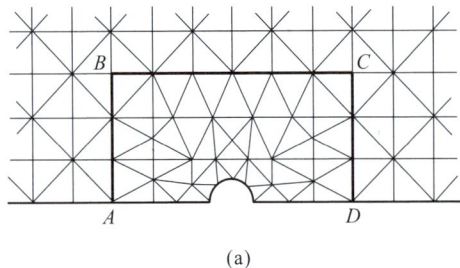

(a)

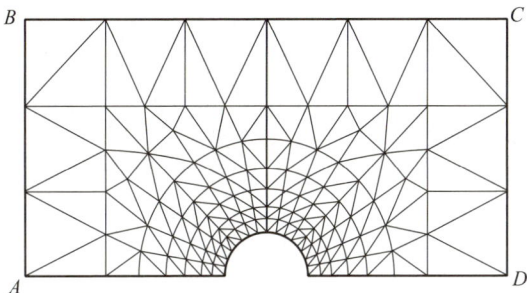

(b)

图 6-14

§6-9　计算成果的整理

　　计算成果包括位移和应力两个方面。对于三结点三角形单元,在位移方面,一般都无需进行整理工作,利用计算成果中的结点位移分量,就可以画出结构的位移图线。但如前节所述,其应力成果的精度较低。因此,在整理应力成果时,需要采用下列的一些措施[①]。

　　在§6-4 中已经指出,三结点三角形单元是常应变单元,因而也是常应力单元。算出的这个常量应力,就被认为是三角形单元形心处的应力。据此就得出一个图示应力的通用办法:在每个单元的形心,沿着应力主向,以一定的比例尺标出主应力的大小,拉应力用箭头表示,压应力用平头表示(图 6-15)。就整个结构物的应力概况说来,这是一个很好的图示方法,因为应力的大小和方向在整个结构物中的变化规律都可以约略地表示出来。但是,由于三结点三角形单元的应力的精度较低,为了由计算成果推出结构内某一点的较接近实际的应力,可采用绕结点平均法或二单元平均法。

　　所谓绕结点平均法,就是把环绕某一结点的各单元中的常量应力加以平均,用来表征该结点处的应力。以图 6-16 中结点 1 处的 σ_x 为例,就是取

$$(\sigma_x)_1 = \frac{1}{6}[(\sigma_x)_A + (\sigma_x)_B + (\sigma_x)_C +$$
$$(\sigma_x)_D + (\sigma_x)_E + (\sigma_x)_F].$$

視頻 6-9 计算成果的整理

---

　　① 在本章中,主要使读者了解和掌握有限单元法的基本知识,故以三结点三角形单元为例进行介绍。在实际应用的程序中,多采用较高幂次的位移模式。

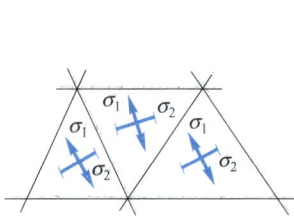

图 6-15

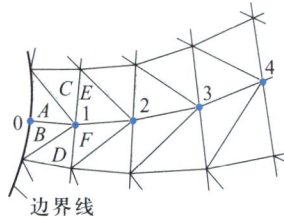

图 6-16

为了这样平均得来的应力能够较好地表征结点处的实际应力，环绕该结点的各个单元，它们的面积不能相差太大，它们在该结点所张的角度也不能相差太大。

用绕结点平均法计算出来的结点应力，在内结点处具有较好的表征性，但在边界结点处则可能表征性很差。因此，边界结点处的应力不宜直接由单元应力的平均得来，而要由内结点处的应力应用插值公式向外推算得来。以图 6-16 中边界结点 0 处的应力为例，就是要由内结点 1，2，3 处的应力用抛物线插值公式推算得来，这样可以大大改进它的表征性。据此，为了整理某一截面上的应力，在这个截面上至少要布置五个结点。

所谓二单元平均法，就是把两个相邻单元中的常量应力加以平均，用来表征公共边中点处的应力。以图 6-17 所示的情况为例，就是取

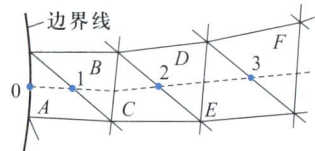

图 6-17

$$(\sigma_x)_1 = \frac{1}{2}[(\sigma_x)_A + (\sigma_x)_B],$$

$$(\sigma_x)_2 = \frac{1}{2}[(\sigma_x)_C + (\sigma_x)_D],$$

等等，为了这样平均得来的应力具有较好的表征性，两个相邻单元的面积不能相差太大。

如果内结点 1，2，3 等的光滑连线与边界相交在 0 点（图 6-17），则边界上的 0 点处的应力可由上述几个内结点处的应力用插值公式向外推算得来，其表征性一般也是很好的。

在应力变化并不剧烈的部位，由绕结点平均法和二单元平均法得来的应力，表征性不相上下。在应力变化比较剧烈的部位，特别是在应力集中之处，由绕结点平均法得来的应力，其表征性就比较差了。

主应力及应力主向，可以由平均后的应力分量算得，也可以直接对主应力或应力主向加以平均。只要用来平均的各个单元的应力主向比较接近，两种平均的结果相差不大。

在推算边界点或边界结点处的应力时,可以先推算应力分量再求主应力,也可以对主应力进行推算。在一般情况下,前者的精度比较高一些,但差异并不是很明显。

注意:如果相邻的单元具有不同的厚度或不同的弹性常数,则在理论上应力应当有突变。因此,只容许对厚度及弹性常数都相同的单元进行平均计算,以免完全失去这种应有的突变。

在弹性体的凹槽附近,平行于边界的主应力往往是数值较大而且变化比较剧烈。在推求最大的主应力时,必须充分注意如何达到最高的精度,例如图6-18a所示的凹槽,设边界点或边界结点1,2,3,4等处平行于边界的主应力$(\sigma)_1,(\sigma)_2,(\sigma)_3,(\sigma)_4$等,已经用上述方法求得,可以把凹槽处的一段边界曲线展为直线轴x(图6-18b),点绘$(\sigma)_1,(\sigma)_2,(\sigma)_3,(\sigma)_4$等,画出平滑的图线。如果图线的坡度不太陡,就可以由图线上量得最大主应力$(\sigma)_{\max}$的数值。但是,如果图线的坡度很陡,则需按照$(\sigma)_1,(\sigma)_2,(\sigma)_3,(\sigma)_4$的数值为$\sigma$取插值函数$\sigma=f(x)$,然后命$\dfrac{\mathrm{d}}{\mathrm{d}x}f(x)=0$,求出$x$在这一范围内的实根,再代入$f(x)$,以求出$(\sigma)_{\max}$。

当弹性体具有凹尖角时,尖角处的应力是很大的(在完全弹性体的假定下,它在理论上是无限大)。因此,在用有限单元法进行计算时,围绕尖角的一些单元中的应力就会很大,而且,尖角处的网格越密(即该处的单元

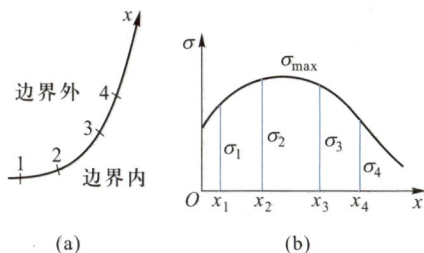

图 6-18

越小),这些单元中的应力就越大,可能大到惊人的程度。实际上,由于尖角处的材料已经发生局部的屈服、开裂或滑移,在完全弹性体的假定之下算出的这些大应力是不存在的。为了正确估算尖角处的应力,必须考虑局部屈服、开裂或滑移的影响。在没有条件考虑这些影响时,可以这样较简单地处理:把围绕尖角的单元取得充分小(例如坝体中可取为十几厘米或几十厘米),而在分析安全度时,对这些单元中的大应力不予理会,只要其他单元中的应力不超过材料的容许应力,就认为该处是安全的。如果其他单元中的应力超过容许应力,就要采取适当的措施。最有效的措施是把凹尖角改为凹圆角,即对局部问题进行局部处理,可以有效地减少应力集中现象。不要企图用加大整体尺寸来降低局部应力,因为那样做往往是徒劳的,至少是在经济上完全不合理的。

用有限单元法计算弹性力学问题时,特别是采用常应变单元时,应当在计算之前精心划分网格,在计算之后精心整理成果。这样来提高所得应力的精度,不

会增大所需的计算机容量,而且往往比简单地加密网格更为有效。

随着计算机的迅速发展,计算机的容量及计算速度比以前大大地提高了。相应地,有限单元法也得到迅速而深入的发展。因此,上面提到的一些问题,如有限单元法分析的精度、信息的容量、计算速度、问题的复杂性等,现在可以应用容量大、速度快的计算机,采用较高精度的单元和划分较密的网格等,都已经比较容易地解决了。但上面总结的一些经验,仍然可供分析时参考。

§6-10   计 算 实 例

为了具体说明用三结点三角形单元进行计算时如何整理应力成果,以及成果的精度如何,下面介绍几个计算实例,并将计算结果与函数解进行对比。

1. 楔形体受自重及齐顶水压

因为只有当楔形体为无限长时才有简单的函数解,而有限单元法只能以有限长的楔形体作为计算对象,所以我们截取无限长楔形体的 10 m 长的部分(图 6-19),而把函数解中对 $y=0$ 处给出的位移作为已知,用有限单元法进行计算。为了便于说明问题,这里采用了均匀而且比较疏的网格,如图所示。楔形体的弹性模量取为 $E=2\times10^{10}$ Pa,泊松比取为 $\mu=0.167$,厚度取为 $t=1$ m(作为平面应力问题),自重 $p=2.4\times10^4$ N/m^3,水的密度取为 $\rho=10^3$ kg/m^3。

用二单元平均法整理 $y=1$ m 的截面上的 σ_y 时,结果如表 6-1 所示,σ_y 的单位为 10^4 Pa。这里不用图线而

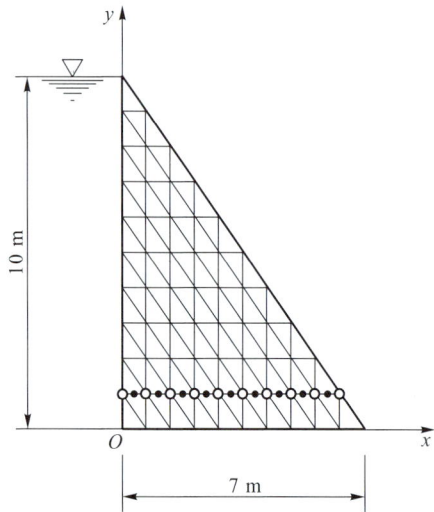

图 6-19

用表格,是因为在图线上很难把较小的误差表示出来。表中所列的考察点,在图 6-19 上用圆点表示。表中所列有限单元解的应力数值,是位于考察点上方及下方的两单元中 σ_y 的平均值。对于左边界上 $x=0$ 处的 σ_y,我们根据表 6-1 中 $x=0.35$ m,1.05 m,1.75 m 三点处的 σ_y 进行推算,得出该处的 $\sigma_y=-3.75\times10^4$ Pa,与函数解 -3.23×10^4 Pa 相比,误差为 -0.52×10^4 Pa。对于右边界上 $x=6.3$ m 处

的 σ_y,我们根据表 6-1 中 $x=5.95$ m,5.25 m,4.55 m 三点处的 σ_y 进行推算,得出该处的 $\sigma_y=-18.22\times10^4$ Pa,与函数解 -18.35×10^4 Pa 相比,误差为 0.13×10^4 Pa。

表 6-1 $\sigma_y(y=1$ m,二单元平均法) 单位:10^4 Pa

考察点的 x/m	0.35	1.05	1.75	2.45	3.15	3.85	4.55	5.25	5.95
有限单元解	−4.52	−6.07	−7.62	−9.17	−10.75	−12.35	−13.99	−15.66	−17.36
函数解	−4.07	−5.75	−7.44	−9.12	−10.80	−12.48	−14.15	−15.83	−17.51
误差	−0.45	−0.32	−0.18	−0.05	0.05	0.13	0.16	0.17	0.15

用绕结点平均法整理 $y=1$ m 的截面上的 σ_y,结果如表 6-2 所示,σ_y 的单位为 10^4 Pa,表中所列的结点在图 6-19 中用圆圈表示。可见在边界结点处,结点平均应力的表征性是比较差的。但是,根据表 6-2 中 $x=0.7$ m、1.4 m、2.1 m 三个结点处的平均应力进行推算,得出边界结点 $x=0$ 处的 $\sigma_y=-3.77\times10^4$ Pa,则误差仅为 -0.54×10^4 Pa;根据 $x=5.6$ m、4.9 m、4.2 m 三结点处的平均应力进行推算,得出边界结点 $x=6.3$ m 处的 $\sigma_y=-18.24\times10^4$ Pa,误差只有 0.11×10^4 Pa。这样,用绕结点平均法和用二单元平均法整理出来的成果,它们的表征性就不相上下了。

表 6-2 $\sigma_y(y=1$ m,绕结点平均法) 单位:10^4 Pa

结点的 x/m	0	0.7	1.4	2.1	2.8	3.5	4.2	4.9	5.6	6.3
有限单元解	−4.35	−5.30	−6.84	−8.39	−9.96	−11.55	−13.17	−14.82	−16.51	−17.73
函数解	−3.23	−4.91	−6.59	−8.28	−9.96	−11.64	−13.32	−14.99	−16.67	−18.35
误差	−1.12	−0.39	−0.25	−0.11	0	0.09	0.15	0.17	0.16	0.62

2. 简支梁受均布荷载

图 6-20a 所示一简支梁,高 3 m,长 18 m,承受均布荷载 10 N/m^2,$E=2\times10^{10}$ Pa,$\mu=0.167$,取 $t=1$ m,作为平面应力问题。由于对称、只对右边一半进行有限单元计算(图 6-20b),而在 y 轴上的各结点处布置水平连杆支座。

用二单元平均法整理 $x=0.375$ m 的截面上的弯应力 σ_x 时(考察点在图上用圆点表示),整理结果如表 6-3 所示,σ_x 的单位为 Pa。之所以选取这个截面,是因为其上的 σ_x 接近最大。表中 $y=1.50$ m(梁顶)及 $y=-1.50$ m(梁底)处的有限单元解,是由三个考察点处的 σ_x 用插值公式推算得来的。表中的函数解,是指按弹性力学平面问题计算的结果,但和材料力学中按浅梁计算的结果很相近,基本上是随着 y 按直线变化的。

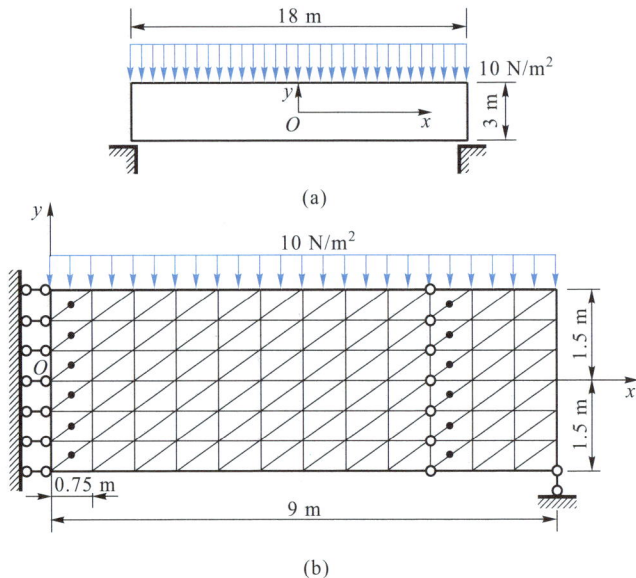

(a)

(b)

图 6-20

表 6-3 σ_x($x=0.375$ m，二单元平均法)   单位：Pa

考察点的 y/m	1.50	1.25	0.75	0.25	-0.25	-0.75	-1.25	-1.50
有限单元解	-235	-196	-119	-41	38	117	201	245
函数解	-272	-225	-134	-44	44	134	225	272
误差	37	29	15	3	-6	-17	-24	-27

对于切应力 τ_{xy}，弹性力学函数解给出的数值和材料力学中关于浅梁的解答相同，在横截面上是按抛物线变化的。我们用二单元平均法整理 $x=7.125$ m 的截面上的 τ_{xy} 时（考察点在图上用圆点表示），得出来该截面上 $y=0$ 处的最大切应力为 35.3 Pa，与函数解 35.6 Pa 相比，误差只有 -0.3 Pa。用绕结点平均法整理 $x=6.75$ m 的截面上的切应力时（考察结点在图上用圆圈表示），得出该截面上 $y=0$ 处的最大切应力为 31.9 Pa，与函数解 33.8 Pa 相比，误差也只有 -1.9 Pa。但是，对于靠近梁顶及梁底处，用两种方法整理出来的切应力却都具有较大的误差。因此，如果要使边界附近的切应力 τ_{xy} 具有与弯应力 σ_x 相同的精度，就要把这里的网格画得密一些。但一般并不必这样做，因为边界附近的切应力是次要的。

整理挤压应力 σ_y 时，不论用二单元平均法或是用绕结点平均法，所得的结果都和函数解相差很大。这是符合下述一般规律的一个实例：如果弹性体在某一方向具有特别小的尺寸，则这一方向的正应力的有限单元解将具有特别大的误差。但是,这个正应力一般都是最次要的应力,因而完全没有必要为这个应力而特别加密网格。

3. 圆孔附近的应力集中

图 6-21 表示一块带圆孔的方板的四分之一,它在 x 方向受有均布压力 25 N/m²。方板边长之半为 24 m,圆孔的半径为 3 m,板的厚度取为 1 m,作为平面应力问题。由于对称,在 x 轴上的各结点处安置 y 方向的连杆支座,在 y 轴上的各结点处安置 x 方向的连杆支座。在计算中取 $E = 2 \times 10^{10}$ Pa,$\mu = 0.20$。由于孔边附近有应力集中,所以在孔边附近采用了较密的网格。

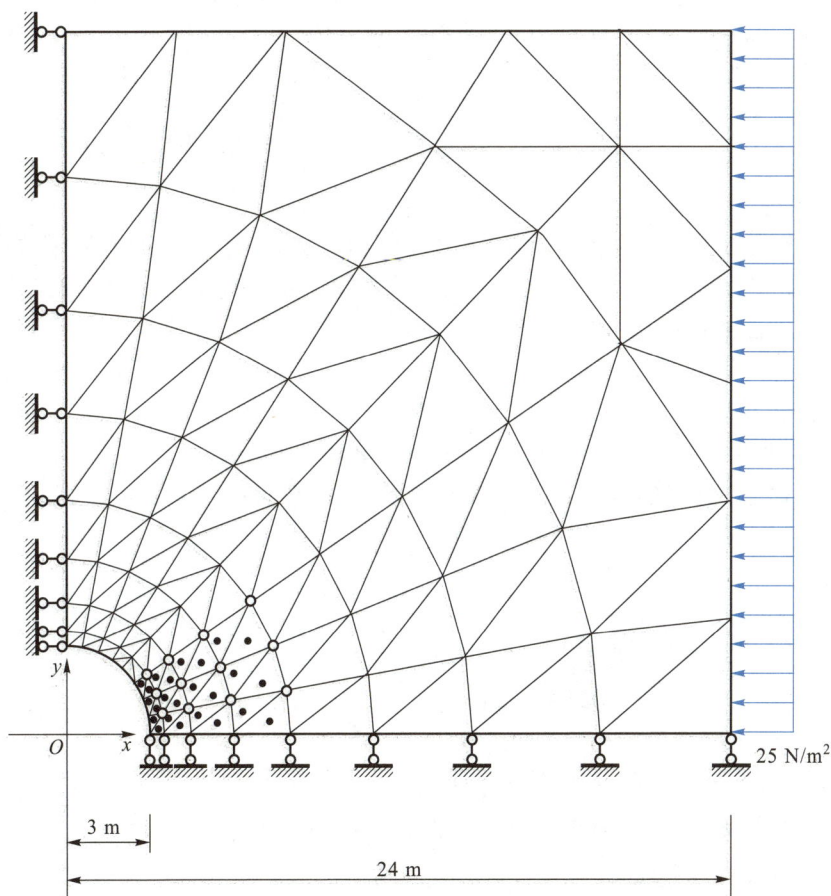

图 6-21

最大正应力 σ_{max} 是 x 轴与孔边相交之处的 σ_y。用二单元平均法推求这个最大正应力时,我们取靠近孔边的四排单元,如圆点所示,根据每一排上三对单

元的三个平均 σ_y 值沿环向推算,得出 x 轴上一点处的 σ_y 值,再根据这样得来的四个 σ_y 值沿径向推算,得出 $\sigma_{\max}=24.2\ \text{Pa}$,与函数解给出的 $25.0\ \text{Pa}$ 相比,误差为 $0.8\ \text{Pa}$。用绕结点平均法推算时,我们取图中用圆圈表示的四排结点,根据每一排上三个结点处的平均 σ_y 值沿环向推算,得出 x 轴上一个结点处的 σ_y 值,再根据这样得来的四个 σ_y 值沿径向推算,得出边界结点处的 $\sigma_{\max}=17.7\ \text{Pa}$,与函数解给出的 $25.0\ \text{Pa}$ 相比,误差为 $-7.3\ \text{Pa}$,表征性仍然远远不如二单元平均法。

最小正应力 $\sigma_{\min}$ 是 y 轴与孔边相交之处的 σ_x。与上相似的用二单元平均法进行整理时,得出 $\sigma_{\min}=-76.4\ \text{Pa}$,与函数解给出的 $-75.0\ \text{Pa}$ 相比,误差为 $-1.4\ \text{Pa}$。与上相似的用绕结点平均法进行整理时,得出 $\sigma_{\min}=-63.1\ \text{Pa}$,与函数解 $-75.0\ \text{Pa}$ 相比,误差为 $11.9\ \text{Pa}$,表征性也远远不如二单元平均法。

§6-11　应用变分原理导出有限单元法基本方程

上面导出的有限单元法,可以看成是结构力学矩阵位移法在离散化结构中的推广应用。其中导出的求解结点位移的基本方程,是结点的平衡方程组。这种导出方法的特点是,物理概念明确,步骤清晰,容易为工程技术人员所理解。

但在有限单元法中,应用更为广泛的是从变分原理导出有限单元法的基本方程。这就是,将连续体中的经典变分原理推广应用到离散化结构。下面来说明,如何将位移变分法应用到三结点三角形单元组成的离散化结构。

根据 §5-5 所述,经典变分法可以表示如下:平面弹性体中的应变能(形变势能或内力势能),可以用矩阵表示为

$$U=\frac{1}{2}\iint_A \boldsymbol{\varepsilon}^{\mathrm{T}}\boldsymbol{\sigma}\,\mathrm{d}x\mathrm{d}y t_{\circ} \tag{a}$$

外力势能可以用矩阵表示为

$$V=-\left(\boldsymbol{d}^{\mathrm{T}}\boldsymbol{f}_{\mathrm{p}}t+\int_{s_\sigma}\boldsymbol{d}^{\mathrm{T}}\bar{\boldsymbol{f}}\,\mathrm{d}st+\iint_A \boldsymbol{d}^{\mathrm{T}}\boldsymbol{f}\mathrm{d}x\mathrm{d}y t\right), \tag{b}$$

其中,$\boldsymbol{f}$ 是体力,$\bar{\boldsymbol{f}}$ 是面力;$\boldsymbol{f}_{\mathrm{p}}$ 是单位厚度上作用的集中外力,作用于 (x,y) 点,相应的位移是 $\boldsymbol{d}$。A 是平面弹性体的面积,s_σ 是受面力 $\bar{\boldsymbol{f}}$ 作用的边界线。

弹性体的总势能是

$$E_{\mathrm{P}}=U+V_{\circ} \tag{c}$$

极小势能原理可以表达为

$$E_{\mathrm{P}}=E_{\mathrm{P\,min}}, \quad 或\ \delta E_{\mathrm{P}}=0, \quad 或\ \frac{\partial E_{\mathrm{P}}}{\partial \boldsymbol{d}}=0, \tag{d}$$

其中,泛函 E_P 的自变量是位移函数 $\boldsymbol{d} = \begin{bmatrix} u & v \end{bmatrix}^T$。

现在,应用极小势能原理来导出有限单元法的基本方程。首先,由 §6-2,(1) 取结点位移为基本未知量,对一个单元,$\boldsymbol{\delta}^e = \begin{bmatrix} \boldsymbol{\delta}_i & \boldsymbol{\delta}_j & \boldsymbol{\delta}_m \end{bmatrix}^T$;(2) 建立单元的位移模式,$\boldsymbol{d} = \boldsymbol{N}\boldsymbol{\delta}^e$;(3) 由几何方程求出单元的应变,$\boldsymbol{\varepsilon} = \boldsymbol{B}\boldsymbol{\delta}^e$;(4) 由物理方程求出单元的应力 $\boldsymbol{\sigma} = \boldsymbol{S}\boldsymbol{\delta}^e = \boldsymbol{D}\boldsymbol{B}\boldsymbol{\delta}^e$。

由于连续体已经变换为离散化结构,它的势能应当是各单元的势能的总和。因此,离散化结构的应变能是

$$U = \sum_e U^e = \sum_e \frac{1}{2} \iint_{A_e} \boldsymbol{\varepsilon}^T \boldsymbol{\sigma} \mathrm{d}x\mathrm{d}yt$$

$$= \sum_e \frac{1}{2} \iint_{A_e} (\boldsymbol{B}\boldsymbol{\delta}^e)^T \boldsymbol{D}\boldsymbol{B}\boldsymbol{\delta}^e \mathrm{d}x\mathrm{d}yt$$

$$= \sum_e \frac{1}{2} (\boldsymbol{\delta}^e)^T \left(\iint_{A_e} \boldsymbol{B}^T \boldsymbol{D}\boldsymbol{B}\mathrm{d}x\mathrm{d}yt \right) \boldsymbol{\delta}^e,$$

其中,A_e 是三角形单元的面积。引用式(6-35)的记号,得

$$U = \sum_e \frac{1}{2} (\boldsymbol{\delta}^e)^T \boldsymbol{k}\boldsymbol{\delta}^e。 \qquad (6\text{-}53)$$

同样,外力势能是

$$V = \sum_e V^e = - \sum_e \left(\boldsymbol{d}^T \boldsymbol{f}_P t + \int_{s_e} \boldsymbol{d}^T \bar{\boldsymbol{f}} \mathrm{d}st + \iint_{A_e} \boldsymbol{d}^T \boldsymbol{f}\mathrm{d}x\mathrm{d}yt \right)$$

$$= - \sum_e (\boldsymbol{\delta}^e)^T \left(\boldsymbol{N}^T \boldsymbol{f}_P t + \int_{s_e} \boldsymbol{N}^T \bar{\boldsymbol{f}} \mathrm{d}st + \iint_{A_e} \boldsymbol{N}^T \boldsymbol{f}\mathrm{d}x\mathrm{d}yt \right),$$

其中,s_e 是三角形单元中受力面 $\bar{\boldsymbol{f}}$ 的边界。引用式(6-40),式(6-42),式(6-44)中的记号,都用 $\boldsymbol{F}_L^e$ 表示上式右边括号内的项,则

$$V = - \sum_e (\boldsymbol{\delta}^e)^T \boldsymbol{F}_L^e。 \qquad (6\text{-}54)$$

将式(6-53),式(6-54)代入总势能式(c),得到

$$E_P = U + V = \sum_e \left[\frac{1}{2} (\boldsymbol{\delta}^e)^T \boldsymbol{k}\boldsymbol{\delta}^e - (\boldsymbol{\delta}^e)^T \boldsymbol{F}_L^e \right]。 \qquad (6\text{-}55)$$

并注意对于离散化结构,泛函 E_P 的自变量为结点位移 $\boldsymbol{\delta}_i (i=1,2,\cdots,n)$,因此,极小势能原理可表达为

$$\frac{\partial E_P}{\partial \boldsymbol{\delta}_i} = 0。 \qquad (i=1,2,\cdots,n) \qquad (6\text{-}56)$$

引用矩阵的运算公式:设 $\boldsymbol{a},\boldsymbol{c}$ 为列矩阵,$\boldsymbol{b}$ 为实对称矩阵,则

$$\frac{\partial}{\partial \boldsymbol{a}} (\boldsymbol{a}^T \boldsymbol{b}\boldsymbol{a}) = 2\boldsymbol{b}\boldsymbol{a}, \qquad (e)$$

$$\frac{\partial}{\partial \boldsymbol{a}}(\boldsymbol{a}^{\mathrm{T}}\boldsymbol{c}) = \boldsymbol{c}。 \tag{f}$$

总势能 E_{P} [式(6-55)] 可以看成是 $\boldsymbol{\delta}^{e}$ 的函数,而 $\boldsymbol{\delta}^{e} = \begin{bmatrix} \boldsymbol{\delta}_{i} & \boldsymbol{\delta}_{j} & \boldsymbol{\delta}_{m} \end{bmatrix}^{\mathrm{T}}$。因此,极值条件(6-56)成为

$$\left(\frac{\partial E_{\mathrm{P}}}{\partial \boldsymbol{\delta}^{e}}\right)^{\mathrm{T}} \frac{\partial \boldsymbol{\delta}^{e}}{\partial \boldsymbol{\delta}_{i}} = 0。 \quad (i = 1, 2, \cdots, n) \tag{g}$$

应用式(e),式(f),将式(6-55)的总势能 E_{P} 对 $\boldsymbol{\delta}^{e}$ 求导,得出

$$\frac{\partial E_{\mathrm{P}}}{\partial \boldsymbol{\delta}^{e}} = \sum_{e}(\boldsymbol{k}\boldsymbol{\delta}^{e} - \boldsymbol{F}_{\mathrm{L}}^{e}) = \sum_{e}\left[\begin{Bmatrix} \boldsymbol{F}_{i} \\ \boldsymbol{F}_{j} \\ \boldsymbol{F}_{m} \end{Bmatrix} - \begin{Bmatrix} \boldsymbol{F}_{\mathrm{L}i} \\ \boldsymbol{F}_{\mathrm{L}j} \\ \boldsymbol{F}_{\mathrm{L}m} \end{Bmatrix}\right], \tag{h}$$

以及 $\boldsymbol{\delta}^{e}$ 对 $\boldsymbol{\delta}_{i}$ 求导,得

$$\frac{\partial \boldsymbol{\delta}^{e}}{\partial \boldsymbol{\delta}_{i}} = \begin{Bmatrix} 1 \\ 0 \\ 0 \end{Bmatrix}。 \tag{i}$$

再将式(h)的转置及式(i)代入式(g),便得到

$$\sum_{e}(\boldsymbol{F}_{i} - \boldsymbol{F}_{\mathrm{L}i}) = 0。 \quad (i = 1, 2, \cdots, n)$$

或者

$$\sum_{e}\boldsymbol{F}_{i} = \sum_{e}\boldsymbol{F}_{\mathrm{L}i} \quad (i = 1, 2, \cdots, n) \tag{j}$$

从上式可见,原来连续体的总势能极值条件,已经代替为总势能在所有结点处的极值条件。式(j)与前面导出的有限单元法基本方程式(6-46)及式(6-49)完全一致。

由此可见,对于各种力学问题,只要存在与微分方程对应的变分原理,都可以从变分原理导出有限单元法的基本方程,并进行求解。

▶ 本章内容提要

1. 有限单元法是 20 世纪在弹性力学中发展起来的一种数值解法,具有极大的通用性和灵活性,能够解决各种复杂工程结构的分析问题,并可以编制通用程序上机进行计算,达到足够的精度。现在,有限单元法已发展成为求解微分方程边值问题的一种数值解法。

有限单元法是:首先将连续体变换成为离散化结构,然后应用虚功原理或变分方法进行求解。

2. 用虚功原理求解离散化结构的步骤是:(1) 取单元的结点位移为基本未知量;(2) 应

用插值公式,建立单元的位移模式;(3) 由几何方程求出单元中的应变;(4) 由物理方程求出单元中的应力;(5) 通过虚功原理,建立单元的结点力与结点位移之间的关系;(6) 通过虚功相等原则,将单元中的外荷载变换成为结点荷载;(7) 建立结点的平衡方程,并组成整体平衡方程组(即有限单元法求解的支配方程),求出结点位移,进而求出各单元的应力。上述的(1)至(6)称为单元分析,(7)称为整体分析。

3. 用变分方法求解离散化结构的步骤是:(1)至(4)的步骤,与上述方法相同;(5)将连续体的极小势能原理应用于离散化结构。即将连续体的总势能(外力势能和应变能之和),代换为离散化结构的各单元势能的总和;将变分的宗量(自变量)——位移函数,代换为各结点位移;再应用极小势能原理求出各结点位移。

4. 为了保证有限单元法的解答的收敛性,位移模式应满足下列条件:(1) 必须反映单元的刚体位移;(2) 必须反映单元的常量应变;(3) 尽可能地反映单元之间位移的连续性。

5. 有限单元法的主要工作是:(1) 建立单元的位移模式;(2) 求出单元的应变和应力;(3) 求出单元的结点力;(4) 求出单元的结点荷载;(5) 列出整个结构的平衡方程组,并进行求解。

6. 有限单元法,现在已经可以应用于分析各种型式的结构,应用于分析静力、动力和稳定性等力学问题;并可应用于分析各种非线性问题和其他力学问题等,成为解决工程结构分析的有效方法。

习 题

6-1 试证:在三结点三角形单元内的任意一点,有
$$N_i + N_j + N_m = 1,$$
$$N_i x_i + N_j x_j + N_m x_m = x,$$
$$N_i y_i + N_j y_j + N_m y_m = y。$$

6-2 图 6-22 所示一平面应力状态下的三结点等边三角形单元,其边长为 a,$\mu = 1/6$。

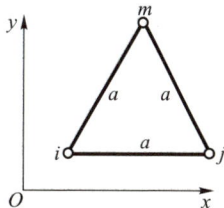

图 6-22

(1) 试求出应力转换矩阵 S 及单元劲度矩阵 k。

(2) 试求出 k 中的每行之和及每列之和,并说明其原因。

(3) 设该单元发生结点位移 $u_i = u_j = u_m = 1$,$v_i = v_j = v_m = 0$,或发生结点位移 $u_i = u_j = v_i = 0$,$v_j = 1$,$u_m = -\sqrt{3}/2$,$v_m = 1/2$,试求单元中的应力,并说明其原因。

(4) 设该单元在 jm 边上受有线性分布的压力,其在 j 点及 m 点的集度分别为 q_j 及 q_m,试求等效结点荷载。

答案:(4) $F_{Lix} = F_{Liy} = 0$,$F_{Ljx} = -\dfrac{\sqrt{3}\,ta}{12}(2q_j + q_m)$,

$$F_{Ljy} = -\dfrac{ta}{12}(2q_j + q_m),\quad F_{Lmx} = -\dfrac{\sqrt{3}\,ta}{12}(q_j + 2q_m),$$

$$F_{Lmy} = -\frac{ta}{12}(q_j + 2q_m)。$$

6-3 对于图 6-10 所示的简例,试由结点位移的解答求出各个连杆反力。

答案：$F_{1x} = 0.220$ N，$F_{2x} = -0.132$ N，$F_{4x} = -0.088$ N，

$F_{4y} = 0.626$ N，$F_{5y} = 0.440$ N，$F_{6y} = -0.066$ N。

6-4 对于图 6-23 所示的离散化结构,试求结点 1,2 的位移及铰支座 3,4,5 的反力(按平面应力问题计算,取 $\mu = 1/6$)。

答案：$v_1 = -\dfrac{77}{69}\dfrac{F}{Et}$，$v_2 = -\dfrac{14}{23}\dfrac{F}{Et}$；$F_{3x} = -\dfrac{11}{46}F$，$F_{3y} = \dfrac{11}{46}F$，

$F_{4x} = \dfrac{7}{46}F$，$F_{4y} = \dfrac{6}{23}F$，$F_{5x} = \dfrac{3}{23}F$，$F_{5y} = 0$。

6-5 对于图 6-24 所示的结构,试求整体劲度矩阵 $\boldsymbol{K}$ 中的子矩阵 $\boldsymbol{K}_{41}$，$\boldsymbol{K}_{42}$，$\boldsymbol{K}_{44}$，$\boldsymbol{K}_{46}$(取 $\mu = 0$)。

答案：$\boldsymbol{K}_{41} = Et\begin{bmatrix} -0.50 & -0.25 \\ 0 & -0.25 \end{bmatrix}$，$\boldsymbol{K}_{42} = \begin{bmatrix} 0 & 0 \\ 0 & 0 \end{bmatrix}$，$\boldsymbol{K}_{44} = Et\begin{bmatrix} 1.50 & 0.25 \\ 0.25 & 1.50 \end{bmatrix}$，$\boldsymbol{K}_{46} = \begin{bmatrix} 0 & 0 \\ 0 & 0 \end{bmatrix}$。

6-6 试求图 6-25 所示结构的结点位移和单元应力,取 $t = 1$ m，$\mu = 0$。

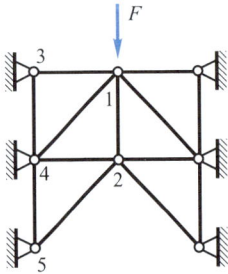

图 6-23

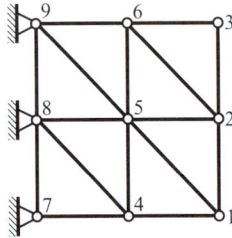

图 6-24

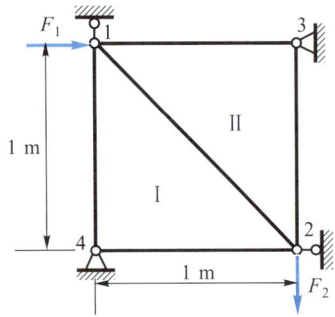

图 6-25

答案：$u_1 = \dfrac{1}{2E}(3F_1 + F_2)$，

$v_2 = -\dfrac{1}{2E}(F_1 + 3F_2)$。

若 $F_1 = F_2 = F$,求出 Ⅰ，Ⅱ 单元的平均应力是：$\sigma_x = -F$，$\sigma_y = F$，$\tau_{xy} = 0$。

6-7 试按图 6-26 所示的网格求解结点位移,取 $t = 1$ m，$\mu = 0$。

答案：(a) $v_1 = -\dfrac{1}{E}\dfrac{4 \times 64}{5}$， $v_2 = -\dfrac{1}{E}\dfrac{4 \times 61}{5}$。

(b) $v_1 = -\dfrac{F}{2E}$， $v_2 = -\dfrac{3F}{2E}$。

(c) $u_1 = \dfrac{1}{12E}(9F + 8\rho g)$， $v_4 = -\dfrac{1}{4E}(F + 8\rho g)$。

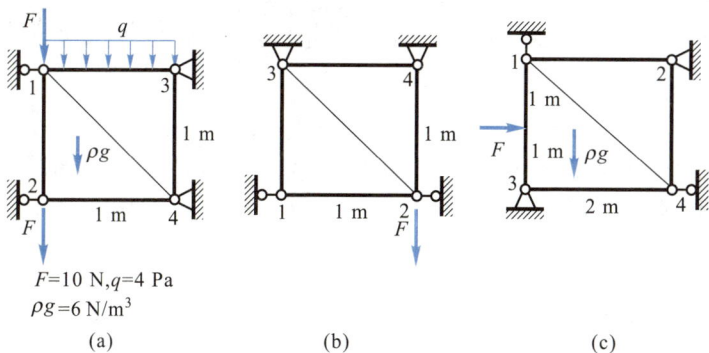

F=10 N,q=4 Pa
ρg=6 N/m³

(a)　　　　　　(b)　　　　　　(c)

图 6-26

6-8　试按图 6-27 所示网格求解结点位移,取 $t=1$ m,$\mu=0$。

答案:中心线上的上结点位移 $v_1 = -\dfrac{6}{5}\dfrac{q}{E}$,

下结点位移 $v_2 = -\dfrac{4}{5}\dfrac{q}{E}$。

6-9　对于图 6-28 所示的四结点平面四边形单元,若取位移模式为

$$u = \alpha_1 + \alpha_2 x + \alpha_3 y + \alpha_4 xy,$$
$$v = \alpha_5 + \alpha_6 x + \alpha_7 y + \alpha_8 xy,$$

试考察此位移模式的收敛性条件,并列出求解其系数 α_1 至 α_8 的方程。

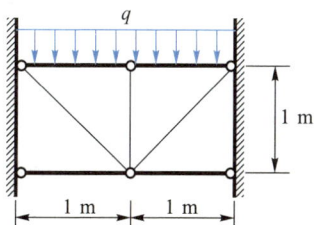

图 6-27

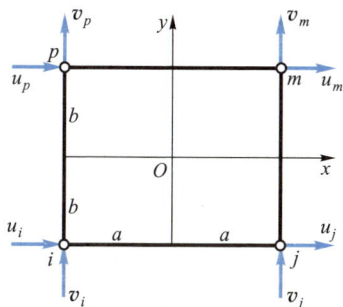

图 6-28

部分习题提示

　题 6-2:(2) 凡是刚体平移,不会产生结点力。(3) 凡是刚体平移和刚体转动,均不会产生应力。

题 6-3，题 6-4：求结点 i 的连杆反力时，可应用公式 $F_i = \sum\limits_{e} \left(\sum\limits_{n=i,j,m} k_{in} \delta_n \right)$，其中 e 为对围绕结点 i 的单元求和。

题 6-5 至题 6-8：可参考和应用书中的单元劲度矩阵。

题 6-9：能满足收敛性条件，即位移模式不仅反映了单元中的刚体位移和常量应变，还在单元的边界上保持了相邻单元位移的连续性。

第七章 空间问题的基本理论

§7-1 平衡微分方程

在一般空间问题中,包含有 15 个未知函数,即 6 个应力分量、6 个应变分量和 3 个位移分量,而且它们都是 x,y,z 坐标变量的函数。对于空间问题,在弹性体区域内部,仍然要考虑静力学、几何学和物理学三方面条件,分别建立三套方程;并在给定约束或面力的边界上,建立位移边界条件或应力边界条件。然后在边界条件下求解这些方程,得出应力分量、应变分量和位移分量。

现在首先来考虑区域内的静力学条件,导出空间问题的平衡微分方程。

在物体内的任意一点 P,割取一个微小的平行六面体,它的六面垂直于坐标轴(即均为坐标面),而棱边的长度为 $PA = \mathrm{d}x, PB = \mathrm{d}y, PC = \mathrm{d}z$(图 7-1)。一般而论,应力分量是位置坐标的函数。因此,作用在这六面体两对面上的应力分量不完全相同,而具有微小的差量。例如,作用在后面的正应力是 σ_x,由于坐标 x 改变了 $\mathrm{d}x$,作用在前面的正应力应当是 $\sigma_x + \dfrac{\partial \sigma_x}{\partial x}\mathrm{d}x$,余类推。由于所取的六面体是微小的,因而可以认为体力是均匀分布的。

首先,以连接六面体前后两面中心的直线 ab 为矩轴,列出力矩的平衡方程 $\sum M_{ab} = 0$:

$$\left(\tau_{yz} + \frac{\partial \tau_{yz}}{\partial y}\mathrm{d}y\right)\mathrm{d}x\mathrm{d}z\,\frac{\mathrm{d}y}{2} + \tau_{yz}\mathrm{d}x\mathrm{d}z\,\frac{\mathrm{d}y}{2} -$$

$$\left(\tau_{zy} + \frac{\partial \tau_{zy}}{\partial z}\mathrm{d}z\right)\mathrm{d}x\mathrm{d}y\,\frac{\mathrm{d}z}{2} - \tau_{zy}\mathrm{d}x\mathrm{d}y\,\frac{\mathrm{d}z}{2} = 0\,.$$

除以 $\mathrm{d}x\mathrm{d}y\mathrm{d}z$,合并相同的项,得

$$\tau_{yz} + \frac{1}{2}\,\frac{\partial \tau_{yz}}{\partial y}\,\mathrm{d}y - \tau_{zy} - \frac{1}{2}\,\frac{\partial \tau_{zy}}{\partial z}\,\mathrm{d}z = 0\,.$$

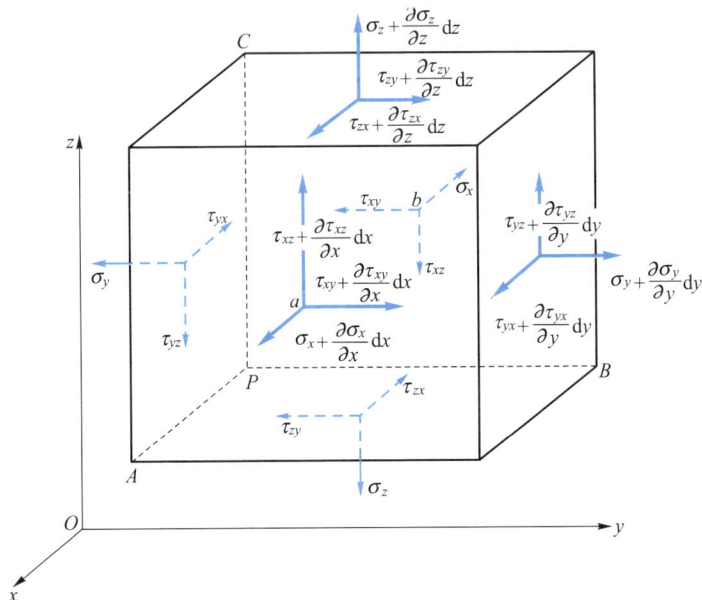

图 7-1

略去微量以后,得

$$\tau_{yz} = \tau_{zy} \, .$$

同样可以得出

$$\tau_{zx} = \tau_{xz} , \qquad \tau_{xy} = \tau_{yx} \, .$$

这些是以前已有的结果,只是又一次证明了切应力的互等性。

其次,以 x 轴为投影轴,列出投影的平衡方程 $\sum F_x = 0$,得

$$\left(\sigma_x + \frac{\partial \sigma_x}{\partial x} \mathrm{d}x \right) \mathrm{d}y \mathrm{d}z - \sigma_x \mathrm{d}y \mathrm{d}z + \left(\tau_{yx} + \frac{\partial \tau_{yx}}{\partial y} \mathrm{d}y \right) \mathrm{d}z \mathrm{d}x - \tau_{yx} \mathrm{d}z \mathrm{d}x + \left(\tau_{zx} + \frac{\partial \tau_{zx}}{\partial z} \mathrm{d}z \right) \mathrm{d}x \mathrm{d}y -$$

$$\tau_{zx} \mathrm{d}x \mathrm{d}y + f_x \mathrm{d}x \mathrm{d}y \mathrm{d}z = 0 \, .$$

由其余两个平衡方程, $\sum F_y = 0$ 和 $\sum F_z = 0$,可以得出与此相似的两个方程。将这 3 个方程约简以后,除以 $\mathrm{d}x \mathrm{d}y \mathrm{d}z$,得

$$\left. \begin{aligned} \frac{\partial \sigma_x}{\partial x} + \frac{\partial \tau_{yx}}{\partial y} + \frac{\partial \tau_{zx}}{\partial z} + f_x = 0 , \\ \frac{\partial \sigma_y}{\partial y} + \frac{\partial \tau_{zy}}{\partial z} + \frac{\partial \tau_{xy}}{\partial x} + f_y = 0 , \\ \frac{\partial \sigma_z}{\partial z} + \frac{\partial \tau_{xz}}{\partial x} + \frac{\partial \tau_{yz}}{\partial y} + f_z = 0 \, . \end{aligned} \right\} \qquad (7\text{-}1)$$

这就是空间问题的平衡微分方程。

读者试证,式(7-1)也可以简单地从平面问题的平衡微分方程推广得到。读者还可注意,在直角坐标系中,坐标变量 x,y,z 及其对应的方程具有互等性。因此,将式(7-1)中的下标和导数等按 $x \to y \to z \to x$ 方式进行轮换,便可分别得到平衡微分方程的后面一式。

§7-2　物体内任一点的应力状态

现在,假定物体在任一点 P 的 6 个直角坐标面上的应力分量 $\sigma_x,\sigma_y,\sigma_z$,

$\tau_{yz}=\tau_{zy},\tau_{zx}=\tau_{xz},\tau_{xy}=\tau_{yx}$ 为已知,试求经过 P 点的任一斜面上的应力。为此,在 P 点附近取一个平面 ABC,平行于这一斜面,并与经过 P 点的三个坐标面形成一个微小的四面体 $PABC$(图 7-2)。当四面体 $PABC$ 无限缩小而趋于 P 点时,平面 ABC 上的应力就成为该斜面上的应力。

命平面 ABC 的外法线为 n',其方向余弦为

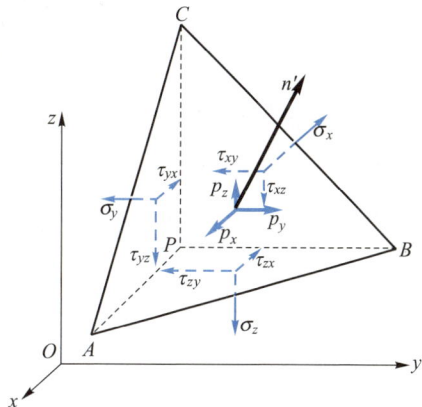

图 7-2

$$\cos(n',x)=l,\quad \cos(n',y)=m,$$
$$\cos(n',z)=n_\circ$$

设三角形 ABC 的面积为 $\mathrm{d}S$,则三角形 BPC,CPA,APB 的面积分别为 $l\mathrm{d}S$,$m\mathrm{d}S$,$n\mathrm{d}S$。四面体 $PABC$ 的体积用 $\mathrm{d}V$ 代表。设斜面 ABC 上的全应力 $\boldsymbol{p}$ 在坐标轴上的投影分量为 p_x,p_y,p_z。根据四面体的平衡条件 $\sum F_x=0$,得

$$p_x\mathrm{d}S-\sigma_x l\mathrm{d}S-\tau_{yx}m\mathrm{d}S-\tau_{zx}n\mathrm{d}S+f_x\mathrm{d}V=0_\circ$$

除以 $\mathrm{d}S$,并移项,得

$$p_x+f_x\frac{\mathrm{d}V}{\mathrm{d}S}=l\sigma_x+m\tau_{yx}+n\tau_{zx}_\circ$$

当四面体 $PABC$ 无限减小而趋于 P 点时,由于 $\mathrm{d}V$ 是比 $\mathrm{d}S$ 更高一阶的微量,所以 $\dfrac{\mathrm{d}V}{\mathrm{d}S}$ 趋近于零。于是得出下面式(7-2)中的第一式。其余二式可分别由平衡条件 $\sum F_y=0$ 及 $\sum F_z=0$ 同样地得出

$$\left.\begin{aligned} p_x&=l\sigma_x+m\tau_{yx}+n\tau_{zx},\\ p_y&=m\sigma_y+n\tau_{zy}+l\tau_{xy},\\ p_z&=n\sigma_z+l\tau_{xz}+m\tau_{yz}_\circ \end{aligned}\right\} \tag{7-2}$$

设斜面 ABC 上的正应力为 σ_n，则

$$\sigma_n = lp_x + mp_y + np_z。$$

将式(7-2)代入，并分别用 $\tau_{yz}, \tau_{zx}, \tau_{xy}$ 代替 $\tau_{zy}, \tau_{xz}, \tau_{yx}$，即得

$$\sigma_n = l^2\sigma_x + m^2\sigma_y + n^2\sigma_z + 2mn\tau_{yz} + 2nl\tau_{zx} + 2lm\tau_{xy}。 \qquad (7-3)$$

设斜面 ABC 上的切应力为 τ_n，则由于

$$p^2 = \sigma_n^2 + \tau_n^2 = p_x^2 + p_y^2 + p_z^2$$

而有

$$\tau_n^2 = p_x^2 + p_y^2 + p_z^2 - \sigma_n^2。 \qquad (7-4)$$

由式(7-3)及式(7-4)可见，在物体的任意一点，如果已知 6 个坐标面上的应力分量 $\sigma_x, \sigma_y, \sigma_z, \tau_{yz}, \tau_{zx}, \tau_{xy}$，就可以求得任一斜面上的正应力和切应力。因此，可以说 6 个应力分量完全决定了一点的应力状态。

在特殊情况下，如果 ABC 是物体上受面力作用的边界面 s_σ，则 p_x, p_y, p_z 成为面力分量 $\bar{f}_x, \bar{f}_y, \bar{f}_z$，于是由式(7-2)得出

$$\left.\begin{aligned} (l\sigma_x + m\tau_{yx} + n\tau_{zx})_s &= \bar{f}_x, \\ (m\sigma_y + n\tau_{zy} + l\tau_{xy})_s &= \bar{f}_y, \\ (n\sigma_z + l\tau_{xz} + m\tau_{yz})_s &= \bar{f}_z。 \end{aligned}\right\} \quad (\text{在 } s_\sigma \text{ 上}) \qquad (7-5)$$

其中，$(\sigma_x)_s, \cdots, (\tau_{yz})_s$ 是应力分量的边界值。这就是空间问题的应力边界条件，它表明应力分量的边界值与面力分量之间的关系。

§7-3　主应力　最大与最小的应力

设经过任一点 P 的某一斜面上的切应力等于零，则该斜面上的正应力称为在 P 点的一个主应力，该斜面称为在 P 点的一个应力主面，而该斜面的法线方向称为在 P 点的一个应力主向。

假设在 P 点有一个应力主面存在。这样，由于该面上的切应力等于零，所以该面上的全应力 p 就等于该面上的正应力 σ_n，也就等于主应力 σ。于是该面上的全应力 p 在坐标轴上的投影分量成为

$$p_x = l\sigma, \quad p_y = m\sigma, \quad p_z = n\sigma。$$

将式(7-2)代入，即得

$$
\left.
\begin{array}{l}
l\sigma_x + m\tau_{yx} + n\tau_{zx} = l\sigma, \\
m\sigma_y + n\tau_{zy} + l\tau_{xy} = m\sigma, \\
n\sigma_z + l\tau_{xz} + m\tau_{yz} = n\sigma_\circ
\end{array}
\right\} \tag{a}
$$

此外还有方向余弦的关系式

$$
l^2 + m^2 + n^2 = 1_\circ \tag{b}
$$

如果将式(a)与式(b)联立求解,能够得出 σ, l, m, n 的一组解答,就得到 P 点的一个主应力以及与之对应的应力主面和应力主向。用下述方法求解,比较方便。

将式(a)改写为

$$
\left.
\begin{array}{l}
(\sigma_x - \sigma)l + \tau_{yx}m + \tau_{zx}n = 0, \\
\tau_{xy}l + (\sigma_y - \sigma)m + \tau_{zy}n = 0, \\
\tau_{xz}l + \tau_{yz}m + (\sigma_z - \sigma)n = 0_\circ
\end{array}
\right\} \tag{c}
$$

这是关于 l, m, n 的 3 个齐次线性方程。因为由式(b)可见 l, m, n 不能全等于零,所以这三个方程的系数的行列式应该等于零,即

$$
\begin{vmatrix}
\sigma_x - \sigma & \tau_{yx} & \tau_{zx} \\
\tau_{xy} & \sigma_y - \sigma & \tau_{zy} \\
\tau_{xz} & \tau_{yz} & \sigma_z - \sigma
\end{vmatrix} = 0_\circ
$$

用 $\tau_{yz}, \tau_{zx}, \tau_{xy}$ 代替 $\tau_{zy}, \tau_{xz}, \tau_{yx}$,将行列式展开,得 σ 的三次方程

$$
\begin{aligned}
&\sigma^3 - (\sigma_x + \sigma_y + \sigma_z)\sigma^2 + \\
&(\sigma_y\sigma_z + \sigma_z\sigma_x + \sigma_x\sigma_y - \tau_{yz}^2 - \tau_{zx}^2 - \tau_{xy}^2)\sigma - \\
&(\sigma_x\sigma_y\sigma_z - \sigma_x\tau_{yz}^2 - \sigma_y\tau_{zx}^2 - \sigma_z\tau_{xy}^2 + 2\tau_{yz}\tau_{zx}\tau_{xy}) = 0_\circ
\end{aligned} \tag{7-6}
$$

求解这个方程,如果能得出 σ 的三个实根 $\sigma_1, \sigma_2, \sigma_3$,这些就是 P 点的3 个主应力。

为了求得与主应力 σ_1 相应的方向余弦 l_1, m_1, n_1,可以利用式(c)中的任意两式,例如其中的前两式。由此得

$$
\begin{aligned}
(\sigma_x - \sigma_1)l_1 + \tau_{yx}m_1 + \tau_{zx}n_1 = 0, \\
\tau_{xy}l_1 + (\sigma_y - \sigma_1)m_1 + \tau_{zy}n_1 = 0_\circ
\end{aligned}
$$

将上列两式均除以 l_1,得

$$
\tau_{yx}\frac{m_1}{l_1} + \tau_{zx}\frac{n_1}{l_1} + (\sigma_x - \sigma_1) = 0,
$$

$$
(\sigma_y - \sigma_1)\frac{m_1}{l_1} + \tau_{zy}\frac{n_1}{l_1} + \tau_{xy} = 0,
$$

从而可以解出比值 $\dfrac{m_1}{l_1}$ 及 $\dfrac{n_1}{l_1}$。于是可由式(b)得出

$$l_1 = \frac{1}{\sqrt{1+\left(\dfrac{m_1}{l_1}\right)^2+\left(\dfrac{n_1}{l_1}\right)^2}}\ ,$$

并由已知的比值 m_1/l_1 及 n_1/l_1 求得 m_1 及 n_1。同样可以求得与主应力 σ_2 相应的 l_2, m_2, n_2,以及与 σ_3 相应的 l_3, m_3, n_3。

下面来考察:在受力物体内的任意一点,究竟是否存在着主应力?存在着几个主应力? 它们之间又有什么关系?

我们知道,实系数的三次方程式(7-6)至少有 1 个实根,因而至少存在着 1 个主应力以及与之对应的应力主面。把这个主应力称为 σ_3,并将 z 轴放在这个应力主向,则 $\sigma_z = \sigma_3$,而 $\tau_{zx} = \tau_{xz} = 0, \tau_{zy} = \tau_{yz} = 0$。于是平行六面体上的应力如图 7-3 所示(垂直于图平面的 $\sigma_z = \sigma_3$ 没有画出)。根据§2-3 中的分析,可以断定有两个主应力 σ_1 和 σ_2,作用在互相垂直而且垂直于图平面的两个应力主面上,如图所示。这就证明:在受力物体内的任意一点,一定存在三个互相垂直的应力主面以及对应的三个主应力。

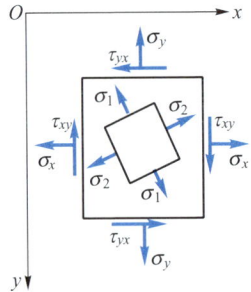

图 7-3

三次方程(7-6)又可以写成根式方程,即

$$(\sigma-\sigma_1)(\sigma-\sigma_2)(\sigma-\sigma_3) = 0。 \qquad (\text{d})$$

将式(d)展开,并与式(7-6)比较 σ^2 项的系数,就有

$$\sigma_1+\sigma_2+\sigma_3 = \sigma_x+\sigma_y+\sigma_z。 \qquad (7\text{-}7)$$

显然,在一定的应力状态下,物体内任一点处的主应力不会随着坐标系而改变(尽管应力分量随着坐标系而改变),所以方程式(7-7)左边的 $\sigma_1+\sigma_2+\sigma_3$ 不会随坐标系而改变,因而右边的 $\sigma_x+\sigma_y+\sigma_z$ 也不会随坐标系而改变。于是可见,在受力物体内的任意一点,三个互相垂直的面上的正应力之和是不变量(不随坐标系而变的量),并且等于该点的三个主应力之和。

可以证明,三个主应力中最大的一个就是该点的最大正应力,而三个主应力中最小的一个就是该点的最小正应力。由此又可见,在三个主应力相等的特殊情况下,所有各截面上的正应力都相同(也就等于主应力),而切应力都等于零。还可以证明,最大与最小的切应力,在数值上等于最大主应力与最小主应力之差的一半,作用在通过中间主应力并且"平分最大主应力与最小主应力的夹角"的平面上。

§7-4 几何方程 物理方程

现在来考虑空间问题的几何学条件。在空间问题中,应变分量与位移分量应当满足下列六个方程,即空间问题的几何方程:

$$\left.\begin{array}{lll}
\varepsilon_x = \dfrac{\partial u}{\partial x}, & \varepsilon_y = \dfrac{\partial v}{\partial y}, & \varepsilon_z = \dfrac{\partial w}{\partial z}, \\[2mm]
\gamma_{yz} = \dfrac{\partial w}{\partial y} + \dfrac{\partial v}{\partial z}, & \gamma_{zx} = \dfrac{\partial u}{\partial z} + \dfrac{\partial w}{\partial x}, & \gamma_{xy} = \dfrac{\partial v}{\partial x} + \dfrac{\partial u}{\partial y},
\end{array}\right\} \tag{7-8}$$

其中的第一式、第二式和第六式已在§2-4中导出,其余三式可用同样的方法导出。

此外,在物体的给定约束位移的边界 s_u 上,位移分量还应当满足下列三个**位移边界条件**,即空间问题的位移边界条件:

$$(u)_s = \overline{u}, \quad (v)_s = \overline{v}, \quad (w)_s = \overline{w}。 \quad (在 s_u 上) \tag{7-9}$$

此三式的等号左边是位移分量的边界值,等号右边是该边界上的约束位移分量的已知值。

附带说明一下体积应变的概念。设有微小的正平行六面体,其棱边的长度为 $\mathrm{d}x, \mathrm{d}y, \mathrm{d}z$。在变形之前,它的体积是 $\mathrm{d}x\mathrm{d}y\mathrm{d}z$;在变形之后,它的体积将成为 $(\mathrm{d}x+\varepsilon_x \mathrm{d}x)(\mathrm{d}y+\varepsilon_y \mathrm{d}y)(\mathrm{d}z+\varepsilon_z \mathrm{d}z)$。因此,它的每单位体积的体积改变,也就是所谓**体积应变**,是

$$\begin{aligned}
\theta &= \frac{(\mathrm{d}x+\varepsilon_x \mathrm{d}x)(\mathrm{d}y+\varepsilon_y \mathrm{d}y)(\mathrm{d}z+\varepsilon_z \mathrm{d}z) - \mathrm{d}x\mathrm{d}y\mathrm{d}z}{\mathrm{d}x\mathrm{d}y\mathrm{d}z} \\[2mm]
&= (1+\varepsilon_x)(1+\varepsilon_y)(1+\varepsilon_z) - 1 \\[2mm]
&= \varepsilon_x + \varepsilon_y + \varepsilon_z + \varepsilon_y\varepsilon_z + \varepsilon_z\varepsilon_x + \varepsilon_x\varepsilon_y + \varepsilon_x\varepsilon_y\varepsilon_z。
\end{aligned}$$

由位移和应变是微小的假定,可略去线应变的乘积项(更高阶的微量),则上式简化为

$$\theta = \varepsilon_x + \varepsilon_y + \varepsilon_z。 \tag{7-10}$$

将几何方程式(7-8)中的前三式代入,得

$$\theta = \frac{\partial u}{\partial x} + \frac{\partial v}{\partial y} + \frac{\partial w}{\partial z}。 \tag{7-11}$$

它表明体积应变与位移分量之间的简单微分关系。

现在来考虑空间问题的物理学条件。各向同性体中的应变分量与应力分量之间的关系已在§2-5中给出如下:

$$\left.\begin{aligned}
\varepsilon_x &= \frac{1}{E}\left[\sigma_x - \mu(\sigma_y + \sigma_z)\right], \\
\varepsilon_y &= \frac{1}{E}\left[\sigma_y - \mu(\sigma_z + \sigma_x)\right], \\
\varepsilon_z &= \frac{1}{E}\left[\sigma_z - \mu(\sigma_x + \sigma_y)\right], \\
\gamma_{yz} &= \frac{2(1+\mu)}{E}\tau_{yz}, \\
\gamma_{zx} &= \frac{2(1+\mu)}{E}\tau_{zx}, \\
\gamma_{xy} &= \frac{2(1+\mu)}{E}\tau_{xy}.
\end{aligned}\right\} \tag{7-12}$$

这是空间问题的物理方程的基本形式,其中应变分量是用应力分量表示的,可用于按应力求解的方法。

将式(7-12)中的前三式相加,得

$$\varepsilon_x + \varepsilon_y + \varepsilon_z = \frac{1-2\mu}{E}(\sigma_x + \sigma_y + \sigma_z).$$

应用式(7-10)并命 $\sigma_x + \sigma_y + \sigma_z = \Theta$,则上式可以简写为

$$\theta = \frac{1-2\mu}{E}\Theta. \tag{7-13}$$

前面已经说明,$\theta = \varepsilon_x + \varepsilon_y + \varepsilon_z$ 是体积应变。现在又看到,体积应变 θ 是和 Θ 成正比的。因此,$\Theta = \sigma_x + \sigma_y + \sigma_z$ 也就称为体积应力,而 Θ 与 θ 之间的比例常数 $\dfrac{E}{1-2\mu}$ 也就称为体积模量。

为了以后用起来方便,下面来导出物理方程的另一种形式,即将应力分量用应变分量来表示。

由方程式(7-12)中的第一式可得

$$\varepsilon_x = \frac{1}{E}\left[(1+\mu)\sigma_x - \mu(\sigma_x + \sigma_y + \sigma_z)\right]$$

$$= \frac{1}{E}\left[(1+\mu)\sigma_x - \mu\Theta\right].$$

求解 σ_x,得

$$\sigma_x = \frac{1}{1+\mu}(E\varepsilon_x + \mu\Theta).$$

将由式(7-13)得来的 $\Theta = \dfrac{E\theta}{1-2\mu}$ 代入,得

$$\sigma_x = \frac{E}{1+\mu}\left(\frac{\mu}{1-2\mu}\theta+\varepsilon_x\right)。$$

对于 σ_y 和 σ_z,也可以导出与此相似的两个方程。此外,再由式(7-12)中的后三式求解切应力分量,总共得出如下的 6 个方程:

$$\left.\begin{array}{l}
\sigma_x = \dfrac{E}{1+\mu}\left(\dfrac{\mu}{1-2\mu}\,\theta+\varepsilon_x\right), \\[2mm]
\sigma_y = \dfrac{E}{1+\mu}\left(\dfrac{\mu}{1-2\mu}\,\theta+\varepsilon_y\right), \\[2mm]
\sigma_z = \dfrac{E}{1+\mu}\left(\dfrac{\mu}{1-2\mu}\,\theta+\varepsilon_z\right), \\[2mm]
\tau_{yz} = \dfrac{E}{2(1+\mu)}\gamma_{yz}, \\[2mm]
\tau_{zx} = \dfrac{E}{2(1+\mu)}\gamma_{zx}, \\[2mm]
\tau_{xy} = \dfrac{E}{2(1+\mu)}\gamma_{xy}。
\end{array}\right\} \qquad (7-14)$$

这是空间问题物理方程的第二种形式,其中应力分量是用应变分量表示的,可用于按位移求解的方法。

总结起来,对于空间问题,我们共有 15 个未知函数:6 个应力分量 $\sigma_x,\sigma_y,\sigma_z,\tau_{yz}=\tau_{zy},\tau_{zx}=\tau_{xz},\tau_{xy}=\tau_{yx}$;6 个应变分量 $\varepsilon_x,\varepsilon_y,\varepsilon_z,\gamma_{yz},\gamma_{zx},\gamma_{xy}$;3 个位移分量 u,v,w。这 15 个未知函数在弹性体区域内应当满足 15 个基本方程:3 个平衡微分方程式(7-1);6 个几何方程式(7-8);6 个物理方程式(7-12)或者式(7-14)。此外,在给定约束位移的边界 s_u 上,还应当满足位移边界条件式(7-9);在给定面力的边界 s_σ 上,还应当满足应力边界条件式(7-5)。

§7-5　轴对称问题的基本方程

在空间问题中,如果弹性体的几何形状、约束情况,以及所受的外力作用,都是对称于某一轴(通过这个轴的任一平面都是对称面),则所有的应力、应变和位移也就对称于这一轴。这种问题称为空间轴对称问题。

在描述轴对称问题中的应力、应变及位移时,宜采用圆柱坐标 ρ,φ,z。这首先是因为,如果以弹性体的对称轴为 z 轴(图 7-4),则所有的应力分量、应变分量和位移分量都将只是 ρ 和 z 的函数,不随 φ 而变。其次,具有方向性的各物理量应当对称于通过 z 轴的任何平面,凡不符合对称性的物理量必然不存在,它们应当等于零。

首先来导出轴对称问题的平衡微分方程。

用相距 $d\rho$ 的两个圆柱面,互成 $d\varphi$ 角的两个铅直面及相距 dz 的两个水平面,从弹性体割取一个微小六面体 $PABC$(图 7–4)。沿 ρ 方向的正应力,称为径向正应力,用 σ_ρ 代表;沿 φ 方向的正应力,称为环向正应力,用 σ_φ 代表;沿 z 方向的正应力,称为轴向正应力,仍然用 σ_z 代表;作用在圆柱面上而沿 z 方向作用的切应力用 $\tau_{\rho z}$ 代表,作用在水平面上而沿 ρ 方向作用的切应力用 $\tau_{z\rho}$ 代表。根据切应力的互等性,$\tau_{z\rho}=\tau_{\rho z}$。由于对称性,$\tau_{\rho\varphi}=\tau_{\varphi\rho}$ 及 $\tau_{\varphi z}=\tau_{z\varphi}$ 都不存在。这样,总共只有 4 个应力分量:σ_ρ,σ_φ,σ_z,$\tau_{z\rho}=\tau_{\rho z}$,一般都是 ρ 和 z 的函数。

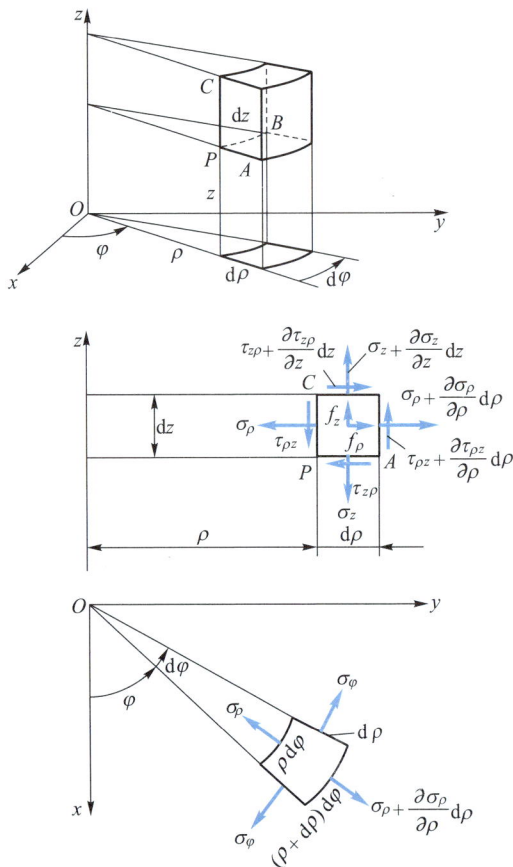

图 7–4

如果六面体的内圆柱面上的正应力是 σ_ρ,则外圆柱面上的正应力应当是

$\sigma_\rho + \dfrac{\partial \sigma_\rho}{\partial \rho}\mathrm{d}\rho$。由于对称，$\sigma_\varphi$ 在沿环向线方向没有增量。如果六面体下面的正应力是 σ_z，则上面的正应力应当是 $\sigma_z + \dfrac{\partial \sigma_z}{\partial z}\mathrm{d}z$。同样，内面及外面的切应力分别为 $\tau_{\rho z}$ 及 $\tau_{\rho z} + \dfrac{\partial \tau_{\rho z}}{\partial \rho}\mathrm{d}\rho$，下面及上面的切应力分别为 $\tau_{z\rho}$ 及 $\tau_{z\rho} + \dfrac{\partial \tau_{z\rho}}{\partial z}\mathrm{d}z$。径向的体力用 f_ρ 代表，轴向的体力，即 z 方向的体力，用 f_z 代表。

将六面体所受的各力投影到六面体中心的径向轴上，取 $\sin\dfrac{\mathrm{d}\varphi}{2}$ 及 $\cos\dfrac{\mathrm{d}\varphi}{2}$ 分别近似地等于 $\dfrac{\mathrm{d}\varphi}{2}$ 及 1，得平衡方程

$$\left(\sigma_\rho + \frac{\partial \sigma_\rho}{\partial \rho}\mathrm{d}\rho\right)(\rho + \mathrm{d}\rho)\,\mathrm{d}\varphi\mathrm{d}z - \sigma_\rho\rho\mathrm{d}\varphi\mathrm{d}z - 2\sigma_\varphi\mathrm{d}\rho\mathrm{d}z\frac{\mathrm{d}\varphi}{2} +$$

$$\left(\tau_{z\rho} + \frac{\partial \tau_{z\rho}}{\partial z}\mathrm{d}z\right)\rho\mathrm{d}\varphi\mathrm{d}\rho - \tau_{z\rho}\rho\mathrm{d}\varphi\mathrm{d}\rho + f_\rho\rho\mathrm{d}\varphi\mathrm{d}\rho\mathrm{d}z = 0。$$

归项以后，除以 $\rho\mathrm{d}\varphi\mathrm{d}\rho\mathrm{d}z$，然后略去微量，得

$$\frac{\partial \sigma_\rho}{\partial \rho} + \frac{\partial \tau_{z\rho}}{\partial z} + \frac{\sigma_\rho - \sigma_\varphi}{\rho} + f_\rho = 0。$$

将六面体所受的各力投影到 z 轴上，得平衡方程

$$\left(\tau_{\rho z} + \frac{\partial \tau_{\rho z}}{\partial \rho}\mathrm{d}\rho\right)(\rho + \mathrm{d}\rho)\,\mathrm{d}\varphi\mathrm{d}z - \tau_{\rho z}\rho\mathrm{d}\varphi\mathrm{d}z +$$

$$\left(\sigma_z + \frac{\partial \sigma_z}{\partial z}\mathrm{d}z\right)\rho\mathrm{d}\varphi\mathrm{d}\rho - \sigma_z\rho\mathrm{d}\varphi\mathrm{d}\rho + f_z\rho\mathrm{d}\varphi\mathrm{d}\rho\mathrm{d}z = 0。$$

归项以后，除以 $\rho\mathrm{d}\varphi\mathrm{d}\rho\mathrm{d}z$，然后略去微量，得

$$\frac{\partial \sigma_z}{\partial z} + \frac{\partial \tau_{\rho z}}{\partial \rho} + \frac{\tau_{\rho z}}{\rho} + f_z = 0。$$

于是得空间轴对称问题的平衡微分方程如下：

$$\left.\begin{aligned}
\frac{\partial \sigma_\rho}{\partial \rho} + \frac{\partial \tau_{z\rho}}{\partial z} + \frac{\sigma_\rho - \sigma_\varphi}{\rho} + f_\rho = 0, \\
\frac{\partial \sigma_z}{\partial z} + \frac{\partial \tau_{\rho z}}{\partial \rho} + \frac{\tau_{\rho z}}{\rho} + f_z = 0。
\end{aligned}\right\} \tag{7-15}$$

现在来导出轴对称问题的几何方程。

沿 ρ 方向的线应变，称为径向线应变，用 ε_ρ 代表；沿 φ 方向的线应变，称为环向线应变，用 ε_φ 代表；沿 z 方向的线应变，称为轴向线应变，仍然用 ε_z 代表；ρ

方向与 z 方向之间的直角的改变用 $\gamma_{z\rho}$ 代表。由于对称，$\gamma_{\rho\varphi}$ 及 $\gamma_{\varphi z}$ 都等于零。沿 ρ 方向的位移分量称为径向位移，用 u_ρ 代表；沿 z 方向的位移分量称为轴向位移，用 u_z 代表。由于对称，环向位移 $u_\varphi = 0$。

通过与 §2-4 及 §4-2 中同样的分析，可见由于径向位移 u_ρ 引起的应变是

$$\varepsilon_\rho = \frac{\partial u_\rho}{\partial \rho}, \quad \varepsilon_\varphi = \frac{u_\rho}{\rho}, \quad \gamma_{z\rho} = \frac{\partial u_\rho}{\partial z};$$

由于轴向位移 u_z，引起的应变是

$$\varepsilon_z = \frac{\partial u_z}{\partial z}, \quad \gamma_{z\rho} = \frac{\partial u_z}{\partial \rho}。$$

将以上两组应变相叠加，得空间轴对称问题的几何方程

$$\varepsilon_\rho = \frac{\partial u_\rho}{\partial \rho}, \quad \varepsilon_\varphi = \frac{u_\rho}{\rho}, \quad \varepsilon_z = \frac{\partial u_z}{\partial z}, \quad \gamma_{z\rho} = \frac{\partial u_\rho}{\partial z} + \frac{\partial u_z}{\partial \rho}。 \tag{7-16}$$

由于柱坐标和直角坐标同样也是正交坐标，所以物理方程的基本形式可以直接根据胡克定律得来：

$$\left. \begin{aligned} \varepsilon_\rho &= \frac{1}{E}[\sigma_\rho - \mu(\sigma_\varphi + \sigma_z)], \\ \varepsilon_\varphi &= \frac{1}{E}[\sigma_\varphi - \mu(\sigma_z + \sigma_\rho)], \\ \varepsilon_z &= \frac{1}{E}[\sigma_z - \mu(\sigma_\rho + \sigma_\varphi)], \\ \gamma_{z\rho} &= \frac{1}{G}\tau_{z\rho} = \frac{2(1+\mu)}{E}\tau_{z\rho}。 \end{aligned} \right\} \tag{7-17}$$

将式(7-17)中的前三式相加，仍然得到

$$\theta = \frac{1-2\mu}{E}\Theta,$$

其中的体积应变为

$$\theta = \varepsilon_\rho + \varepsilon_\varphi + \varepsilon_z = \frac{\partial u_\rho}{\partial \rho} + \frac{u_\rho}{\rho} + \frac{\partial u_z}{\partial z}, \tag{7-18}$$

而体积应力为

$$\Theta = \sigma_\rho + \sigma_\varphi + \sigma_z。 \tag{7-19}$$

通过与 §7-4 中同样的处理，也可以同样地把应力分量用应变分量来表示：

$$\left. \begin{aligned} \sigma_\rho &= \frac{E}{1+\mu}\left(\frac{\mu}{1-2\mu}\theta + \varepsilon_\rho\right), \quad \sigma_\varphi = \frac{E}{1+\mu}\left(\frac{\mu}{1-2\mu}\theta + \varepsilon_\varphi\right), \\ \sigma_z &= \frac{E}{1+\mu}\left(\frac{\mu}{1-2\mu}\theta + \varepsilon_z\right), \quad \tau_{z\rho} = \frac{E}{2(1+\mu)}\gamma_{z\rho}。 \end{aligned} \right\} \tag{7-20}$$

§7-6　解的唯一性定理

对于一个弹性力学问题,可能是按应力求解或是按位移求解;在采用半逆解法时,可能从不同的假设出发进行求解;还可能采用不同的数值解法。这样,是否会导致同一个弹性力学问题有不同的解答呢? 解的唯一性定理对此给出了否定的回答。

弹性力学解的唯一性定理可以叙述如下:设弹性体在体内受已知体力作用,在应力边界上受已知面力作用,在位移边界上受已知位移作用,则在弹性体平衡时,体内各点的应力分量和应变分量是唯一的,如果弹性体存在位移边界,则位移分量也是唯一的。

下面采用反证法来证明解的唯一性定理。

设弹性体在给定的体力 f_x、f_y、f_z,应力边界上的面力 $\bar{f}_x$、$\bar{f}_y$、$\bar{f}_z$ 和位移边界上的已知位移 $\bar{u}$、$\bar{v}$、$\bar{w}$ 作用下,存在两组解答,第一组解答为

$$\left.\begin{aligned}
&u^{(1)}、v^{(1)}、w^{(1)}, \\
&\varepsilon_x^{(1)}、\varepsilon_y^{(1)}、\varepsilon_z^{(1)}、\gamma_{xy}^{(1)}、\gamma_{yz}^{(1)}、\gamma_{zx}^{(1)}, \\
&\sigma_x^{(1)}、\sigma_y^{(1)}、\sigma_z^{(1)}、\tau_{xy}^{(1)}、\tau_{yz}^{(1)}、\tau_{zx}^{(1)}。
\end{aligned}\right\} \tag{a}$$

第二组解答为

$$\left.\begin{aligned}
&u^{(2)}、v^{(2)}、w^{(2)}, \\
&\varepsilon_x^{(2)}、\varepsilon_y^{(2)}、\varepsilon_z^{(2)}、\gamma_{xy}^{(2)}、\gamma_{yz}^{(2)}、\gamma_{zx}^{(2)}, \\
&\sigma_x^{(2)}、\sigma_y^{(2)}、\sigma_z^{(2)}、\tau_{xy}^{(2)}、\tau_{yz}^{(2)}、\tau_{zx}^{(2)}。
\end{aligned}\right\} \tag{b}$$

现在来考察这两组解答是否相同。为此,考虑这两组解的差,得到一组新的变量

$$\left.\begin{aligned}
&u=u^{(1)}-u^{(2)}, \quad v=v^{(1)}-v^{(2)}, \quad w=w^{(1)}-w^{(2)}; \\
&\varepsilon_x=\varepsilon_x^{(1)}-\varepsilon_x^{(2)}, \quad \varepsilon_y=\varepsilon_y^{(1)}-\varepsilon_y^{(2)}, \quad \varepsilon_z=\varepsilon_z^{(1)}-\varepsilon_z^{(2)}, \\
&\gamma_{xy}=\gamma_{xy}^{(1)}-\gamma_{xy}^{(2)}, \quad \gamma_{yz}=\gamma_{yz}^{(1)}-\gamma_{yz}^{(2)}, \quad \gamma_{zx}=\gamma_{zx}^{(1)}-\gamma_{zx}^{(2)}; \\
&\sigma_x=\sigma_x^{(1)}-\sigma_x^{(2)}, \quad \sigma_y=\sigma_y^{(1)}-\sigma_y^{(2)}, \quad \sigma_z=\sigma_z^{(1)}-\sigma_z^{(2)}, \\
&\tau_{xy}=\tau_{xy}^{(1)}-\tau_{xy}^{(2)}, \quad \tau_{yz}=\tau_{yz}^{(1)}-\tau_{yz}^{(2)}, \quad \tau_{zx}=\tau_{zx}^{(1)}-\tau_{zx}^{(2)}。
\end{aligned}\right\} \tag{c}$$

由于上标带"(1)"和带"(2)"的位移分量、应变分量和应力分量都是弹性体的解,它们均应满足平衡微分方程(7-1)、几何方程(7-8)、物理方程(7-12),在面力已知的边界上满足应力边界条件(7-5),在位移已知的边界上满足位移

边界条件(7-9)。因此,将这两组解答对应的方程相减,或根据叠加原理,容易看出式(c)给出的位移分量、应变分量和应力分量对应于这样的状态:弹性体不受体力作用,而且在应力边界上面力为零,在位移边界上位移为零,即它们满足

$$
\left.
\begin{aligned}
\frac{\partial \sigma_x}{\partial x}+\frac{\partial \tau_{xy}}{\partial y}+\frac{\partial \tau_{xz}}{\partial z}=0,\\
\frac{\partial \tau_{yx}}{\partial x}+\frac{\partial \sigma_y}{\partial y}+\frac{\partial \tau_{yz}}{\partial z}=0,\\
\frac{\partial \tau_{zx}}{\partial x}+\frac{\partial \tau_{zy}}{\partial y}+\frac{\partial \sigma_z}{\partial z}=0_{\circ}
\end{aligned}
\right\}
\tag{d}
$$

在应力边界 S_σ 上

$$
\left.
\begin{aligned}
l(\sigma_x)_{S_\sigma}+m(\tau_{yx})_{S_\sigma}+n(\tau_{zx})_{S_\sigma}=0,\\
m(\sigma_y)_{S_\sigma}+n(\tau_{zy})_{S_\sigma}+l(\tau_{xy})_{S_\sigma}=0,\\
n(\sigma_z)_{S_\sigma}+l(\tau_{xz})_{S_\sigma}+m(\tau_{yz})_{S_\sigma}=0_{\circ}
\end{aligned}
\right\}
\tag{e}
$$

在位移边界 S_u 上

$$
(u)_{S_u}=0,\quad (v)_{S_u}=0,\quad (w)_{S_u}=0_{\circ}
\tag{f}
$$

将 u、v、w 分别与式(d)中的第一、第二和第三式相乘后相加,并进行积分,得到

$$
\int_V\left[\left(\frac{\partial \sigma_x}{\partial x}+\frac{\partial \tau_{xy}}{\partial y}+\frac{\partial \tau_{xz}}{\partial z}\right)u+\left(\frac{\partial \tau_{yx}}{\partial x}+\frac{\partial \sigma_y}{\partial y}+\frac{\partial \tau_{yz}}{\partial z}\right)v+\left(\frac{\partial \tau_{zx}}{\partial x}+\frac{\partial \tau_{zy}}{\partial y}+\frac{\partial \sigma_z}{\partial z}\right)w\right]\mathrm{d}V=0
\tag{g}
$$

式(g)的左端共有 9 项,对每一项进行分部积分,并应用高斯公式和几何方程。例如,对于第一项,有

$$
\int_V\frac{\partial \sigma_x}{\partial x}u\mathrm{d}V=\int_V\left[\frac{\partial}{\partial x}(\sigma_x u)-\sigma_x\frac{\partial u}{\partial x}\right]\mathrm{d}V=\int_S l\sigma_x u\mathrm{d}S-\int_V\sigma_x\varepsilon_x\mathrm{d}V
$$

对于其余各项,也都进行同样的处理,则式(g)成为

$$
\int_S\left[(l\sigma_x+m\tau_{yx}+n\tau_{zx})u+(m\sigma_y+n\tau_{zy}+l\tau_{xy})v+(n\sigma_z+l\tau_{xz}+m\tau_{yz})w\right]\mathrm{d}S
$$
$$
-\int_V(\sigma_x\varepsilon_x+\sigma_y\varepsilon_y+\sigma_z\varepsilon_z+\tau_{xy}\gamma_{xy}+\tau_{yz}\gamma_{yz}+\tau_{zx}\gamma_{zx})\mathrm{d}V=0
\tag{h}
$$

注意到在边界上,应力分量和位移分量要满足边界条件(e)和(f),这样,式(h)中面积分的被积函数为零,于是,得到

$$
\int_V(\sigma_x\varepsilon_x+\sigma_y\varepsilon_y+\sigma_z\varepsilon_z+\tau_{xy}\gamma_{xy}+\tau_{yz}\gamma_{yz}+\tau_{zx}\gamma_{zx})\mathrm{d}V=0
\tag{i}
$$

将物理方程(7-14)代入到式(i)中,得到

$$
\frac{E}{(1+\mu)}\int_V\left[\frac{\mu}{1-2\mu}\theta^2+(\varepsilon_x^2+\varepsilon_y^2+\varepsilon_z^2)+\frac{1}{2}(\gamma_{xy}^2+\gamma_{yz}^2+\gamma_{zx}^2)\right]\mathrm{d}V=0
\tag{j}
$$

由于上式中积分项的被积函数是非负的,为保证式(j)成立,必有
$$\varepsilon_x = 0, \quad \varepsilon_y = 0, \quad \varepsilon_z = 0, \quad \gamma_{xy} = 0, \quad \gamma_{yz} = 0, \quad \gamma_{zx} = 0。$$
再由物理方程(7-14),得到
$$\sigma_x = 0, \quad \sigma_y = 0, \quad \sigma_z = 0, \quad \tau_{xy} = 0, \quad \tau_{yz} = 0, \quad \tau_{zx} = 0。$$
亦即
$$\varepsilon_x^{(1)} = \varepsilon_x^{(2)}, \quad \varepsilon_y^{(1)} = \varepsilon_y^{(2)}, \quad \varepsilon_z^{(1)} = \varepsilon_z^{(2)}, \quad \gamma_{xy}^{(1)} = \gamma_{xy}^{(2)},$$
$$\gamma_{yz}^{(1)} = \gamma_{yz}^{(2)}, \quad \gamma_{zx}^{(1)} = \gamma_{zx}^{(2)}; \quad \sigma_x^{(1)} = \sigma_x^{(2)}, \quad \sigma_y^{(1)} = \sigma_y^{(2)},$$
$$\sigma_z^{(1)} = \sigma_z^{(2)}, \quad \tau_{xy}^{(1)} = \tau_{xy}^{(2)}, \quad \tau_{yz}^{(1)} = \tau_{yz}^{(2)}, \quad \tau_{zx}^{(1)} = \tau_{zx}^{(2)}。$$
这就证明了,在上述问题中应变分量和应力分量是唯一的。

　　根据应变分量为零的条件,位移分量就是刚体位移,如果弹性体存在位移边界,则由式(f)的条件,这个刚体位移必为零,即
$$u = 0, \quad v = 0, \quad w = 0。$$
从而有
$$u^{(1)} = u^{(2)}, \quad v^{(1)} = v^{(2)}, \quad w^{(1)} = w^{(2)}$$
表明位移分量也是唯一的。如果弹性体不存在位移边界,虽然应变分量和应力分量是唯一的,但两组解答中对应的位移分量可以相差某种刚体位移,这也是预料到的结果。

　　弹性力学解的唯一性定理的重要性在于,为求解弹性力学问题所采用的各种方法(如逆解法或半逆解法等)提供了理论依据。弹性力学问题的求解一般比较困难,如果能找到一组解答,并验证它们满足弹性力学的基本方程和边界条件,根据解的唯一性定理,这组解答就是该问题的唯一正确解。

　　弹性力学问题的解答虽然是唯一的,但可以有不同的表达式。同一个问题的解答,由于采用的解法不同,可能是表以不同形式的函数,或者是表以不同的级数。但是,这些不同形式的解答,最终应统一于相同的数值。

▶ 本章内容提要

　　1. 弹性力学中的各类问题,都具有相似性,其未知函数,基本方程和边界条件,以及求解的方法都是类似的。空间问题可以看成是平面问题的推广。

　　2. 在直角坐标系中的一般空间问题,包含有15个应力、应变和位移的未知函数,且均为 x,y,z 的函数。它们在区域内应满足的基本方程也是15个,即3个平衡微分方程,6个几何方程和6个物理方程;在边界上应满足3个应力边界条件或位移边界条件。上述基本方程和边界条件具有对等性,可将下标、导数和物理量等按 x,y,z 轮换的方式互相得出。

　　3. 在柱坐标系中的空间轴对称问题,包含有10个应力、应变和位移的未知函数,它们都

是 ρ,z 的函数。它们在区域内应满足的 10 个基本方程(2 个平衡微分方程,4 个几何方程和 4 个物理方程),在边界上应满足 2 个应力或位移的边界条件。

4. 弹性力学解的唯一性定理:设弹性体内受已知体力作用,在应力边界上受已知面力作用,在位移边界上受已知位移作用,则在弹性体平衡时,体内各点的应力分量和应变分量是唯一的。如果弹性体存在位移边界,则位移分量也是唯一的。该定理为求解弹性力学问题采用的各种方法(如逆解法或半逆解法)提供了理论依据。

习 题

7-1 试证明:在与 3 个主应力成相同角度的面上,正应力等于 3 个主应力的平均值。

答案:$\sigma_n = \dfrac{1}{3}\Theta$。

7-2 设某一物体发生如下的位移:

$$u = a_0 + a_1 x + a_2 y + a_3 z,$$
$$v = b_0 + b_1 x + b_2 y + b_3 z,$$
$$w = c_0 + c_1 x + c_2 y + c_3 z。$$

试证明:各个应变分量在物体内为常量(即所谓均匀应变);在变形以后,物体内的平面保持为平面,直线保持为直线,平行面保持平行,平行线保持平行,正平行六面体变成斜平行六面体,圆球面变成椭球面。

7-3 若所有的应变分量均为零,$\varepsilon_x = \varepsilon_y = \varepsilon_z = \gamma_{yz} = \gamma_{zx} = \gamma_{xy} = 0$,试求对应的位移分量 u,v,w。

7-4 若已知 3 个互相垂直的主应力 $\sigma_1,\sigma_2,\sigma_3$,试求 3 个主方向的应变分量,即 3 个主应变 $\varepsilon_1,\varepsilon_2,\varepsilon_3$。

7-5 在某一工程中,得知 3 个主应力均为负值(压应力),但发现混凝土结构的某一方向已经出现裂缝(即超过了混凝土的抗拉极限),试问为什么会发生这种现象?

7-6 在直角坐标系中,试从平面问题的基本方程和边界条件推广得出空间问题的基本方程和边界条件,并说明理由。

7-7 试从平面轴对称问题的基本方程推广得出空间轴对称问题的基本方程,并说明理由。

7-8 试导出空间圆柱坐标系中非轴对称问题的平衡微分方程。

答案:

$$\frac{\partial \sigma_\rho}{\partial \rho} + \frac{1}{\rho}\frac{\partial \tau_{\varphi\rho}}{\partial \varphi} + \frac{\partial \tau_{z\rho}}{\partial z} + \frac{\sigma_\rho - \sigma_\varphi}{\rho} + f_\rho = 0,$$

$$\frac{\partial \tau_{\rho\varphi}}{\partial \rho} + \frac{1}{\rho}\frac{\partial \sigma_\varphi}{\partial \varphi} + \frac{\partial \tau_{z\varphi}}{\partial z} + \frac{2\tau_{\rho\varphi}}{\rho} + f_\varphi = 0,$$

$$\frac{\partial \tau_{\rho z}}{\partial \rho} + \frac{1}{\rho}\frac{\partial \tau_{\varphi z}}{\partial \varphi} + \frac{\partial \sigma_z}{\partial z} + \frac{\tau_{\rho z}}{\rho} + f_z = 0。$$

▶ 部分习题提示

题 7-1：$l = m = n = \dfrac{1}{\sqrt{3}}$。

题 7-2：原 (x,y,z) 的点移动到 $(x+u,y+v,z+w)$ 的位置，将新位置坐标代入有关的平面、直线、平行六面体和圆球面等方程，就可得出结论。

题 7-3：参照第二章 §2-4 的方法。

题 7-6，题 7-7：一般的空间问题或空间轴对称问题，比相应的平面问题增加了一些应力、应变和位移的分量，应相应地考虑它们在导出方程时的贡献。

题 7-8：对于一般的空间问题，在柱坐标系中的全部应力、应变和位移的分量都存在，且它们均为 ρ,φ,z 的函数，在列方程时均应考虑它们的贡献。

第八章　空间问题的解答

§8-1　按位移求解空间问题

按位移求解空间问题,是取位移分量 u,v,w 为基本未知函数,并要通过消元法,导出弹性体区域内求解位移的基本微分方程和相应的边界条件。对空间问题说来,这就要从 15 个基本方程中消去应力分量和应变分量,得出只包含 3 个位移分量的微分方程,推导如下。

将几何方程式(7-8)代入物理方程式(7-14),得出用位移分量表示应力分量的弹性方程如下:

$$
\left.
\begin{aligned}
\sigma_x &= \frac{E}{1+\mu}\left(\frac{\mu}{1-2\mu}\,\theta + \frac{\partial u}{\partial x}\right), \\[4pt]
\sigma_y &= \frac{E}{1+\mu}\left(\frac{\mu}{1-2\mu}\,\theta + \frac{\partial v}{\partial y}\right), \\[4pt]
\sigma_z &= \frac{E}{1+\mu}\left(\frac{\mu}{1-2\mu}\,\theta + \frac{\partial w}{\partial z}\right), \\[4pt]
\tau_{yz} &= \frac{E}{2(1+\mu)}\left(\frac{\partial w}{\partial y} + \frac{\partial v}{\partial z}\right), \\[4pt]
\tau_{zx} &= \frac{E}{2(1+\mu)}\left(\frac{\partial u}{\partial z} + \frac{\partial w}{\partial x}\right), \\[4pt]
\tau_{xy} &= \frac{E}{2(1+\mu)}\left(\frac{\partial v}{\partial x} + \frac{\partial u}{\partial y}\right),
\end{aligned}
\right\}
\tag{8-1}
$$

其中

$$
\theta = \frac{\partial u}{\partial x} + \frac{\partial v}{\partial y} + \frac{\partial w}{\partial z}。
$$

再将上面的弹性方程式(8-1)代入平衡微分方程式(7-1),并采用记号 $\nabla^2 = \dfrac{\partial^2}{\partial x^2} +$

$\dfrac{\partial^2}{\partial y^2} + \dfrac{\partial^2}{\partial z^2}$,得到

$$\left.\begin{aligned}
\frac{E}{2(1+\mu)}\left(\frac{1}{1-2\mu}\frac{\partial \theta}{\partial x} + \nabla^2 u\right) + f_x &= 0, \\
\frac{E}{2(1+\mu)}\left(\frac{1}{1-2\mu}\frac{\partial \theta}{\partial y} + \nabla^2 v\right) + f_y &= 0, \\
\frac{E}{2(1+\mu)}\left(\frac{1}{1-2\mu}\frac{\partial \theta}{\partial z} + \nabla^2 w\right) + f_z &= 0_。
\end{aligned}\right\} \qquad (8-2)$$

这是用位移分量表示的平衡微分方程,也就是按位移求解空间问题时所需用的基本微分方程。

如果将式(8-1)代入式(7-5),就能把应力边界条件用位移分量来表示,但由于这样得出的方程太长,我们宁愿把应力边界条件保留为式(7-5)的形式,而理解其中的应力分量系通过式(8-1)用位移分量表示。位移边界条件则仍然如式(7-9)所示。

按位移求解空间轴对称问题,是取位移分量 u_ρ, u_z 为基本未知函数,可以进行与上相似的推导,得出相应的微分方程。为此,首先将几何方程式(7-16)代入物理方程式(7-20),得出用位移分量表示应力分量的弹性方程

$$\left.\begin{aligned}
\sigma_\rho &= \frac{E}{1+\mu}\left(\frac{\mu}{1-2\mu}\theta + \frac{\partial u_\rho}{\partial \rho}\right), & \sigma_\varphi &= \frac{E}{1+\mu}\left(\frac{\mu}{1-2\mu}\theta + \frac{u_\rho}{\rho}\right), \\
\sigma_z &= \frac{E}{1+\mu}\left(\frac{\mu}{1-2\mu}\theta + \frac{\partial u_z}{\partial z}\right), & \tau_{z\rho} &= \frac{E}{2(1+\mu)}\left(\frac{\partial u_\rho}{\partial z} + \frac{\partial u_z}{\partial \rho}\right),
\end{aligned}\right\} \qquad (8-3)$$

其中 $\theta = \dfrac{\partial u_\rho}{\partial \rho} + \dfrac{u_\rho}{\rho} + \dfrac{\partial u_z}{\partial z}$。再将式(8-3)代入平衡微分方程式(7-15),并采用记号

$\nabla^2 = \dfrac{\partial^2}{\partial \rho^2} + \dfrac{1}{\rho}\dfrac{\partial}{\partial \rho} + \dfrac{\partial^2}{\partial z^2}$,得出

$$\left.\begin{aligned}
\frac{E}{2(1+\mu)}\left(\frac{1}{1-2\mu}\frac{\partial \theta}{\partial \rho} + \nabla^2 u_\rho - \frac{u_\rho}{\rho^2}\right) + f_\rho &= 0, \\
\frac{E}{2(1+\mu)}\left(\frac{1}{1-2\mu}\frac{\partial \theta}{\partial z} + \nabla^2 u_z\right) + f_z &= 0_。
\end{aligned}\right\} \qquad (8-4)$$

这就是按位移求解空间轴对称问题时的基本微分方程。

此外,由于轴对称问题中的边界面多为坐标面,位移和应力边界条件都较简单,而应力边界条件同样可以通过式(8-3)用位移分量来表示。

§8-2   半空间体受重力和均布压力

设有半空间体,密度为 ρ,在水平边界上受均布压力 q(图 8-1),以边界面为 xy 面,z 轴铅直向下。这样,体力分量就是 $f_x = 0$,$f_y = 0$,$f_z = \rho g$。

采用按位移求解。由于对称(任一铅直平面都是对称面),试假设

$$u = 0, \quad v = 0, \quad w = w(z)。 \tag{a}$$

这样就得到

$$\theta = \frac{\partial u}{\partial x} + \frac{\partial v}{\partial y} + \frac{\partial w}{\partial z} = \frac{dw}{dz},$$

$$\frac{\partial \theta}{\partial x} = 0, \quad \frac{\partial \theta}{\partial y} = 0, \quad \frac{\partial \theta}{\partial z} = \frac{d^2 w}{dz^2}。$$

可见基本微分方程式(8-2)中的前两式自然满足,而第三式成为

$$\frac{E}{2(1+\mu)}\left(\frac{1}{1-2\mu}\frac{d^2 w}{dz^2} + \frac{d^2 w}{dz^2}\right) + \rho g = 0,$$

简化以后得

$$\frac{d^2 w}{dz^2} = -\frac{(1+\mu)(1-2\mu)\rho g}{E(1-\mu)}, \tag{b}$$

积分以后得

$$\theta = \frac{dw}{dz} = -\frac{(1+\mu)(1-2\mu)\rho g}{E(1-\mu)}(z+A), \tag{c}$$

$$w = -\frac{(1+\mu)(1-2\mu)\rho g}{2E(1-\mu)}(z+A)^2 + B, \tag{d}$$

其中 A 和 B 是待定常数。

现在,试根据边界条件来决定常数 A 和 B。将以上的结果代入弹性方程式(8-1),得

$$\left.\begin{array}{l} \sigma_x = \sigma_y = -\dfrac{\mu}{1-\mu}\rho g(z+A), \\[2mm] \sigma_z = -\rho g(z+A), \\[2mm] \tau_{yz} = \tau_{zx} = \tau_{xy} = 0。 \end{array}\right\} \tag{e}$$

在 $z=0$ 的边界面上,$l=m=0$ 而 $n=-1$。因为 $\bar{f}_x = \bar{f}_y = 0$ 而 $\bar{f}_z = q$,所以应力边界条件式(7-5)中的前两式自然满足,而第三式要求

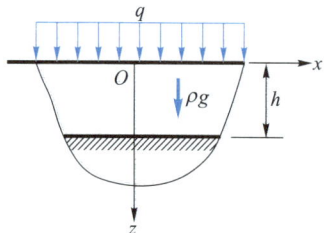

图 8-1

$$(\sigma_z)_{z=0} = -q。$$

将式(e)中 σ_z 的表达式代入,得 $\rho g A = q$,即 $A = q/\rho g$。再代回式(e),即得应力分量的解答

$$\left.\begin{array}{l} \sigma_x = \sigma_y = -\dfrac{\mu}{1-\mu}(q+\rho gz), \\[2mm] \sigma_z = -(q+\rho gz), \\[2mm] \tau_{yz} = \tau_{zx} = \tau_{xy} = 0, \end{array}\right\} \tag{f}$$

并由式(d)得出铅直位移

$$w = -\frac{(1+\mu)(1-2\mu)\rho g}{2E(1-\mu)}\left(z+\frac{q}{\rho g}\right)^2 + B。 \tag{g}$$

为了决定常数 B,必须利用位移边界条件。假定半空间体在距边界为 h 处没有位移(图8-1),则有位移边界条件

$$(w)_{z=h} = 0。$$

将式(g)代入,得

$$B = \frac{(1+\mu)(1-2\mu)\rho g}{2E(1-\mu)}\left(h+\frac{q}{\rho g}\right)^2。$$

再代回式(g),简化以后,得

$$w = \frac{(1+\mu)(1-2\mu)}{E(1-\mu)}\left[q(h-z)+\frac{\rho g}{2}(h^2-z^2)\right]。 \tag{h}$$

现在,应力分量和位移分量都已经完全确定,并且所有一切条件都已经满足,可见式(a)所示的假设完全正确,而所得的应力和位移就是正确解答。

显然,最大的位移发生在边界上,由式(h)可得

$$w_{\max} = (w)_{z=0} = \frac{(1+\mu)(1-2\mu)}{E(1-\mu)}\left(qh+\frac{1}{2}\rho gh^2\right)。$$

在式(f)中,σ_x 和 σ_y 是铅直截面上的水平正应力,σ_z 是水平截面上的铅直正应力,而它们的比值是

$$\frac{\sigma_x}{\sigma_z} = \frac{\sigma_y}{\sigma_z} = \frac{\mu}{1-\mu}。 \tag{8-5}$$

这个比值在土力学中称为侧压力系数。

§8-3 半空间体在边界上受法向集中力

设有半空间体,体力不计,在水平边界上受有法向集中力 F(图8-2)。这是

一个轴对称的空间问题,而对称轴就是力 F 的作用线。因此,把 z 轴放在 F 的作用线上。坐标原点就放在 F 的作用点。

采用按位移求解。在这里,由于不计体力,所以位移分量应当满足基本微分方程式(8-4)的简化形式

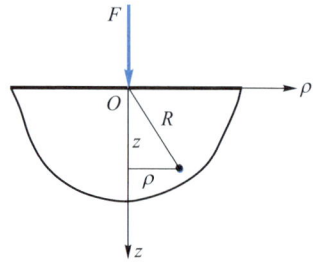

图 8-2

$$\left.\begin{array}{l} \dfrac{1}{1-2\mu}\dfrac{\partial\theta}{\partial\rho}+\boldsymbol{\nabla}^2 u_\rho-\dfrac{u_\rho}{\rho^2}=0,\\[3mm] \dfrac{1}{1-2\mu}\dfrac{\partial\theta}{\partial z}+\boldsymbol{\nabla}^2 u_z=0, \end{array}\right\} \tag{a}$$

其中 $\theta=\dfrac{\partial u_\rho}{\partial\rho}+\dfrac{u_\rho}{\rho}+\dfrac{\partial u_z}{\partial z}$。

在 $z=0$ 的边界面上,除了原点 O 以外的应力边界条件要求

$$\left.\begin{array}{l}(\sigma_z)_{z=0,\rho\neq0}=0,\\[2mm](\tau_{z\rho})_{z=0,\rho\neq0}=0。\end{array}\right\} \tag{b}$$

此外,在 $z=0$ 表面的原点 O 附近,可以看成是一个局部的小边界面,作用有面力分量,其合力为作用于 O 点的集中力 F,而合力矩为 0。应用圣维南原理,取出一个 $z=0$ 至 $z=z$ 的平板脱离体,然后考虑此平板脱离体的平衡条件

$$\sum F_z=0,\quad \int_0^\infty(\sigma_z)_{z=z}2\pi\rho\mathrm{d}\rho+F=0。 \tag{c}$$

由于轴对称,平板脱离体的其余的平衡条件均自然满足。

布西内斯克得出满足上述一切条件的如下解答,称为布西内斯克解答:

$$\left.\begin{array}{l}u_\rho=\dfrac{(1+\mu)F}{2\pi ER}\left[\dfrac{\rho z}{R^2}-\dfrac{(1-2\mu)\rho}{R+z}\right],\\[3mm]u_z=\dfrac{(1+\mu)F}{2\pi ER}\left[2(1-\mu)+\dfrac{z^2}{R^2}\right];\end{array}\right\} \tag{8-6}$$

$$\left.\begin{array}{l}\sigma_\rho=\dfrac{F}{2\pi R^2}\left[\dfrac{(1-2\mu)R}{R+z}-\dfrac{3\rho^2 z}{R^3}\right],\\[3mm]\sigma_\varphi=\dfrac{(1-2\mu)F}{2\pi R^2}\left(\dfrac{z}{R}-\dfrac{R}{R+z}\right),\\[3mm]\sigma_z=-\dfrac{3Fz^3}{2\pi R^5},\\[3mm]\tau_{z\rho}=\tau_{\rho z}=-\dfrac{3F\rho z^2}{2\pi R^5}。\end{array}\right\} \tag{8-7}$$

其中 $R=(\rho^2+z^2)^{1/2}$,如图 8-2 所示。

读者试验证:位移分量式(8-6)满足基本微分方程式(a),位移分量式(8-6)和应力分量式(8-7)满足弹性方程式(8-3),应力分量满足边界条件式(b)和平衡条件式(c),因而解答式(8-6)和式(8-7)是正确的。验证时,注意有导数公式

$$\frac{\partial R}{\partial \rho} = \frac{\rho}{R}, \quad \frac{\partial R}{\partial z} = \frac{z}{R}。$$

由式(8-6)中的第二式可见,水平边界上任一点的沉陷是

$$\eta = (u_z)_{z=0} = \frac{F(1-\mu^2)}{\pi E \rho}, \tag{8-8}$$

它和距集中力作用点的距离 ρ 成反比。

本节中解出的问题,其应力分布具有如下的特征:

(1)当 $R \to \infty$ 时,各应力分量都趋于零;当 $R \to 0$ 时,各应力分量都趋于无限大。这就是说,在离开集中力作用点非常远处,应力非常小;在靠近集中力作用点处,应力非常大。

(2)水平截面上的应力(σ_z 及 τ_{zp})与弹性常数无关,因而在任何材料的弹性体中都是同样的分布。其他截面上的应力,一般都随 μ 而变。

(3)水平截面上的全应力,都指向集中力的作用点,因为由式(8-7)中的后二式有 $\sigma_z : \tau_{zp} = z : \rho$。

有了上述半空间体在边界上受法向集中力时的解答,就可以用叠加法求得由法向分布力引起的位移和应力。

例如,设有单位力均匀分布在半空间体边界的矩形面积上,矩形面积的边长为 a 和 b(图8-3),现在来求出矩形的对称轴上距矩形中心为 x 的一点 K 的沉陷 η_{ki}。为此,将这均布单位力分为微分力 $dF = \frac{1}{ba} d\xi dy$,代入半空间体的沉陷公式(8-8),对 ξ 和 y 进行积分。在这里 $\rho = \sqrt{\xi^2 + y^2}$。

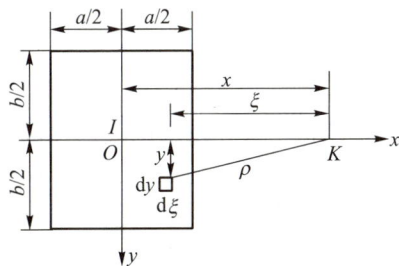

图8-3

设 K 点在矩形之外,则沉陷为

$$\eta_{ki} = \frac{1-\mu^2}{\pi E} \int_{x-\frac{a}{2}}^{x+\frac{a}{2}} \int_{-\frac{b}{2}}^{\frac{b}{2}} \frac{1}{\sqrt{\xi^2+y^2}} \frac{1}{ba} d\xi dy。$$

积分的结果可以写成

$$\eta_{ki} = \frac{1-\mu^2}{\pi E a} F_{ki}, \tag{8-9}$$

其中

$$F_{ki} = \left(\frac{2\dfrac{x}{a}+1}{\dfrac{b}{a}} \text{arsinh} \frac{\dfrac{b}{a}}{2\dfrac{x}{a}+1} + \text{arsinh} \frac{2\dfrac{x}{a}+1}{\dfrac{b}{a}} \right) - \left(\frac{2\dfrac{x}{a}-1}{\dfrac{b}{a}} \text{arsinh} \frac{\dfrac{b}{a}}{2\dfrac{x}{a}-1} + \text{arsinh} \frac{2\dfrac{x}{a}-1}{\dfrac{b}{a}} \right) 。$$

设 K 点恰在矩形的中心 I，则沉陷为

$$\eta_{ki} = \frac{1-\mu^2}{\pi E} \int_{-\frac{a}{2}}^{\frac{a}{2}} \int_{-\frac{b}{2}}^{\frac{b}{2}} \frac{1}{\sqrt{\xi^2+y^2}} \frac{1}{ba} \mathrm{d}\xi \mathrm{d}y 。$$

积分的结果仍然可以写成式(8-9)的形式,但

$$F_{ki} = 2\left(\frac{a}{b} \text{arsinh} \frac{b}{a} + \text{arsinh} \frac{a}{b} \right) 。$$

表 8-1   半空间体沉陷公式中的 F_{ki} 值

$\dfrac{x}{a}$	$\dfrac{a}{x}$	$\dfrac{b}{a}=\dfrac{2}{3}$	$\dfrac{b}{a}=1$	$\dfrac{b}{a}=2$	$\dfrac{b}{a}=3$	$\dfrac{b}{a}=4$	$\dfrac{b}{a}=5$
0	∞	4.265	3.525	2.406	1.867	1.543	1.322
1	1	1.069	1.038	0.929	0.829	0.746	0.678
2	0.500	0.508	0.505	0.490	0.469	0.446	0.246
3	0.333	0.336	0.335	0.330	0.323	0.314	0.305
4	0.250	0.251	0.251	0.249	0.246	0.242	0.237
5	0.200	0.200	0.200	0.199	0.197	0.196	0.193
6	0.167	0.167	0.167	0.166	0.165	0.164	0.163
7	0.143	0.143	0.143	0.143	0.142	0.141	0.140
8	0.125	0.125	0.125	0.125	0.124	0.124	0.123
9	0.111	0.111	0.111	0.111	0.111	0.111	0.110
10	0.100	0.100	0.100	0.100	0.100	0.100	0.099

当 $\dfrac{x}{a}$ 值为整数时 $\left($ 包括 $\dfrac{x}{a}$ 为零时 $\right)$，对于比值 $\dfrac{b}{a}$ 的几个常用数值,可以从表 8-1 中查得公式(8-9)中的 F_{ki} 的数值。如果 $\dfrac{x}{a}$ 大于 10,不论 $\dfrac{b}{a}$ 的数值如何,都可以取 $F_{ki} = \dfrac{a}{x}$。

在用连杆法计算基础梁的空间问题时,要用到沉陷公式(8-9)和表8-1。

§8-4 按应力求解空间问题

按应力求解空间问题,是取 6 个应力分量 $\sigma_x, \sigma_y, \sigma_z, \tau_{yz}, \tau_{zx}, \tau_{xy}$ 为基本未知函数。现在来导出求解应力的基本微分方程:对空间问题说来,这就要从 15 个基本方程中消去位移分量和应变分量,得出只包含 6 个应力分量的方程。

因为平衡微分方程中本来就只包含应力分量,可以作为求解应力的方程。当然,还需从几何方程和物理方程中消去位移分量和应变分量,导出求解应力的补充方程。

首先从几何方程中消去位移分量。为此,将式(7-8)中第二式左边对 z 的二阶导数与第三式左边对 y 的二阶导数相加,得

$$\frac{\partial^2 \varepsilon_y}{\partial z^2} + \frac{\partial^2 \varepsilon_z}{\partial y^2} = \frac{\partial^3 v}{\partial y \partial z^2} + \frac{\partial^3 w}{\partial z \partial y^2} = \frac{\partial^2}{\partial y \partial z}\left(\frac{\partial v}{\partial z} + \frac{\partial w}{\partial y}\right)。 \tag{a}$$

由式(7-8)中的第四式可见,式(a)右边括弧内的表达式就是 γ_{yz},于是从方程式(a)及其余两个相似的方程得

$$\left.\begin{aligned}
\frac{\partial^2 \varepsilon_y}{\partial z^2} + \frac{\partial^2 \varepsilon_z}{\partial y^2} &= \frac{\partial^2 \gamma_{yz}}{\partial y \partial z}, \\
\frac{\partial^2 \varepsilon_z}{\partial x^2} + \frac{\partial^2 \varepsilon_x}{\partial z^2} &= \frac{\partial \gamma_{zx}}{\partial z \partial x}, \\
\frac{\partial^2 \varepsilon_x}{\partial y^2} + \frac{\partial^2 \varepsilon_y}{\partial x^2} &= \frac{\partial^2 \gamma_{xy}}{\partial x \partial y}。
\end{aligned}\right\} \tag{8-10}$$

这是表示变形协调条件的一组方程,也就是一组所谓相容方程。

将式(7-8)中的后三式分别对 x, y, z 求导,得

$$\frac{\partial \gamma_{yz}}{\partial x} = \frac{\partial^2 w}{\partial y \partial x} + \frac{\partial^2 v}{\partial z \partial x},$$

$$\frac{\partial \gamma_{zx}}{\partial y} = \frac{\partial^2 u}{\partial z \partial y} + \frac{\partial^2 w}{\partial x \partial y},$$

$$\frac{\partial \gamma_{xy}}{\partial z} = \frac{\partial^2 v}{\partial x \partial z} + \frac{\partial^2 u}{\partial y \partial z},$$

并由此而得

$$\frac{\partial}{\partial x}\left(-\frac{\partial \gamma_{yz}}{\partial x}+\frac{\partial \gamma_{zx}}{\partial y}+\frac{\partial \gamma_{xy}}{\partial z}\right)=\frac{\partial}{\partial x}\left(2\frac{\partial^2 u}{\partial y \partial z}\right)=2\frac{\partial^2}{\partial y \partial z}\left(\frac{\partial u}{\partial x}\right)。 \tag{b}$$

由式(7-8)中的第一式可见,式(b)右边括弧内的表达式就是 ε_x,于是从方程式(b)和其余两个相似的方程得

$$\left.\begin{aligned}\frac{\partial}{\partial x}\left(-\frac{\partial \gamma_{yz}}{\partial x}+\frac{\partial \gamma_{zx}}{\partial y}+\frac{\partial \gamma_{xy}}{\partial z}\right)&=2\frac{\partial^2 \varepsilon_x}{\partial y \partial z},\\ \frac{\partial}{\partial y}\left(-\frac{\partial \gamma_{zx}}{\partial y}+\frac{\partial \gamma_{xy}}{\partial z}+\frac{\partial \gamma_{yz}}{\partial x}\right)&=2\frac{\partial^2 \varepsilon_y}{\partial z \partial x},\\ \frac{\partial}{\partial z}\left(-\frac{\partial \gamma_{xy}}{\partial z}+\frac{\partial \gamma_{yz}}{\partial x}+\frac{\partial \gamma_{zx}}{\partial y}\right)&=2\frac{\partial^2 \varepsilon_z}{\partial x \partial y}。\end{aligned}\right\} \tag{8-11}$$

这是又一组相容方程。

通过与上相似的微分步骤,可以导出无数多的相容方程,都是应变分量所应当满足的。但是,已经证明,如果6个应变分量满足了相容方程式(8-10)和式(8-11),就可以保证位移分量的存在,也就可以用几何方程式(7-8)求得位移分量。

将物理方程式(7-12)代入相容方程式(8-10)及式(8-11),整理以后,得出用应力分量表示的相容方程如下:

$$\left.\begin{aligned}(1+\mu)\left(\frac{\partial^2 \sigma_y}{\partial z^2}+\frac{\partial^2 \sigma_z}{\partial y^2}\right)-\mu\left(\frac{\partial^2 \Theta}{\partial z^2}+\frac{\partial^2 \Theta}{\partial y^2}\right)&=2(1+\mu)\frac{\partial^2 \tau_{yz}}{\partial y \partial z},\\ (1+\mu)\left(\frac{\partial^2 \sigma_z}{\partial x^2}+\frac{\partial^2 \sigma_x}{\partial z^2}\right)-\mu\left(\frac{\partial^2 \Theta}{\partial x^2}+\frac{\partial^2 \Theta}{\partial z^2}\right)&=2(1+\mu)\frac{\partial^2 \tau_{zx}}{\partial z \partial x},\\ (1+\mu)\left(\frac{\partial^2 \sigma_x}{\partial y^2}+\frac{\partial^2 \sigma_y}{\partial x^2}\right)-\mu\left(\frac{\partial^2 \Theta}{\partial y^2}+\frac{\partial^2 \Theta}{\partial x^2}\right)&=2(1+\mu)\frac{\partial^2 \tau_{xy}}{\partial x \partial y},\end{aligned}\right\} \tag{c}$$

$$\left.\begin{aligned}(1+\mu)\frac{\partial}{\partial x}\left(-\frac{\partial \tau_{yz}}{\partial x}+\frac{\partial \tau_{zx}}{\partial y}+\frac{\partial \tau_{xy}}{\partial z}\right)&=\frac{\partial^2}{\partial y \partial z}\left[(1+\mu)\sigma_x-\mu\Theta\right],\\ (1+\mu)\frac{\partial}{\partial y}\left(-\frac{\partial \tau_{zx}}{\partial y}+\frac{\partial \tau_{xy}}{\partial z}+\frac{\partial \tau_{yz}}{\partial x}\right)&=\frac{\partial^2}{\partial z \partial x}\left[(1+\mu)\sigma_y-\mu\Theta\right],\\ (1+\mu)\frac{\partial}{\partial z}\left(-\frac{\partial \tau_{xy}}{\partial z}+\frac{\partial \tau_{yz}}{\partial x}+\frac{\partial \tau_{zx}}{\partial y}\right)&=\frac{\partial^2}{\partial x \partial y}\left[(1+\mu)\sigma_z-\mu\Theta\right]。\end{aligned}\right\} \tag{d}$$

利用平衡微分方程式(7-1),可以简化上列各式,使每一式中只包含体积应力和一个应力分量。当然,体力分量将在所有各式中出现。这样就得出米歇尔所导

出的相容方程,称为米歇尔相容方程:

$$
\begin{aligned}
&(1+\mu)\ \boldsymbol{\nabla}^2 \sigma_x + \frac{\partial^2 \Theta}{\partial x^2} = -\frac{1+\mu}{1-\mu}\left[\ (2-\mu)\frac{\partial f_x}{\partial x} + \mu\frac{\partial f_y}{\partial y} + \mu\frac{\partial f_z}{\partial z}\right], \\
&(1+\mu)\ \boldsymbol{\nabla}^2 \sigma_y + \frac{\partial^2 \Theta}{\partial y^2} = -\frac{1+\mu}{1-\mu}\left[\ (2-\mu)\frac{\partial f_y}{\partial y} + \mu\frac{\partial f_z}{\partial z} + \mu\frac{\partial f_x}{\partial x}\right], \\
&(1+\mu)\ \boldsymbol{\nabla}^2 \sigma_z + \frac{\partial^2 \Theta}{\partial z^2} = -\frac{1+\mu}{1-\mu}\left[\ (2-\mu)\frac{\partial f_z}{\partial z} + \mu\frac{\partial f_x}{\partial x} + \mu\frac{\partial f_y}{\partial y}\right], \\
&(1+\mu)\ \boldsymbol{\nabla}^2 \tau_{yz} + \frac{\partial^2 \Theta}{\partial y \partial z} = -(1+\mu)\left(\frac{\partial f_z}{\partial y} + \frac{\partial f_y}{\partial z}\right), \\
&(1+\mu)\ \boldsymbol{\nabla}^2 \tau_{zx} + \frac{\partial^2 \Theta}{\partial z \partial x} = -(1+\mu)\left(\frac{\partial f_x}{\partial z} + \frac{\partial f_z}{\partial x}\right), \\
&(1+\mu)\ \boldsymbol{\nabla}^2 \tau_{xy} + \frac{\partial^2 \Theta}{\partial x \partial y} = -(1+\mu)\left(\frac{\partial f_y}{\partial x} + \frac{\partial f_x}{\partial y}\right)_\circ
\end{aligned}
\tag{8-12}
$$

在体力为零或为常量的情况下,方程式(8-12)简化为贝尔特拉米所导出相容方程,称为贝尔特拉米相容方程:

$$
\begin{aligned}
&(1+\mu)\ \boldsymbol{\nabla}^2 \sigma_x + \frac{\partial^2 \Theta}{\partial x^2} = 0, \\
&(1+\mu)\ \boldsymbol{\nabla}^2 \sigma_y + \frac{\partial^2 \Theta}{\partial y^2} = 0, \\
&(1+\mu)\ \boldsymbol{\nabla}^2 \sigma_z + \frac{\partial^2 \Theta}{\partial z^2} = 0, \\
&(1+\mu)\ \boldsymbol{\nabla}^2 \tau_{yz} + \frac{\partial^2 \Theta}{\partial y \partial z} = 0, \\
&(1+\mu)\ \boldsymbol{\nabla}^2 \tau_{zx} + \frac{\partial^2 \Theta}{\partial z \partial x} = 0, \\
&(1+\mu)\ \boldsymbol{\nabla}^2 \tau_{xy} + \frac{\partial^2 \Theta}{\partial x \partial y} = 0_\circ
\end{aligned}
\tag{8-13}
$$

按应力求解空间问题时,需要使得6个应力分量在弹性体区域内满足平衡微分方程式(7-1),满足相容方程式(8-12)或者式(8-13),并在边界上满足应力边界条件式(7-5)。

由于位移边界条件难以用应力分量及其积分式来表示,因此,位移边界问题和混合边界问题一般都不能按应力求解而得出精确的函数式解答。

此外,按应力求解多连体问题时,仍然应考虑位移的单值条件。

§8-5   等截面直杆的扭转

本节研究等截面直杆的扭转。设有等截面直杆,体力可以不计,在两端平面内受有转向相反的两个力偶,每个力偶的矩为 M(图 8-4a)。取杆的上端平面为 xy 面,z 轴铅直向下。

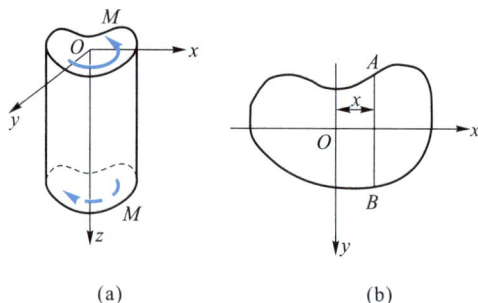

(a)   (b)

图 8-4

扭转问题是空间问题的一个特例。以下应用按应力求解空间问题的方法,并采用半逆解法求解。首先,依照材料力学对于圆截面杆的解答,这里也假设:除了横截面上的切应力以外,其他的应力分量都等于零,即

$$\sigma_x = \sigma_y = \sigma_z = \tau_{xy} = 0 \text{。} \tag{8-14}$$

将上式代入平衡微分方程式(7-1),并注意在这里体力 $f_x = f_y = f_z = 0$,即得

$$\frac{\partial \tau_{zx}}{\partial z} = 0 , \quad \frac{\partial \tau_{zy}}{\partial z} = 0 , \quad \frac{\partial \tau_{xz}}{\partial x} + \frac{\partial \tau_{yz}}{\partial y} = 0 \text{。} \tag{a}$$

由前两个方程可见,τ_{zx} 和 τ_{zy} 应当只是 x 和 y 的函数,不随 z 而变。第三个方程可以写成

$$\frac{\partial}{\partial x}(\tau_{xz}) = \frac{\partial}{\partial y}(-\tau_{yz}) \text{。}$$

根据微分方程理论,偏导数具有相容性,因此一定存在一个函数 $\varPhi(x,y)$,使得

$$\tau_{xz} = \frac{\partial \varPhi}{\partial y} , \quad -\tau_{yz} = \frac{\partial \varPhi}{\partial x} \text{。}$$

由此得出用应力函数 $\varPhi$ 表示应力分量的表达式

$$\tau_{zx} = \tau_{xz} = \frac{\partial \varPhi}{\partial y} , \quad \tau_{yz} = \tau_{zy} = -\frac{\partial \varPhi}{\partial x} \text{。} \tag{8-15}$$

其次,考虑应力分量应当满足相容方程,将式(8-14)代入相容方程式(8-13),

可见其中的前三式及最后一式总能满足,而其余二式成为

$$\nabla^2 \tau_{yz} = 0, \qquad \nabla^2 \tau_{zx} = 0。$$

将式(8-15)代入,得

$$\frac{\partial}{\partial x} \nabla^2 \Phi = 0, \qquad \frac{\partial}{\partial y} \nabla^2 \Phi = 0。$$

这就是说,$\nabla^2 \Phi$ 应当是常量,即

$$\nabla^2 \Phi = C, \qquad (8-16)$$

其中 C 为待定的常数。

下面来考虑边界条件。在杆的侧面,$n = 0$,面力 $\bar{f}_x = \bar{f}_y = \bar{f}_z = 0$,可见应力边界条件式(7-5)中的前两式总能满足,而第三式成为

$$l(\tau_{xz})_s + m(\tau_{yz})_s = 0,$$

将表达式(8-15)代入而得

$$l\left(\frac{\partial \Phi}{\partial y}\right)_s - m\left(\frac{\partial \Phi}{\partial x}\right)_s = 0。$$

因为在边界上有 $l = \dfrac{\mathrm{d}y}{\mathrm{d}s}$,$m = -\dfrac{\mathrm{d}x}{\mathrm{d}s}$(见§5-2,图5-2),所以由上式得出

$$\left(\frac{\partial \Phi}{\partial y}\right)_s \frac{\mathrm{d}y}{\mathrm{d}s} + \left(\frac{\partial \Phi}{\partial x}\right)_s \frac{\mathrm{d}x}{\mathrm{d}s} = \frac{\mathrm{d}\Phi}{\mathrm{d}s} = 0。$$

这就是说,在杆的侧面上(在横截面的边界线上),应力函数 Φ 所取的边界值 Φ_s 应当是常量。

由式(8-15)可见,当应力函数 Φ 增加或减少一个常数时,应力分量并不受影响。因此,在单连通截面的情况下,即实心杆的情况下,为了简便,应力函数 Φ 的边界值可以取为零,即

$$\Phi_s = 0。 \qquad (8-17)$$

在多连通截面(空心杆)的情况下,虽然应力函数 Φ 在每一边界上都是常数,但各个常数一般并不相同,因此,只能把其中一个边界上的 Φ_s 取为零。

在杆的任一端,例如 $z = 0$ 的上端,$l = m = 0$,而 $n = -1$,应力边界条件式(7-5)中的第三式总能满足,而前两式成为

$$-(\tau_{zx})_{z=0} = \bar{f}_x, \qquad -(\tau_{zy})_{z=0} = \bar{f}_y。 \qquad (\text{b})$$

由于 $z = 0$ 的边界面上的面力分量 $\bar{f}_x, \bar{f}_y$ 并不知道,只知其主矢量为0而主矩为扭矩 M,因此,式(b)的应力边界条件无法精确满足。由于 $z = 0$ 的是小边界,可应用圣维南原理,将式(b)的边界条件改用主矢量、主矩的条件来代替,即

$$-\iint_A (\tau_{zx})_{z=0} \mathrm{d}x\mathrm{d}y = \iint_A \bar{f}_x \mathrm{d}x\mathrm{d}y = 0, \qquad (\text{c})$$

$$-\iint_A (\tau_{zy})_{z=0}\,\mathrm{d}x\mathrm{d}y = \iint_A \bar{f_y}\,\mathrm{d}x\mathrm{d}y = 0, \tag{d}$$

$$-\iint_A (y\tau_{zx}-x\tau_{zy})_{z=0}\,\mathrm{d}x\mathrm{d}y = \iint_A (y\bar{f_x}-x\bar{f_y})\,\mathrm{d}x\mathrm{d}y = M, \tag{e}$$

其中 A 为上端面的面积。显然,在等截面直杆中,式(c),式(d),式(e)在 z 为任意值的横截面上都应当满足。

根据式(8-15),式(c)左边的积分式可以写成

$$-\iint_A \tau_{zx}\,\mathrm{d}x\mathrm{d}y = -\iint_A \frac{\partial \Phi}{\partial y}\,\mathrm{d}x\mathrm{d}y$$

$$= -\int \mathrm{d}x \int \frac{\partial \Phi}{\partial y}\,\mathrm{d}y = -\int_s (\Phi_B-\Phi_A)\,\mathrm{d}x,$$

其中 Φ_B 及 Φ_A 是截面边界 s 上 B 点及 A 点的 Φ 值(图8-4b),应当等于零,可见式(c)是满足的。同样可见式(d)也是满足的。

根据式(8-15),式(e)左边的积分式可以写成

$$-\iint_A (y\tau_{zx}-x\tau_{zy})\,\mathrm{d}x\mathrm{d}y$$

$$= -\iint_A \left(y\frac{\partial \Phi}{\partial y}+x\frac{\partial \Phi}{\partial x} \right)\mathrm{d}x\mathrm{d}y$$

$$= -\int \mathrm{d}x \int y\frac{\partial \Phi}{\partial y}\,\mathrm{d}y -\int \mathrm{d}y \int x\frac{\partial \Phi}{\partial x}\,\mathrm{d}x。$$

进行分部积分,可见

$$-\int \mathrm{d}x \int y\frac{\partial \Phi}{\partial y}\,\mathrm{d}y = -\int \mathrm{d}x \int \left[\frac{\partial}{\partial y}(y\Phi)-\Phi \right]\mathrm{d}y$$

$$= -\int \mathrm{d}x \left[(y_B\Phi_B-y_A\Phi_A)-\int \Phi\,\mathrm{d}y \right]$$

$$= \iint_A \Phi\,\mathrm{d}x\mathrm{d}y,$$

因为 $\Phi_B=\Phi_A=0$。同样可见

$$-\int \mathrm{d}y \int x\frac{\partial \Phi}{\partial x}\,\mathrm{d}x = \iint_A \Phi\,\mathrm{d}x\mathrm{d}y。$$

于是式(e)成为

$$2\iint_A \Phi\,\mathrm{d}x\mathrm{d}y = M。 \tag{8-18}$$

归纳起来讲,为了求得扭转问题的应力,只需求出应力函数 Φ,使它能满足微分方程式(8-16),侧面边界条件式(8-17)和端面边界条件式(8-18);然后由式(8-15)求出应力分量。

现在来导出扭转问题的位移公式。将应力分量式(8-14)及式(8-15)代

入物理方程式(7-12),得

$$\varepsilon_x = 0, \quad \varepsilon_y = 0, \quad \varepsilon_z = 0,$$

$$\gamma_{yz} = -\frac{1}{G}\frac{\partial \Phi}{\partial x}, \quad \gamma_{zx} = \frac{1}{G}\frac{\partial \Phi}{\partial y}, \quad \gamma_{xy} = 0。$$

再将这些表达式代入几何方程式(7-8),得

$$\left.\begin{aligned}
&\frac{\partial u}{\partial x}=0, \quad \frac{\partial v}{\partial y}=0, \quad \frac{\partial w}{\partial z}=0,\\
&\frac{\partial w}{\partial y}+\frac{\partial v}{\partial z}=-\frac{1}{G}\frac{\partial \Phi}{\partial x}, \quad \frac{\partial u}{\partial z}+\frac{\partial w}{\partial x}=\frac{1}{G}\frac{\partial \Phi}{\partial y},\\
&\frac{\partial v}{\partial x}+\frac{\partial u}{\partial y}=0。
\end{aligned}\right\} \quad (f)$$

通过积分运算,可由上列第一式、第二式及第六式求得

$$u = u_0 + \omega_y z - \omega_z y - Kyz,$$
$$v = v_0 + \omega_z x - \omega_x z + Kxz,$$

其中的积分常数 $u_0, v_0, \omega_x, \omega_y, \omega_z$ 和以前一样也代表刚体位移,K 也是积分常数。

如果不计刚体位移,只保留与应变有关的位移,则

$$u = -Kyz, \quad v = Kxz。 \quad (8-19)$$

用圆柱坐标表示,就是

$$u_\rho = 0, \quad u_\varphi = K\rho z。$$

可见每个横截面在 xy 面上的投影不改变形状,而只是转动一个角度 $\alpha = Kz$。由此又可见,杆的单位长度内的扭角是 $\frac{d\alpha}{dz} = K$。

将式(8-19)代入式(f)中第五式及第四式,得

$$\frac{\partial w}{\partial x}=\frac{1}{G}\frac{\partial \Phi}{\partial y}+Ky, \quad \frac{\partial w}{\partial y}=-\frac{1}{G}\frac{\partial \Phi}{\partial x}-Kx, \quad (8-20)$$

可以用来求得位移分量 w。将上列二式分别对 y 及 x 求导,然后相减,移项以后即得

$$\nabla^2 \Phi = -2GK。 \quad (8-21)$$

于是可见,方程式(8-16)中常数 C 具有物理意义,它可以表示为

$$C = -2GK。 \quad (8-22)$$

§8-6　扭转问题的薄膜比拟

对于物理现象不同但数学描述相同的问题,可以应用比拟方法来求解。普

朗特指出,薄膜在均匀压力下的垂度,与等截面直杆扭转问题中的应力函数,在数学上是相似的。用薄膜来比拟扭杆,有助于寻求扭转问题的解答,这称为薄膜比拟。

　　设有一块均匀薄膜,张在一个水平边界上(图8–5),使这水平边界的形状与某一扭杆的横截面边界形状相同。当薄膜承受微小的气体压力时,薄膜的各点将发生微小的垂度。以边界所在的水平面为 xy 面,命薄膜的垂度为 z。由于薄膜的柔顺性,可以假定它不承受弯矩、扭矩、剪力和压力,而只承受均匀的拉力 F_T(好像液膜的表面张力)。

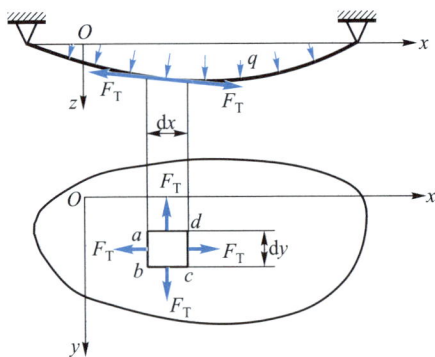

图 8–5

　　从薄膜取一个微小的单元 $abcd$,它在 xy 面上的投影是一个矩形,而矩形的边长是 dx 及 dy。在 ab 边上的拉力是 $F_T dy$(F_T 是薄膜每单位宽度上的拉力),它在 z 轴上的投影是 $-F_T dy \dfrac{\partial z}{\partial x}$;在 cd 边上的拉力也是 $F_T dy$,但它在 z 轴上的投影是 $F_T dy \dfrac{\partial}{\partial x}\left(z+\dfrac{\partial z}{\partial x}dx\right)$。在 ad 边上的拉力是 $F_T dx$,它在 z 轴上的投影是 $-F_T dx \dfrac{\partial z}{\partial y}$;在 bc 边上的拉力也是 $F_T dx$,但它在 z 轴上的投影是 $F_T dx \cdot \dfrac{\partial}{\partial y}\left(z+\dfrac{\partial z}{\partial y}dy\right)$。单元 $abcd$ 所受的压力是 $qdxdy$。于是由平衡条件 $\sum F_z = 0$ 得

$$-F_T dy \frac{\partial z}{\partial x} + F_T dy \frac{\partial}{\partial x}\left(z+\frac{\partial z}{\partial x}dx\right) - F_T dx \frac{\partial z}{\partial y} +$$

$$F_T dx \frac{\partial}{\partial y}\left(z+\frac{\partial z}{\partial y}dy\right) + qdxdy = 0 \text{。}$$

简化以后,除以 $dxdy$,得

$$F_T\left(\frac{\partial^2 z}{\partial x^2} + \frac{\partial^2 z}{\partial y^2}\right) + q = 0 \text{,}$$

即

$$\nabla^2 z = -\frac{q}{F_\mathrm{T}}。 \tag{8-23}$$

此外,薄膜在边界上的垂度显然等于零,即

$$z_s = 0。 \tag{8-24}$$

对于扭转问题而言,扭转应力函数 Φ 应当满足微分方程式(8-21),边界条件式(8-17)和式(8-18)。从上分析可见,如果使薄膜的 q/F_T 相当于扭杆的 $2GK$,则薄膜垂度 z 的微分方程式(8-23)相当于扭杆应力函数 Φ 的微分方程式(8-21);z 的边界条件式(8-24)相当于扭杆应力函数 Φ 的边界条件式(8-17)。

下面来考虑,因为扭杆横截面上的扭矩是

$$M = 2\iint_A \Phi\,\mathrm{d}x\mathrm{d}y,$$

而薄膜与边界平面(xy 面)之间的体积的 2 倍是

$$2V = 2\iint_A z\,\mathrm{d}x\mathrm{d}y,$$

可见,为了使得薄膜的垂度 z 相当于扭杆的应力函数 Φ,应当使薄膜与边界平面之间的体积的 2 倍相当于扭矩。

现在来计算,薄膜比拟所对应的切应力。在扭杆的横截面上,沿 x 方向的切应力为

$$\tau_{zx} = \frac{\partial \Phi}{\partial y}。$$

另一方面,薄膜沿 y 方向的斜率为

$$i_y = \frac{\partial z}{\partial y}。$$

于是可见,扭杆横截面上沿 x 方向的切应力相当于薄膜沿 y 方向的斜率。但是,x 轴和 y 轴可以取在任意两个互相垂直的方向,所以又由此可见,在扭杆横截面上某一点的、沿任一方向的切应力,就等于薄膜在对应点的、沿垂直方向的斜率。

为了决定扭杆横截面上的最大切应力,只需求出对应薄膜的最大斜率。须注意,虽然最大切应力的所在点是和最大斜率的所在点相对应,但是最大切应力的方向是和最大斜率的方向互相垂直的。

§8-7 椭圆截面杆的扭转

设有等截面直杆,它的横截面具有一个椭圆边界,椭圆的半轴是 a 和 b (图8-6)。

因为椭圆的方程可以写成

$$\frac{x^2}{a^2}+\frac{y^2}{b^2}-1=0, \qquad (a)$$

而应力函数 Φ 在横截面的边界上应当等于零,所以假设应力函数

$$\Phi=m\left(\frac{x^2}{a^2}+\frac{y^2}{b^2}-1\right), \qquad (b)$$

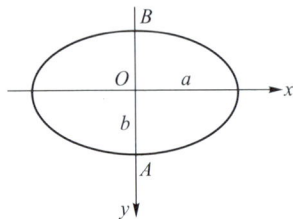

图 8-6

其中 m 是一个常数,式(b)可以满足边界条件式(8-17);然后来考察是否可以满足其他的条件,即式(8-16)和式(8-18)。

将式(b)代入微分方程式(8-16),得

$$\frac{2m}{a^2}+\frac{2m}{b^2}=C。$$

可见,取

$$m=\frac{C}{\dfrac{2}{a^2}+\dfrac{2}{b^2}}=\frac{a^2b^2}{2(a^2+b^2)}C,$$

可以满足基本微分方程式(8-16),而式(b)应取为

$$\Phi=\frac{a^2b^2}{2(a^2+b^2)}C\left(\frac{x^2}{a^2}+\frac{y^2}{b^2}-1\right)。 \qquad (c)$$

现在由方程式(8-18)来求出常数 C。将式(c)代入式(8-18),得

$$\frac{a^2b^2}{a^2+b^2}C\left(\frac{1}{a^2}\iint_A x^2\,\mathrm{d}x\mathrm{d}y+\frac{1}{b^2}\iint_A y^2\,\mathrm{d}x\mathrm{d}y-\iint_A \mathrm{d}x\mathrm{d}y\right)=M, \qquad (d)$$

其中 A 为椭圆截面的面积。由材料力学已知,

$$\iint_A x^2\,\mathrm{d}x\mathrm{d}y=I_y=\frac{\pi a^3 b}{4},$$

$$\iint_A y^2\,\mathrm{d}x\mathrm{d}y=I_x=\frac{\pi a b^3}{4},$$

$$\iint_A \mathrm{d}x\mathrm{d}y=\pi ab。$$

代入式(d),即得

$$C=-\frac{2(a^2+b^2)M}{\pi a^3 b^3}。 \qquad (e)$$

再代回式(c),得确定的应力函数

$$\Phi=-\frac{M}{\pi ab}\left(\frac{x^2}{a^2}+\frac{y^2}{b^2}-1\right)。 \qquad (f)$$

这个应力函数已经满足了所有一切条件。

将应力函数的表达式(f)代入式(8-15),得应力分量

$$\tau_{zx} = -\frac{2M}{\pi ab^3}y, \quad \tau_{zy} = \frac{2M}{\pi a^3 b}x_{\circ} \tag{8-25}$$

横截面上任意一点的<u>合切应力</u>是

$$\tau = (\tau_{zx}^2 + \tau_{zy}^2)^{1/2} = \frac{2M}{\pi ab}\left(\frac{x^2}{a^4} + \frac{y^2}{b^4}\right)^{1/2}_{\circ} \tag{8-26}$$

假想有一薄膜张在如图 8-6 所示的椭圆边界上,并受有气体压力。若 $a \geqslant b$,则显然可见,薄膜的最大斜率将发生在点 A 与点 B,而方向垂直于边界。根据薄膜比拟,扭杆横截面上最大的切应力也将发生在点 A 与点 B,而方向平行于边界。将点 A 或点 B 的坐标$(0, \pm b)$代入式(8-26),得出这个最大切应力

$$\tau_{max} = \tau_A = \tau_B = \frac{2M}{\pi ab^2}_{\circ} \tag{8-27}$$

当 $a = b$ 时(圆截面杆),应力的解答与材料力学中完全相同。

现在再来分析变形和位移。由式(8-22)及式(e)得扭角

$$K = -\frac{C}{2G} = \frac{(a^2+b^2)M}{\pi a^3 b^3 G}_{\circ} \tag{8-28}$$

于是由式(8-19)得

$$u = -\frac{(a^2+b^2)M}{\pi a^3 b^3 G}yz, \quad v = \frac{(a^2+b^2)M}{\pi a^3 b^3 G}xz_{\circ} \tag{8-29}$$

再将式(f)及式(8-28)代入式(8-20),得

$$\frac{\partial w}{\partial x} = -\frac{(a^2-b^2)M}{\pi a^3 b^3 G}y, \quad \frac{\partial w}{\partial y} = -\frac{(a^2-b^2)M}{\pi a^3 b^3 G}x_{\circ}$$

注意 w 只是 x 和 y 的函数,对上列二式进行积分,得

$$w = -\frac{(a^2-b^2)M}{\pi a^3 b^3 G}xy + f_1(y),$$

$$w = -\frac{(a^2-b^2)M}{\pi a^3 b^3 G}xy + f_2(x)_{\circ}$$

由此可见 $f_1(y)$ 及 $f_2(x)$ 应等于同一常量 w_0,而 w_0 就是 z 方向的刚体平移。不计这个刚体平移,即由上式得

$$w = -\frac{a^2-b^2}{\pi a^3 b^3 G}Mxy_{\circ} \tag{8-30}$$

这个公式表明:扭杆的<u>横截面并不保持为平面</u>,而将翘成曲面。曲面的等高线在 xy 面上的投影是双曲线,而这些双曲线的渐近线是 x 轴及 y 轴。只有当 $a = b$ 时(圆截面杆),才有 $w = 0$,横截面才保持为平面。

§8-8 矩形截面杆的扭转

现在来分析矩形截面杆的扭转,矩形的边长为 a 及 b,如图 8-7 所示。

首先,假定矩形是很狭的,即 $a \gg b$。在这一情况下,由薄膜比拟可以推断,应力函数 Φ 在绝大部分横截面上几乎与 x 无关,因为对应的薄膜几乎不受短边约束的影响,近似于柱面。于是可以近似地取 $\dfrac{\partial \Phi}{\partial x} = 0$,$\dfrac{\partial \Phi}{\partial y} = \dfrac{\mathrm{d}\Phi}{\mathrm{d}y}$,而式(8-16)成为

图 8-7

$$\frac{\mathrm{d}^2 \Phi}{\mathrm{d}y^2} = C。$$

进行积分,并注意边界条件 $(\Phi)_{y=\pm b/2} = 0$,即得

$$\Phi = \frac{C}{2}\left(y^2 - \frac{b^2}{4}\right)。 \tag{a}$$

为了求出常数 C,将式(a)代入式(8-18),得

$$2\int_{-\frac{a}{2}}^{\frac{a}{2}} \int_{-\frac{b}{2}}^{\frac{b}{2}} \frac{C}{2}\left(y^2 - \frac{b^2}{4}\right) \mathrm{d}x\mathrm{d}y = M。$$

积分以后,得 $-\dfrac{ab^3}{6}C = M$,从而得

$$C = -\frac{6M}{ab^3}。 \tag{b}$$

于是由式(a)得确定的应力函数

$$\Phi = \frac{3M}{ab^3}\left(\frac{b^2}{4} - y^2\right)。 \tag{c}$$

将式(c)代入式(8-15),得应力分量

$$\tau_{zx} = \frac{\partial \Phi}{\partial y} = -\frac{6M}{ab^3}y, \quad \tau_{zy} = -\frac{\partial \Phi}{\partial x} = 0。 \tag{8-31}$$

由薄膜比拟可以推断,最大切应力发生在矩形截面的长边上,例如点 A $\left(y = -\dfrac{b}{2}\right)$,其大小为

$$\tau_{\max} = (\tau_{zx})_{y=-\frac{b}{2}} = \frac{3M}{ab^2}。 \tag{8-32}$$

将式(b)代入式(8-22),得**扭角**

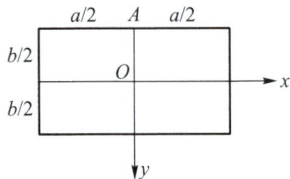

$$K = -\frac{C}{2G} = \frac{3M}{ab^3 G}。 \tag{8-33}$$

对于任意矩形杆(横截面的边长比值 a/b 为任意数值),经过进一步的分析,得出式(8-32)及式(8-33)需修正成为

$$\tau_{max} = \frac{M}{ab^2 \beta}, \tag{8-34}$$

$$K = \frac{M}{ab^3 G\beta_1}, \tag{8-35}$$

其中的因子 β 及 β_1 只与比值 a/b 有关,数值如下表所示。

a/b	β	β_1	a/b	β	β_1
1.0	0.208	0.141	3.0	0.267	0.263
1.2	0.219	0.166	4.0	0.282	0.281
1.5	0.230	0.196	5.0	0.291	0.291
2.0	0.246	0.229	10.0	0.312	0.312
2.5	0.258	0.249	很大	0.333	0.333

由上表可见,对于很狭的矩形横截面的扭杆(a/b 很大),β 及 β_1 趋于 1/3,式(8-34)及式(8-35)分别简化为式(8-32)及式(8-33)。

很多薄壁杆的横截面是由等宽度的狭矩形组成的。这些狭矩形可能是直的或是弯的(图 8-8)。

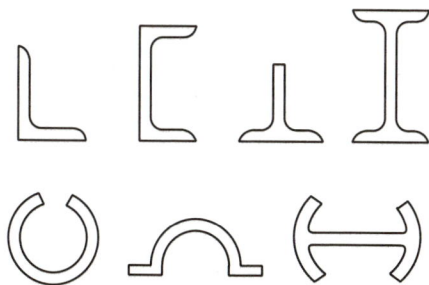

图 8-8

从薄膜可以想象,如果一个直的狭矩形和一个弯的狭矩形具有相同的长度 a 和宽度 b,则当这两个狭矩形上的薄膜具有相同的张力 F_T 并受相同的压力 q 时(这时它们的 q/F_T 相同),两个薄膜的体积 V 和斜率 i 将没有多大的差别。由此可推断,如果有两个狭矩形截面的扭杆,它们的扭角 K 相同,切变模量 G 也相同(因而它们的 $2GK$ 相同),则两个扭杆的扭矩 M 及切应力 τ 也就没有多大的差别。因此,一个弯的狭矩形截面可以用一个同宽同长的直的狭矩形截面来代替,而不致引起多大的误差。

用 a_i 及 b_i 分别代表扭杆横截面的第 i 个狭矩形的长度及宽度，M_i 代表该矩形上承受的扭矩（是整个横截面上的扭矩 M 的一部分），τ_i 代表该矩形长边中点附近的切应力，K 代表该扭杆的扭角（组成扭杆横截面的各部分狭矩形，具有相同的扭角 K）。根据式(8-32)及式(8-33)，有

$$\tau_i = \frac{3M_i}{a_i b_i^2}, \tag{d}$$

$$K = \frac{3M_i}{a_i b_i^3 G}。 \tag{e}$$

由式(e)得

$$M_i = \frac{GKa_i b_i^3}{3}, \tag{f}$$

所以扭杆的整个横截面上扭矩

$$M = \sum M_i = \frac{GK}{3} \sum a_i b_i^3。 \tag{g}$$

由式(f)及式(g)消去 K，得 $M_i = \dfrac{a_i b_i^3}{\sum a_i b_i^3} M$。代回式(d)及式(e)，得

$$\tau_i = \frac{3Mb_i}{\sum a_i b_i^3}, \tag{8-36}$$

$$K = \frac{3M}{G \sum a_i b_i^3}。 \tag{8-37}$$

这些公式是近似的，因为应用了狭矩形的近似公式，而且没有考虑圆角的影响和两个矩形连接处的局部影响，读者可参考有关的文献。

▶ 本章内容提要

1. 按位移求解一般的空间问题时，取位移分量 u, v, w 为基本未知函数，它们应满足：(1) 用位移表示的平衡微分方程式(8-2)；(2) 用位移表示的应力边界条件；(3) 位移边界条件。其中(1)和(2)是静力平衡条件，(3)是位移连续条件。

2. 按位移求解空间轴对称问题时，取位移分量 u_ρ, u_z 为基本未知函数，它们应满足：(1) 用位移表示的平衡微分方程式(8-4)；(2) 用位移表示的应力边界条件；(3) 位移边界条件。其中(1)和(2)是静力平衡条件；(3) 是位移连续条件。

3. 按应力求解一般的空间问题时，取 6 个应力分量为基本未知函数，它们应满足：(1) 平衡微分方程式(7-1)；(2) 6 个相容方程式(8-12)或式(8-13)；(3) 应力边界条件(假设全部边界上都为应力边界条件)；(4) 若为多连体还应满足位移单值条件。其中(1)和(3)为静力平衡条件，(2)和(4)为位移连续条件。

在上述按应力求解的空间问题中,方程的总数多于未知函数的总数。这是因为由几何方程导出相容方程时,微分方程的阶数提高了,必然会增加新的解答,但它们不是原方程的解答;这时,增加的微分方程的数目正好用来限制并排除原方程多余的解。因此,6 个相容方程都是定解的必要条件。

4. 扭转问题是空间问题的一个特例,根据扭转问题的特征,采用按应力求解空间问题的解法进行研究,最后归结为求解扭转应力函数 Φ,它应满足泊松方程式(8-21),侧面边界条件式(8-17)和上、下端面边界条件式(8-18)。

习 题

8-1 设有任意形状的等截面杆,密度为 ρ,上端悬挂,下端自由,如图 8-9 所示。试考察应力分量 $\sigma_x = 0, \sigma_y = 0, \sigma_z = \rho g z, \tau_{yz} = 0, \tau_{zx} = 0, \tau_{xy} = 0$ 是否能满足所有一切条件。

8-2 设有任意形状的空间弹性体,在全部边界上(包括在孔洞边界上)受有均布压力 q,试证应力分量

$$\sigma_x = \sigma_y = \sigma_z = -q, \quad \tau_{xy} = \tau_{yz} = \tau_{zx} = 0$$

能满足一切条件,因而就是正确的解答。

8-3 试由式(8-5)的侧压力系数分析,当 μ 接近于 0 或 $\frac{1}{2}$ 时,此弹性体分别接近于什么样的物体?

8-4 当体力不计时,试证体应变为调和函数,位移分量和应力分量为重调和函数,即它们满足下列方程:

$$\nabla^2 \theta = 0,$$
$$\nabla^4 (u, v, w) = 0,$$
$$\nabla^4 (\sigma_x, \sigma_y, \sigma_z, \tau_{xy}, \tau_{yz}, \tau_{zx}) = 0。$$

8-5 试求图 8-10 所示弹性体中的应力分量。

(a) 正六面体弹性体置于刚性体中,上边界受均布压力 q 作用,设刚性体与弹性体之间无摩擦力。

(b) 半无限大空间体,其表面受均布压力 q 的作用。

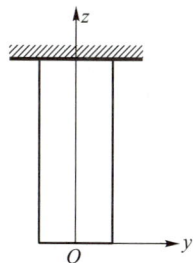

图 8-9

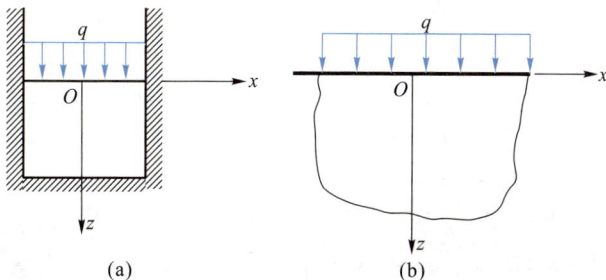

(a)   (b)

图 8-10

8-6　图 8-11 所示的弹性体为一长柱形体,在顶面 $z=0$ 上有一集中力 F 作用于角点,试写出 $z=0$ 表面上的边界条件。

8-7　半空间体在边界平面的一个圆面积上受有均布压力 q。设圆面积的半径为 a,试求圆心下方距边界为 h 处的位移。

答案:$\dfrac{(1+\mu)q}{E}\left[\dfrac{2(1-\mu)a^2+(1-2\mu)h^2}{\sqrt{a^2+h^2}}-(1-2\mu)h\right]$。

8-8　扭杆的横截面为等边三角形 OAB,其高度为 a(图 8-12),取坐标轴如图所示,则 AB,OA,OB 三边的方程分别为 $x-a=0$, $x-\sqrt{3}\,y=0$,$x+\sqrt{3}\,y=0$。试证应力函数

$$\Phi=m(x-a)(x-\sqrt{3}\,y)(x+\sqrt{3}\,y)$$

能满足一切条件,并求出最大切应力及扭角。

答案:$\left|\tau_{\max}\right|=\dfrac{15\sqrt{3}\,M}{2a^3}$, $K=\dfrac{15\sqrt{3}\,M}{Ga^4}$。

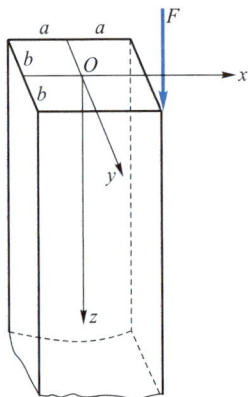

图 8-11

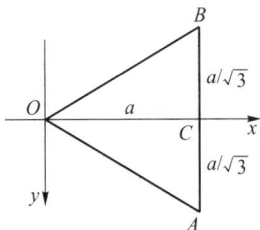

图 8-12

8-9　半径为 R 的圆截面扭杆,有半径为 r 的圆弧槽(图 8-13)。取坐标轴如图所示,则圆截面边界的方程为 $x^2+y^2-2Rx=0$,圆弧槽的方程为 $x^2+y^2-r^2=0$。试证应力函数

$$\Phi=-GK\frac{(x^2+y^2-r^2)(x^2+y^2-2Rx)}{2(x^2+y^2)}$$

$$=-\frac{GK}{2}\left[x^2+y^2-r^2-\frac{2Rx(x^2+y^2-r^2)}{x^2+y^2}\right]$$

能满足式(8-17)及式(8-21)。试求最大切应力和边界上离圆弧槽较远处(例如 B 点)的应力。设圆弧槽很小(r 远小于 R),求槽边的应力集中因子 f。

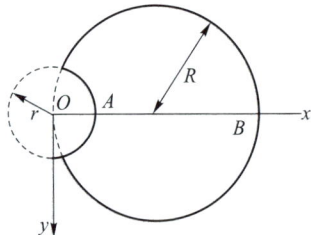

图 8-13

答案:$\left|\tau_{B}\right|=GK(2R-r)$, $\tau_{B}=GK\left(R-\dfrac{r^2}{4R}\right)$, $f=2$。

8-10 设有一边长为 a 的正方形截面杆,与一面积相同的圆截面杆,受有相同的扭矩 M,试比较两者的最大切应力和单位长度的扭角。

答案:正方形截面和等面积的圆形截面的最大切应力之比为 1.356 2,单位长度的扭角之比为 1.128 8。

▶ 部分习题提示

题 8-1:本题给出了应力的解答。为了判断它们是否为正确的解答,应校核按应力求解空间问题的全部条件。在柱体的侧面,应考虑为任意形状的斜边界 ($n=0$;l,m 为任意的),应用一般的应力边界条件式(7-5)。

题 8-2:应校核按应力求解空间问题的全部条件。注意边界上受到法向压力 q 的作用,且一般为任意的斜边界,l,m,n 为任意值,因此,应按一般的应力边界条件式(7-5)进行校核;对于多连体,还应由应力求出相应的位移,并校核位移单值条件是否满足。

题 8-4:应用式(8-2)和式(8-13)来证明。

题 8-5:考虑对称性条件,x 方向和 y 方向的线应变均应为零。

题 8-6:在空间体的小边界上,当应用圣维南原理时,应该列出 6 个积分的边界条件,即 3 个主矢量和 3 个主矩的条件。

题 8-7:为了求圆心以下 h 处的位移,取出本书中式(8-6)中的 u_z,并作如下的代换:$z \to h$,$R \to \sqrt{\rho^2+a^2}$,$F \to dF = q2\pi\rho d\rho$,然后从 0 至 a 对 ρ 进行积分。

题 8-8,题 8-9:扭转应力函数已满足了侧面边界条件,还需满足泊松方程式(8-21)和上、下端面的边界条件式(8-18)。

题 8-10:分别从椭圆截面杆导出圆截面杆的解答,和从矩形截面杆导出正方形截面杆的解答;并由 $a^2=\pi r^2$ 得出 $r=\dfrac{a}{\sqrt{\pi}}$,代入后进行比较即可得出。

第九章　薄板弯曲问题

§9-1　有关概念及计算假定

在弹性力学里,两个平行面和垂直于这两个平行面的柱面或棱柱面所围成的物体,称为平板,或简称为板(图 9-1)。这两个平行面称为板面,而这个柱面或棱柱面称为侧面或板边。两个板面之间的距离 δ 称为板的厚度,而平分厚度 δ 的平面称为板的中间平面,或简称为中面。如果板的厚度 δ 远小于中面的最小尺寸 b,这个板就称为薄板,否则就称为厚板。

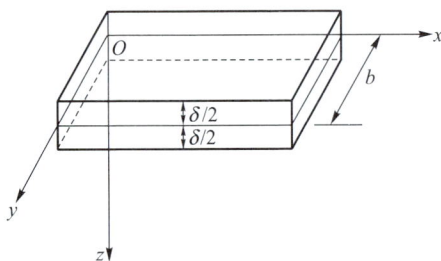

图 9-1

对于薄板的弯曲问题,已经引用一些计算假定而建立了一套完整的理论,可以用来计算工程上的问题。对于厚板,虽然也有这样或那样的计算方案被提出来,但还不便应用于工程实际问题。

当薄板受有一般荷载时,总可以把每个荷载分解为两个分荷载,一个是平行于中面的所谓纵向荷载,另一个是垂直于中面的所谓横向荷载。对于纵向荷载,可以认为它们沿薄板厚度均匀分布,因而它们所引起的应力、形变和位移,可以按平面应力问题进行计算,如第二章至第六章所述。横向荷载将使薄板弯曲,它们所引起的应力、形变和位移,可以按薄板弯曲问题进行计算。

当薄板弯曲时,中面所弯成的曲面,称为**薄板弹性曲面**,而中面内各点在垂直于中面方向的位移,称为**挠度**。

本章中只讲述薄板的小挠度弯曲理论,也就是只讨论这样的薄板:它虽然很薄,但仍然具有相当的弯曲刚度,因而它的挠度远小于它的厚度(因此,位移和形变是微小的基本假定仍然符合)。如果薄板的弯曲刚度较小,以致挠度与厚度属于同阶大小,则需另行建立所谓大挠度弯曲理论。如果薄板的弯曲刚度很小,以致挠度远大于厚度,则薄板成为薄膜。

薄板弯曲问题属于空间问题。为了建立薄板的小挠度弯曲理论,除了引用弹性力学的 5 个基本假定外,还补充提出了 3 个计算假定,用来简化空间问题的基本方程(这些计算假定,已被大量的实验证实是合理的)。取薄板的中面为 xy 面(图 9-1),薄板的计算假定可以陈述如下:

(1)垂直于中面方向的线应变,即 ε_z,可以不计。取 $\varepsilon_z = 0$,则由几何方程式(7-8)中的第三式得 $\dfrac{\partial w}{\partial z} = 0$,从而得

$$w = w(x, y)。$$

这就是说,横向位移 w 只是 x, y 的函数,不随 z 而变。因此,在中面的任一根法线上各点都具有相同的横向位移,也就等于挠度。

(2)应力分量 τ_{xz}, τ_{yz} 和 σ_z 远小于其余 3 个应力分量,因而是次要的,它们所引起的应变可以不计(注意:这 3 个次要应力分量本身都是维持平衡所必需的,不能不计)。

这是因为,薄板弯曲问题与梁的弯曲问题(见 §3-4)相似,由各应力分量的数量级大小可见,弯应力 σ_x, σ_y 和扭应力 τ_{xy} 为主要应力,横向的切应力 τ_{xz}, τ_{yz} 为次要应力,而挤压应力 σ_z 为更次要应力。因此,上述假定中认为 τ_{xz}, τ_{yz} 和 σ_z 是次要的,它们引起的应变可以不计。

因为不计 τ_{xz} 及 τ_{yz} 所引起的应变,所以有

$$\gamma_{zx} = 0, \qquad \gamma_{yz} = 0。$$

于是由几何方程式(7-8)的第四式及第五式得

$$\frac{\partial u}{\partial z} + \frac{\partial w}{\partial x} = 0, \qquad \frac{\partial w}{\partial y} + \frac{\partial v}{\partial z} = 0,$$

从而得

$$\frac{\partial u}{\partial z} = -\frac{\partial w}{\partial x}, \qquad \frac{\partial v}{\partial z} = -\frac{\partial w}{\partial y}。 \tag{9-1}$$

由于 $\varepsilon_z = 0$, $\gamma_{zx} = 0$, $\gamma_{yz} = 0$,可见中面的法线在薄板弯曲时保持不伸缩,并且成为弹性曲面的法线。

　　还应注意,在上述计算假定中虽然采用了 $\varepsilon_z = 0$, $\gamma_{zx} = 0$, $\gamma_{yz} = 0$,但在以后考虑平衡条件时,仍然必须计入 3 个次要的应力分量 τ_{xz}, τ_{yz} 和 σ_z。因此,在薄板的小挠度弯曲理论中,放弃了关于 ε_z, γ_{zx} 和 γ_{yz} 的物理方程,即式(7-12)中的第三、第四和第五方程。

　　因为不计 σ_z 所引起的应变,所以薄板的物理方程成为

$$\left.\begin{aligned}
\varepsilon_x &= \frac{1}{E}(\sigma_x - \mu\sigma_y), \\
\varepsilon_y &= \frac{1}{E}(\sigma_y - \mu\sigma_x), \\
\gamma_{xy} &= \frac{2(1+\mu)}{E}\tau_{xy}\,\text{。}
\end{aligned}\right\} \tag{9-2}$$

这就是说,薄板小挠度弯曲问题中的物理方程和薄板平面应力问题中的物理方程是相同的(以后可见,这两种问题中的应力分量和应变分量沿板厚度方向的分布是不同的)。

　　(3) 薄板中面内的各点都没有平行于中面的位移,即

$$(u)_{z=0} = 0, \qquad (v)_{z=0} = 0\,\text{。} \tag{9-3}$$

因为 $\varepsilon_x = \dfrac{\partial u}{\partial x}$, $\varepsilon_y = \dfrac{\partial v}{\partial y}$, $\gamma_{xy} = \dfrac{\partial v}{\partial x} + \dfrac{\partial u}{\partial y}$,所以由上式得出中面内的应变分量均为零,即

$$(\varepsilon_x)_{z=0} = 0, \qquad (\varepsilon_y)_{z=0} = 0, \qquad (\gamma_{xy})_{z=0} = 0\,\text{。}$$

这就是说,中面的任意一部分,虽然弯曲成为弹性曲面的一部分,但它在 xy 面上的投影形状却保持不变。

　　在材料力学里分析直梁的弯曲问题时,也采用了与上相似的计算假定,只是在这里,薄板的中面代替了直梁的轴线,薄板的弹性曲面代替了直梁的弹性曲线,薄板的双向弯曲(实际是连弯带扭)代替了直梁的单向弯曲。

§9-2　弹性曲面的微分方程

　　薄板的小挠度弯曲问题是按位移求解的,只取挠度 $w = w(x, y)$ 作为基本未知函数。下面根据空间问题的基本方程和边界条件,以及上述的 3 个计算假定,将其他未知函数——纵向位移 u, v,主要应变分量 ε_x, ε_y, γ_{xy},主要应力分量 σ_x, σ_y, τ_{xy},次要应力分量 τ_{xz}, τ_{yz} 及更次要应力分量 σ_z,分别都用挠度 w 来表示,并导出求解挠度的方程。

　　(1) 将纵向位移 u, v 用挠度 w 表示。上节中已应用计算假定和几何方程式

(7-8)中的第四、第五式得出式(9-1),把此式对 z 积分,并注意 w 只是 x,y 的函数,即得

$$v=-\frac{\partial w}{\partial y}z+f_1(x,y),\qquad u=-\frac{\partial w}{\partial x}z+f_2(x,y)。$$

应用计算假定式(9-3),得 $f_1(x,y)=0$,$f_2(x,y)=0$。于是纵向位移表示为

$$u=-\frac{\partial w}{\partial x}z,\qquad v=-\frac{\partial w}{\partial y}z。$$

(2)将主要应变分量 $\varepsilon_x,\varepsilon_y,\gamma_{xy}$ 用 w 表示。把上式的 u,v 代入几何方程式(7-8)中的第一、第二、第六式,就得到

$$\left.\begin{aligned}
\varepsilon_x&=\frac{\partial u}{\partial x}=-\frac{\partial^2 w}{\partial x^2}z,\\
\varepsilon_y&=\frac{\partial v}{\partial y}=-\frac{\partial^2 w}{\partial y^2}z,\\
\gamma_{xy}&=\frac{\partial v}{\partial x}+\frac{\partial u}{\partial y}=-2\frac{\partial^2 w}{\partial x\partial y}z。
\end{aligned}\right\}\qquad(a)$$

(3)将主要应力分量 $\sigma_x,\sigma_y,\tau_{xy}$ 用 w 表示。由薄板的物理方程式(9-2)求解应力分量,得

$$\left.\begin{aligned}
\sigma_x&=\frac{E}{1-\mu^2}(\varepsilon_x+\mu\varepsilon_y),\\
\sigma_y&=\frac{E}{1-\mu^2}(\varepsilon_y+\mu\varepsilon_x),\\
\tau_{xy}&=\frac{E}{2(1+\mu)}\gamma_{xy}。
\end{aligned}\right\}\qquad(b)$$

再把式(a)的应变分量代入上式,就得出

$$\left.\begin{aligned}
\sigma_x&=-\frac{Ez}{1-\mu^2}\left(\frac{\partial^2 w}{\partial x^2}+\mu\frac{\partial^2 w}{\partial y^2}\right),\\
\sigma_y&=-\frac{Ez}{1-\mu^2}\left(\frac{\partial^2 w}{\partial y^2}+\mu\frac{\partial^2 w}{\partial x^2}\right),\\
\tau_{xy}&=-\frac{Ez}{1+\mu}\frac{\partial^2 w}{\partial x\partial y}。
\end{aligned}\right\}\qquad(9-4)$$

由于 w 不随 z 而变,可见这3个主要应力分量都和 z 成正比,与材料力学中梁的弯应力相似。

(4)将次要应力分量 τ_{zx},τ_{zy} 用 w 表示。由于次要应力分量 τ_{zx},τ_{zy} 引起的应变略去不计,相应的物理方程也已放弃。为了求出 τ_{zx},τ_{zy},可以应用平衡微分方程式(7-1)中的前两式,由于不存在纵向荷载,体力分量 $f_x=0$,$f_y=0$,由此得

$$\frac{\partial \tau_{zx}}{\partial z} = -\frac{\partial \sigma_x}{\partial x} - \frac{\partial \tau_{yx}}{\partial y}, \quad \frac{\partial \tau_{zy}}{\partial z} = -\frac{\partial \sigma_y}{\partial y} - \frac{\partial \tau_{xy}}{\partial x}.$$

把 $\sigma_x, \sigma_y, \tau_{xy}$ 的表达式(9-4)代入,并注意 $\tau_{xy} = \tau_{yx}$,得

$$\frac{\partial \tau_{zx}}{\partial z} = \frac{Ez}{1-\mu^2}\left(\frac{\partial^3 w}{\partial x^3} + \frac{\partial^3 w}{\partial x \partial y^2}\right) = \frac{Ez}{1-\mu^2}\frac{\partial}{\partial x}\boldsymbol{\nabla}^2 w,$$

$$\frac{\partial \tau_{zy}}{\partial z} = \frac{Ez}{1-\mu^2}\left(\frac{\partial^3 w}{\partial y^3} + \frac{\partial^3 w}{\partial y \partial x^2}\right) = \frac{Ez}{1-\mu^2}\frac{\partial}{\partial y}\boldsymbol{\nabla}^2 w,$$

其中引用记号 $\boldsymbol{\nabla}^2 = \frac{\partial^2}{\partial x^2} + \frac{\partial^2}{\partial y^2}$。将上两式对 z 积分,得

$$\tau_{zx} = \frac{Ez^2}{2(1-\mu^2)}\frac{\partial}{\partial x}\boldsymbol{\nabla}^2 w + F_1(x,y),$$

$$\tau_{zy} = \frac{Ez^2}{2(1-\mu^2)}\frac{\partial}{\partial y}\boldsymbol{\nabla}^2 w + F_2(x,y).$$

其中的待定函数 $F_1(x,y), F_2(x,y)$,可以根据薄板的上、下板面的边界条件来求出,即

$$(\tau_{zx})_{z=\pm\frac{\delta}{2}} = 0, \quad (\tau_{zy})_{z=\pm\frac{\delta}{2}} = 0.$$

应用这两个边界条件求出 $F_1(x,y), F_2(x,y)$ 以后,即得 τ_{zx}, τ_{zy} 的表达式

$$\left.\begin{array}{l} \tau_{zx} = \dfrac{E}{2(1-\mu^2)}\left(z^2 - \dfrac{\delta^2}{4}\right)\dfrac{\partial}{\partial x}\boldsymbol{\nabla}^2 w, \\[4mm] \tau_{zy} = \dfrac{E}{2(1-\mu^2)}\left(z^2 - \dfrac{\delta^2}{4}\right)\dfrac{\partial}{\partial y}\boldsymbol{\nabla}^2 w. \end{array}\right\} \tag{9-5}$$

这两个切应力沿横向为抛物线分布,与材料力学中梁的切应力相似。

(5) 最后,将更次要应力分量 σ_z 用 w 表示。应用平衡微分方程式(7-1)中的第三式,并取体力分量 $f_z = 0$,得

$$\frac{\partial \sigma_z}{\partial z} = -\frac{\partial \tau_{xz}}{\partial x} - \frac{\partial \tau_{yz}}{\partial y}. \tag{c}$$

如果体力分量 f_z 并不等于零,我们可以把薄板的每单位面积内的体力和面力都归入到上板面的面力中去,一并用 q 表示,即

$$q = (\bar{f}_z)_{z=-\frac{\delta}{2}} + (\bar{f}_z)_{z=\frac{\delta}{2}} + \int_{-\delta/2}^{\delta/2} f_z \mathrm{d}z. \tag{d}$$

这只会对最次要的应力分量 σ_z 引起误差,对其他的应力分量则没有影响。这样处理,和材料力学中对梁的处理相同。

注意 $\tau_{xz} = \tau_{zx}, \tau_{yz} = \tau_{zy}$,将这两个应力分量的表达式(9-5)代入式(c),得

$$\frac{\partial \sigma_z}{\partial z} = \frac{E}{2(1-\mu^2)}\left(\frac{\delta^2}{4} - z^2\right)\boldsymbol{\nabla}^4 w.$$

对 z 进行积分,得到

$$\sigma_z = \frac{E}{2(1-\mu^2)}\left(\frac{\delta^2}{4}z - \frac{z^3}{3}\right)\nabla^4 w + F_3(x,y)。 \tag{e}$$

其中待定函数 $F_3(x,y)$ 可以由薄板的下板面的边界条件来确定,即

$$(\sigma_z)_{z=\frac{\delta}{2}} = 0。$$

将式(e)代入,求出 $F_3(x,y)$,再代回到式(e),即得 σ_z 的表达式

$$\sigma_z = \frac{E}{2(1-\mu^2)}\left[\frac{\delta^2}{4}\left(z - \frac{\delta}{2}\right) - \frac{1}{3}\left(z^3 - \frac{\delta^3}{8}\right)\right]\nabla^4 w$$

$$= -\frac{E\delta^3}{6(1-\mu^2)}\left(\frac{1}{2} - \frac{z}{\delta}\right)^2\left(1 + \frac{z}{\delta}\right)\nabla^4 w。 \tag{9-6}$$

现在来导出 w 的微分方程。由薄板的上板面的边界条件

$$(\sigma_z)_{z=-\frac{\delta}{2}} = -q, \tag{f}$$

其中 q 是薄板每单位面积内的横向荷载,包括横向面力及横向体力,如式(d)所示。将 σ_z 的表达式(9-6)代入式(f),即得

$$\frac{E\delta^3}{12(1-\mu^2)}\nabla^4 w = q, \tag{9-7}$$

或

$$D\nabla^4 w = q, \tag{9-8}$$

其中的

$$D = \frac{E\delta^3}{12(1-\mu^2)} \tag{9-9}$$

称为薄板的弯曲刚度,它的量纲是 $\mathrm{L^2MT^{-2}}$。方程式(9-8)称为薄板的弹性曲面微分方程,或挠曲微分方程。

读者可以看出:在上面的推导过程中,已经考虑并完全满足了空间问题的平衡微分方程、几何方程和物理方程,以及薄板的上、下板面的主要应力边界条件,并得出了求解挠度 w 的基本微分方程。此外,还应考虑薄板侧面(即板边)上的边界条件。由基本微分方程式(9-8)并结合这些板边的边界条件,可以求出挠度 w,然后就可以按式(9-4)至式(9-6)求得应力分量。

§9-3 薄板横截面上的内力

薄板横截面上的内力,称为薄板内力,是指薄板横截面的每单位宽度上,由应力合成的主矢量和主矩。由于薄板是按内力来设计的,因此,需要求出内力。

又由于在板的侧面(板边)上,通常很难使应力分量精确地满足应力边界条件,但板的侧面是板的次要边界,即小边界,可应用圣维南原理,用内力的边界条件来代替应力的边界条件。

为了求出薄板横截面上的内力,从薄板内取出一个平行六面体,它的三边的长度分别为 dx,dy 和板的厚度 δ(图 9-2)。

在 x 为常量的横截面上,作用着 σ_x,τ_{xy} 和 τ_{xz}。因为 σ_x 及 τ_{xy} 都和 z 成正比,且在中面上为零,所以它们在薄板全厚度上的主矢量都等于零,只可能分别合成为弯矩和扭矩。

在该横截面的每单位宽度上,应力分量 σ_x 对中面合成为弯矩

$$M_x = \int_{-\frac{\delta}{2}}^{\frac{\delta}{2}} z\sigma_x \, dz。$$

将式(9-4)中的第一式代入,对 z 进行积分,得

图 9-2

$$M_x = -\frac{E}{1-\mu^2}\left(\frac{\partial^2 w}{\partial x^2} + \mu\frac{\partial^2 w}{\partial y^2}\right)\int_{-\frac{\delta}{2}}^{\frac{\delta}{2}} z^2 \, dz$$

$$= -\frac{E\delta^3}{12(1-\mu^2)}\left(\frac{\partial^2 w}{\partial x^2} + \mu\frac{\partial^2 w}{\partial y^2}\right)。 \tag{a}$$

与此相似,应力分量 τ_{xy} 将合成为横截面内的扭矩

$$M_{xy} = \int_{-\frac{\delta}{2}}^{\frac{\delta}{2}} z\tau_{xy} \, dz。$$

将式(9-4)中的第三式代入,对 z 进行积分,得

$$M_{xy} = -\frac{E}{1+\mu}\frac{\partial^2 w}{\partial x \partial y}\int_{-\frac{\delta}{2}}^{\frac{\delta}{2}} z^2 \, dz$$

$$= -\frac{E\delta^3}{12(1+\mu)}\frac{\partial^2 w}{\partial x \partial y}。 \tag{b}$$

应力分量 τ_{xz} 只可能合成为横向剪力,在每单位宽度上为

$$F_{Sx} = \int_{-\frac{\delta}{2}}^{\frac{\delta}{2}} \tau_{xz} \, dz。$$

将式(9-5)中的第一式代入,对 z 进行积分,得

$$F_{Sx} = \frac{E}{2(1-\mu^2)}\frac{\partial}{\partial x}\nabla^2 w\int_{-\frac{\delta}{2}}^{\frac{\delta}{2}}\left(z^2 - \frac{\delta^2}{4}\right) dz$$

$$= -\frac{E\delta^3}{12(1-\mu^2)}\frac{\partial}{\partial x}\nabla^2 w。 \tag{c}$$

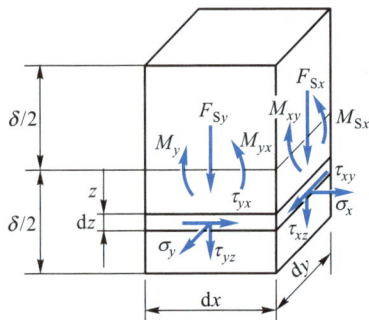

同样,在 y 为常量的横截面上,每单位宽度内的 σ_y,τ_{yx} 和 τ_{yz} 也分别合成为如下的弯矩、扭矩和横向剪力:

$$M_y = \int_{-\frac{\delta}{2}}^{\frac{\delta}{2}} z\sigma_y \mathrm{d}z = -\frac{E\delta^3}{12(1-\mu^2)}\left(\frac{\partial^2 w}{\partial y^2}+\mu\frac{\partial^2 w}{\partial x^2}\right), \tag{d}$$

$$M_{yx} = \int_{-\frac{\delta}{2}}^{\frac{\delta}{2}} z\tau_{yx} \mathrm{d}z = -\frac{E\delta^3}{12(1+\mu)}\frac{\partial^2 w}{\partial x\partial y} = M_{xy}, \tag{e}$$

$$F_{Sy} = \int_{-\frac{\delta}{2}}^{\frac{\delta}{2}} \tau_{yz} \mathrm{d}z = -\frac{E\delta^3}{12(1-\mu^2)}\frac{\partial}{\partial y}\nabla^2 w. \tag{f}$$

将式(9-9)代入式(a)至式(f),薄板横截面上的内力可以简写为

$$\begin{rcases} M_x = -D\left(\frac{\partial^2 w}{\partial x^2}+\mu\frac{\partial^2 w}{\partial y^2}\right),\; M_y = -D\left(\frac{\partial^2 w}{\partial y^2}+\mu\frac{\partial^2 w}{\partial x^2}\right), \\ M_{xy} = M_{yx} = -D(1-\mu)\frac{\partial^2 w}{\partial x\partial y}, \\ F_{Sx} = -D\frac{\partial}{\partial x}\nabla^2 w,\; F_{Sy} = -D\frac{\partial}{\partial y}\nabla^2 w. \end{rcases} \tag{9-10}$$

薄板内力的正负方向的规定,是从应力的正负方向的规定得出的:正的应力合成的主矢量为正,正的应力乘以正的矩臂合成的主矩为正;反之为负。所有薄板内力的正方向如图9-3所示。

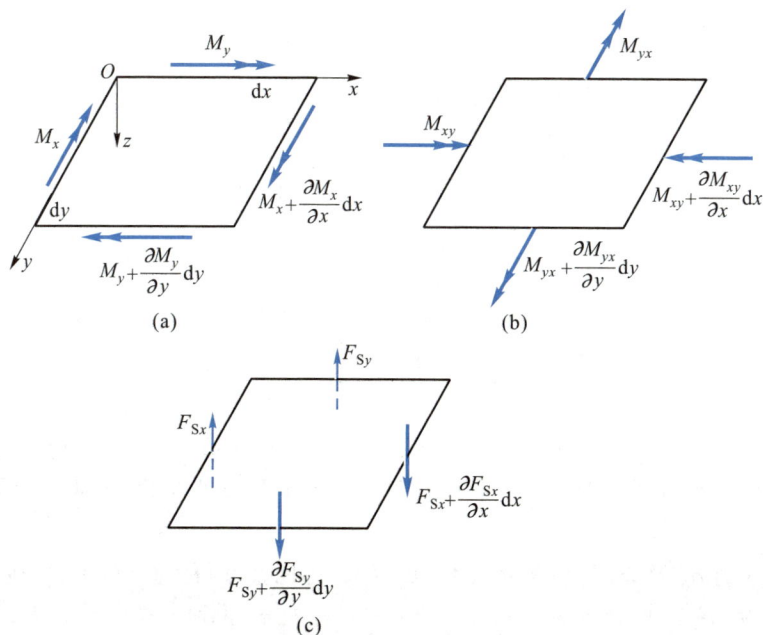

图9-3

利用式(a)至(f),从式(9-4)及式(9-5)中消去 w,并利用式(9-8)从式(9-6)中消去 w,可以得出各应力分量与弯矩、扭矩、横向剪力或荷载之间的关系如下:

$$\left.\begin{aligned}
\sigma_x &= \frac{12M_x}{\delta^3}z, \\
\sigma_y &= \frac{12M_y}{\delta^3}z, \\
\tau_{xy} = \tau_{yx} &= \frac{12M_{xy}}{\delta^3}z, \\
\tau_{xz} &= \frac{6F_{Sx}}{\delta^3}\left(\frac{\delta^2}{4}-z^2\right), \\
\tau_{yz} &= \frac{6F_{Sy}}{\delta^3}\left(\frac{\delta^2}{4}-z^2\right), \\
\sigma_z &= -2q\left(\frac{1}{2}-\frac{z}{\delta}\right)^2\left(1+\frac{z}{\delta}\right)\text{。}
\end{aligned}\right\} \tag{9-11}$$

沿着薄板的厚度,应力分量 $\sigma_x,\sigma_y,\tau_{xy}$ 的最大值发生在板面,τ_{xz} 及 τ_{yz} 的最大值发生在中面,而 σ_z 的最大值发生在板的上面,各个最大值为

$$\left.\begin{aligned}
(\sigma_x)_{z=\frac{\delta}{2}} = -(\sigma_x)_{z=-\frac{\delta}{2}} &= \frac{6M_x}{\delta^2}, \\
(\sigma_y)_{z=\frac{\delta}{2}} = -(\sigma_y)_{z=-\frac{\delta}{2}} &= \frac{6M_y}{\delta^2}, \\
(\tau_{xy})_{z=\frac{\delta}{2}} = -(\tau_{xy})_{z=-\frac{\delta}{2}} &= \frac{6M_{xy}}{\delta^2}, \\
(\tau_{xz})_{z=0} &= \frac{3F_{Sx}}{2\delta}, \\
(\tau_{yz})_{z=0} &= \frac{3F_{Sy}}{2\delta}, \\
(\sigma_z)_{z=-\frac{\delta}{2}} &= -q\text{。}
\end{aligned}\right\} \tag{9-12}$$

注意:以上所提到的内力,都是作用在薄板每单位宽度上的内力,所以弯矩和扭矩的量纲都是 LMT^{-2},而不是 L^2MT^{-2};横向剪力的量纲是 MT^{-2},而不是 LMT^{-2}。

正应力 σ_x 及 σ_y 分别与弯矩 M_x 及 M_y 成正比,因而称为弯应力;切应力 τ_{xy} 与扭矩 M_{xy} 成正比,因而称为扭应力;切应力 τ_{xz} 及 τ_{yz} 分别与横向剪力 F_{Sx} 及 F_{Sy} 成正比,因而称为横向切应力;正应力 σ_z 与荷载 q 成正比,称为挤压应力。

上面已经说明:在薄板弯曲问题中,弯应力和扭应力在数值上最大,因而是主要的应力;横向切应力在数值上较小,是次要的应力;挤压应力在数值上更小,是更次要的应力。因此,在计算薄板的内力时,主要是计算弯矩和扭矩,横向剪力一般都无需计算。根据这个理由,在工程手册中,只给出弯矩和扭矩的计算公式或计算图表,而并不提到横向剪力。又由于目前在钢筋混凝土建筑结构的设计中,大都按照双向的弯矩来配置双向的钢筋,而并不考虑扭矩的作用,因此,在一般的工程手册中也就不给出扭矩的计算公式和计算图表。

若在中面上取出宽度为 dx 而长度为 dy 的矩形单元,并将薄板内力表示在各边上,如图 9-3 所示。读者试证:由绕 y 轴和 x 轴的力矩平衡条件,即 $\sum(M)_y=0$,$\sum(M)_x=0$,可以得到

$$F_{Sx}=\frac{\partial M_x}{\partial x}+\frac{\partial M_{yx}}{\partial y}, \qquad F_{Sy}=\frac{\partial M_y}{\partial y}+\frac{\partial M_{xy}}{\partial x}。 \tag{g}$$

又由力的平衡条件,$\sum F_z=0$,可以得到

$$\frac{\partial F_{Sx}}{\partial x}+\frac{\partial F_{Sy}}{\partial y}+q=0。 \tag{h}$$

将式(g)代入式(h),得出

$$\frac{\partial^2 M_x}{\partial x^2}+2\frac{\partial^2 M_{xy}}{\partial x\partial y}+\frac{\partial^2 M_y}{\partial y^2}+q=0。 \tag{i}$$

再将式(9-10)中的弯矩、扭矩代入式(g),便可得出横向剪力 F_{Sx},F_{Sy} 用挠度 w 表示的式子;将式(9-10)代入式(i),则又一次得出薄板的挠曲微分方程。

§9-4　边界条件　扭矩的等效剪力

现在来讨论薄板板边上的边界条件。与薄板的上、下板面相比,板边是次要的边界,即小边界。因此,在板边可以应用圣维南原理,把应力边界条件替换为内力的边界条件,即横向剪力及弯矩的条件。同时,板边的位移边界条件也相应地替换为中面的挠度及转角的条件。

本节中以图 9-4 所示的矩形薄板为例,说明各种边界处的边界条件。假定该薄板的 OA 边是固定边,OC 边是简支边,AB 边和 BC 边是自由边。

沿着固定边 $OA(x=0)$,薄板的挠度 w 等于零,弹性曲面的斜率 $\frac{\partial w}{\partial x}$(即转角)也等于零,所以边界条件是

$$(w)_{x=0}=0, \qquad \left(\frac{\partial w}{\partial x}\right)_{x=0}=0。 \tag{9-13}$$

沿着简支边 $OC(y=0)$，薄板的挠度 w 等于零，弯矩 M_y 也等于零，所以边界条件是

$$(w)_{y=0}=0, \quad (M_y)_{y=0}=0。 \quad (a)$$

利用式(9-10)中的第二式，条件式(a)可以全部用 w 表示为

$$(w)_{y=0}=0, \quad \left(\frac{\partial^2 w}{\partial y^2}+\mu\frac{\partial^2 w}{\partial x^2}\right)_{y=0}=0。 \quad (b)$$

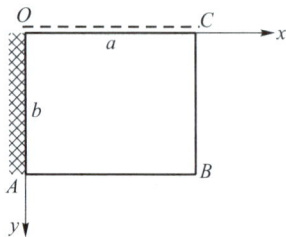

图 9-4

但是，如果前一条件得到满足，即挠度 w 在整个边界上都等于零，则 $\frac{\partial^2 w}{\partial x^2}$ 也在整个边界上都等于零，所以简支边 OC 的边界条件式(b)可以简化为

$$(w)_{y=0}=0, \quad \left(\frac{\partial^2 w}{\partial y^2}\right)_{y=0}=0。 \quad (9-14)$$

如果在这个简支边上有分布的力矩荷载 M（一般是 x 的函数），则边界条件式(a)中第二式将不等于零，而等于这个力矩荷载 M。这样，式(b)中的第二式及式(9-14)中的第二式都不适用，但仍然可以通过表达式(9-10)把上述边界条件用 w 来表示。

沿着自由边，例如 AB 边($y=b$)，薄板的弯矩 M_y 和扭矩 M_{yx} 以及横向剪力 F_{Sy} 都应等于零，因而有 3 个边界条件

$$(M_y)_{y=b}=0, \quad (M_{yx})_{y=b}=0, \quad (F_{Sy})_{y=b}=0。 \quad (c)$$

但是，薄板任一边界上的扭矩都可以变换为等效的横向剪力，即扭矩的等效剪力，和原来的横向剪力合并，因而式(c)中后二式所示的两个条件可以归并为一个条件，分析如下。

假定 AB 边为任意边界（不一定是自由边），在其中一段微小长度 $EF=\mathrm{d}x$ 上面，总力矩为 $M_{yx}\mathrm{d}x$（图9-5a）。将这个力矩 $M_{yx}\mathrm{d}x$ 变换为等效的相距 $\mathrm{d}x$ 的两个力（力的数值等于 M_{yx}），一个在点 E，向下；另一个在点 F，向上（图9-5b）。根据圣维南原理，这样的等效变换，只会显著影响这一边界近处的应力，而其余各处的应力不会受到显著影响。同样，在相邻的微小长度 $FG=\mathrm{d}x$ 上面，总力矩为 $\left(M_{yx}+\frac{\partial M_{yx}}{\partial x}\mathrm{d}x\right)\mathrm{d}x$，也可以变换为相距 $\mathrm{d}x$ 的两个力，$M_{yx}+\frac{\partial M_{yx}}{\partial x}\mathrm{d}x$，一个在点 F，向下；另一个在点 G，向上。这样，在点 F 的两个力合成为向下的集中力 $\frac{\partial M_{yx}}{\partial x}\mathrm{d}x$。

将此集中力再化为 $\mathrm{d}x$ 长度上的横向分布剪力，即为 $\frac{\partial M_{yx}}{\partial x}$。从而边界 AB 上的分

布扭矩就变换为等效的分布剪力 $\dfrac{\partial M_{yx}}{\partial x}$。因此,在边界 AB 上($y=b$),总的分布剪力(也就等于分布约束力)是

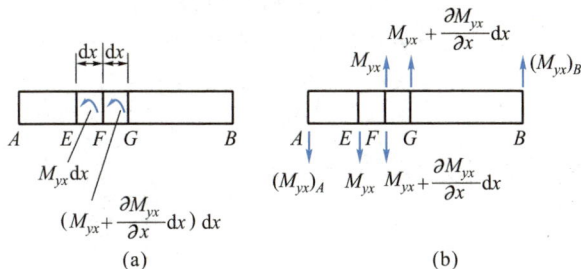

图 9-5

$$F_{Sy}^{t} = F_{Sy} + \frac{\partial M_{yx}}{\partial x}。$$

此外,由图 9-5b 可见,在点 A 和点 B,还有未被抵消的集中剪力(也就等于集中约束力)

$$F_{RAB} = (M_{yx})_A, \quad F_{RBA} = (M_{yx})_B。 \tag{d}$$

现在,如果 AB 是自由边,按照以上所述,它的边界条件式(c)就可以变换成为

$$(M_y)_{y=b} = 0, \quad (F_{Sy}^{t})_{y=b} = \left(F_{Sy} + \frac{\partial M_{yx}}{\partial x}\right)_{y=b} = 0, \tag{e}$$

其中前一个条件仍然表示弯矩等于零,而后一个条件则表示总的分布剪力等于零,即分布约束力等于零(但是 F_{Sy} 和 M_{yx} 一般并不分别等于零)。通过式(9-10),自由边 AB 的边界条件式(e)可以改用挠度 w 表示成为

$$\left.\begin{array}{l} \left(\dfrac{\partial^2 w}{\partial y^2} + \mu \dfrac{\partial^2 w}{\partial x^2}\right)_{y=b} = 0, \\[3mm] \left[\dfrac{\partial^3 w}{\partial y^3} + (2-\mu)\dfrac{\partial^3 w}{\partial x^2 \partial y}\right]_{y=b} = 0。 \end{array}\right\} \tag{9-15}$$

如果在这个自由边上有分布的力矩荷载 M 和分布的横向荷载 F_S^{t}(它们一般是 x 的函数),则式(e)中两式将不等于零,而分别等于 M 及 F_S^{t}。这时,边界条件式(9-15)将不适用,但也不难利用表达式(9-10)导出用 w 表示的边界条件。

同样,沿着边界 BC($x=a$),扭矩 M_{xy} 也可以变换为等效的分布剪力 $\dfrac{\partial M_{xy}}{\partial y}$,而总的分布剪力为

$$F_{Sx}^{t} = F_{Sx} + \frac{\partial M_{xy}}{\partial y} \text{。} \qquad (9-16)$$

此外,在点 C 和点 B,还分别有集中剪力(即集中约束力)

$$F_{RCB} = (M_{xy})_C, \qquad F_{RBC} = (M_{xy})_B \text{。} \qquad (f)$$

因此,如果 BC 是自由边,则边界条件也可以变换成为

$$(M_x)_{x=a} = 0, \qquad (F_{Sx}^{t})_{x=a} = \left(F_{Sx} + \frac{\partial M_{xy}}{\partial y} \right)_{x=a} = 0, \qquad (g)$$

或再通过表达式(9-10)改用挠度 w 表示成为

$$\left. \begin{array}{l} \left(\dfrac{\partial^2 w}{\partial x^2} + \mu \dfrac{\partial^2 w}{\partial y^2} \right)_{x=a} = 0, \\[3mm] \left[\dfrac{\partial^3 w}{\partial x^3} + (2-\mu) \dfrac{\partial^3 w}{\partial x \partial y^2} \right]_{x=a} = 0 \text{。} \end{array} \right\} \qquad (9-17)$$

当然,如果这个自由边上有分布的力矩荷载 M 及分布的横向荷载 F_S^{t},则式(g)中的两式就不等于零,而分别等于 M 及 F_S^{t},边界条件式(9-17)就要作相应的修改。

在两边相交的一点,例如图 9-3 中的点 B,由式(d)中的第二式及式(f)中的第二式可见,总的集中约束力是

$$F_{RB} = F_{RBA} + F_{RBC} = (M_{yx})_B + (M_{xy})_B = 2(M_{xy})_B,$$

或通过式(9-10)中的第三式改写为

$$F_{RB} = -2D(1-\mu) \left(\frac{\partial^2 w}{\partial x \partial y} \right)_B \text{。} \qquad (9-18)$$

如果点 B 是自由边 AB 和自由边 BC 的交点,而在点 B 并没有任何支柱对薄板施以此项集中约束力,则在点 B 还需补充以角点条件 $F_{RB} = 0$,亦即

$$\left(\frac{\partial^2 w}{\partial x \partial y} \right)_B = \left(\frac{\partial^2 w}{\partial x \partial y} \right)_{x=a, y=b} = 0 \text{。} \qquad (9-19)$$

如果在点 B 有支柱阻止挠度发生,则上述角点条件应改为

$$(w)_B = (w)_{x=a, y=b} = 0, \qquad (9-20)$$

而支柱对薄板所施的约束力如式(9-18)所示。

§9-5　四边简支矩形薄板的重三角级数解

在 §9-2 中已经指出,求解薄板的小挠度弯曲问题,首先要在板边的边界条件下,由弹性曲面微分方程式(9-8)求出挠度 w。

对四边简支的矩形薄板(图9-6),边界条件是

$$(w)_{x=0}=0, \qquad \left(\frac{\partial^2 w}{\partial x^2}\right)_{x=0}=0,$$

$$(w)_{x=a}=0, \qquad \left(\frac{\partial^2 w}{\partial x^2}\right)_{x=a}=0,$$

$$(w)_{y=0}=0, \qquad \left(\frac{\partial^2 w}{\partial y^2}\right)_{y=0}=0,$$

$$(w)_{y=b}=0, \qquad \left(\frac{\partial^2 w}{\partial y^2}\right)_{y=b}=0。$$

(a)

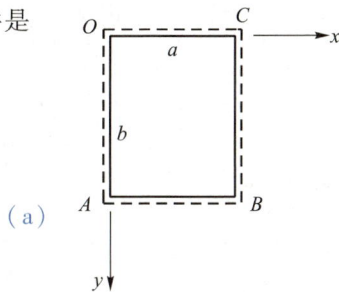

图9-6

纳维把挠度 w 的表达式取为如下的重三角级数,从而求得了**重三角级数解**。

$$w = \sum_{m=1}^{\infty} \sum_{n=1}^{\infty} A_{mn} \sin \frac{m\pi x}{a} \sin \frac{n\pi y}{b}, \tag{b}$$

其中的 m 和 n 是正整数。代入式(a),可见全部边界条件都能满足。

为了求出系数 A_{mn},将式(b)代入微分方程式(9-8),得

$$\pi^4 D \sum_{m=1}^{\infty} \sum_{n=1}^{\infty} \left(\frac{m^2}{a^2}+\frac{n^2}{b^2}\right)^2 A_{mn} \sin \frac{m\pi x}{a} \sin \frac{n\pi y}{b} = q。 \tag{c}$$

现在,我们把上式右边的 $q=q(x,y)$ 展为重三角级数:

$$q = \sum_{m=1}^{\infty} \sum_{n=1}^{\infty} C_{mn} \sin \frac{m\pi x}{a} \sin \frac{n\pi y}{b}。 \tag{d}$$

由傅里叶级数的展开公式得出

$$C_{mn} = \frac{4}{ab} \int_0^a \int_0^b q \sin \frac{m\pi x}{a} \sin \frac{n\pi y}{b} \, dx dy。$$

代回式(d),并将式(c)两边 $\sin \frac{m\pi x}{a} \sin \frac{n\pi y}{b}$ 的系数进行对比,即得

$$A_{mn} = \frac{4 \int_0^a \int_0^b q \sin \frac{m\pi x}{a} \sin \frac{n\pi y}{b} dx dy}{\pi^4 abD \left(\frac{m^2}{a^2}+\frac{n^2}{b^2}\right)^2}。 \tag{e}$$

对上式中的分子进行积分,求出 A_{mn},再代入式(b),即可得出挠度 w 的表达式,再应用式(9-10)便可求得内力。

当薄板受均布荷载时,q 成为常量 q_0,式(e)中的积分式成为

$$\int_0^a \int_0^b q_0 \sin \frac{m\pi x}{a} \sin \frac{n\pi y}{b} dx dy$$

$$= q_0 \int_0^a \sin\frac{m\pi x}{a}\mathrm{d}x \int_0^b \sin\frac{n\pi y}{b}\mathrm{d}y$$

$$= \frac{q_0 ab}{\pi^2 mn}(1-\cos m\pi)(1-\cos n\pi)_{\circ}$$

于是由式(e)得到

$$A_{mn} = \frac{4q_0(1-\cos m\pi)(1-\cos n\pi)}{\pi^6 Dmn\left(\dfrac{m^2}{a^2}+\dfrac{n^2}{b^2}\right)^2},$$

或

$$A_{mn} = \frac{16q_0}{\pi^6 Dmn\left(\dfrac{m^2}{a^2}+\dfrac{n^2}{b^2}\right)^2}_{\circ}$$

$$(m=1,3,5,\cdots;\quad n=1,3,5,\cdots)$$

代入式(b),即得挠度的表达式

$$w = \frac{16q_0}{\pi^6 D}\sum_{m=1,3,5,\cdots}^{\infty}\sum_{n=1,3,5,\cdots}^{\infty}\frac{\sin\dfrac{m\pi x}{a}\sin\dfrac{n\pi y}{b}}{mn\left(\dfrac{m^2}{a^2}+\dfrac{n^2}{b^2}\right)^2}_{\circ} \tag{f}$$

由此可以用式(9-10)求得内力。

当薄板在任意一点(ξ,η)受集中荷载F时,可以用微分面积$\mathrm{d}x\mathrm{d}y$上的均布荷载$\dfrac{F}{\mathrm{d}x\mathrm{d}y}$来代替分布荷载$q$。于是,式(e)中的$q$除了在$(\xi,\eta)$处的微分面积上等于$\dfrac{F}{\mathrm{d}x\mathrm{d}y}$以外,在其余各处都等于零。因此,式(e)成为

$$A_{mn} = \frac{4}{\pi^4 abD\left(\dfrac{m^2}{a^2}+\dfrac{n^2}{b^2}\right)^2}\frac{F}{\mathrm{d}x\mathrm{d}y}\sin\frac{m\pi\xi}{a}\sin\frac{n\pi\eta}{b}\mathrm{d}x\mathrm{d}y$$

$$= \frac{4F}{\pi^4 abD\left(\dfrac{m^2}{a^2}+\dfrac{n^2}{b^2}\right)^2}\sin\frac{m\pi\xi}{a}\sin\frac{n\pi\eta}{b}_{\circ}$$

代入式(b),即得挠度的表达式

$$w = \frac{4F}{\pi^4 abD}\sum_{m=1}^{\infty}\sum_{n=1}^{\infty}\frac{\sin\dfrac{m\pi\xi}{a}\sin\dfrac{n\pi\eta}{b}}{\left(\dfrac{m^2}{a^2}+\dfrac{n^2}{b^2}\right)^2}\sin\frac{m\pi x}{a}\sin\frac{n\pi y}{b}_{\circ} \tag{g}$$

由此可以用式(9-10)求得内力。

§9-6　两对边简支矩形薄板的单三角级数解

对于有两个对边被简支的矩形薄板,可求得单三角级数解。

设图 9-7 所示的矩形薄板具有两个简支边 $x = 0$ 及 $x = a$,其余两边 $y = \pm b/2$ 是任意边,承受任意横向荷载 $q(x, y)$。莱维把挠度的表达式取为如下的单三角级数:

$$w = \sum_{m=1}^{\infty} Y_m \sin \frac{m\pi x}{a}, \qquad (\text{a})$$

其中 Y_m 是 y 的任意函数,而 m 为正整数。极易看出,级数式(a)能满足 $x = 0$ 及 $x = a$ 两边的边界条件,即

$$(w)_{x=0} = 0, \quad \left(\frac{\partial^2 w}{\partial x^2}\right)_{x=0} = 0,$$

$$(w)_{x=a} = 0, \quad \left(\frac{\partial^2 w}{\partial x^2}\right)_{x=a} = 0。$$

因此,只需选择函数 Y_m,使式(a)能满足弹性曲面的微分方程

$$\nabla^4 w = q/D, \qquad (\text{b})$$

并在 $y = \pm b/2$ 的两边上满足边界条件。

将式(a)代入式(b),得

$$\sum_{m=1}^{\infty} \left[\frac{\mathrm{d}^4 Y_m}{\mathrm{d}y^4} - 2\left(\frac{m\pi}{a}\right)^2 \frac{\mathrm{d}^2 Y_m}{\mathrm{d}y^2} + \left(\frac{m\pi}{a}\right)^4 Y_m \right] \sin \frac{m\pi x}{a} = \frac{q}{D}。 \qquad (\text{c})$$

现在,把式(c)右边的 q/D 展为 $\sin \dfrac{m\pi x}{a}$ 的级数。由傅里叶级数展开公式得

$$\frac{q}{D} = \frac{2}{a} \sum_{m=1}^{\infty} \left[\int_0^a \frac{q}{D} \sin \frac{m\pi x}{a} \mathrm{d}x \right] \sin \frac{m\pi x}{a}。$$

与式(c)对比,可见有

$$\frac{\mathrm{d}^4 Y_m}{\mathrm{d}y^4} - 2\left(\frac{m\pi}{a}\right)^2 \frac{\mathrm{d}^2 Y_m}{\mathrm{d}y^2} + \left(\frac{m\pi}{a}\right)^4 Y_m = \frac{2}{aD} \int_0^a q \sin \frac{m\pi x}{a} \mathrm{d}x。 \qquad (\text{d})$$

这一常微分方程的解答是

$$Y_m = A_m \cosh \frac{m\pi y}{a} + B_m \frac{m\pi y}{a} \sinh \frac{m\pi y}{a} + C_m \sinh \frac{m\pi y}{a} +$$

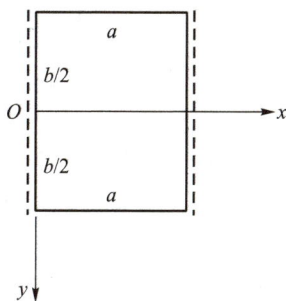

图 9-7

$$D_m \frac{m\pi y}{a}\cosh \frac{m\pi y}{a}+f_m(y),$$

其中 $f_m(y)$ 是非齐次方程式（d）的任意一个特解，可按照式（d）右边积分以后的结果来选择；而前四项是相应的齐次方程的通解，系数 A_m，B_m，C_m，D_m 是待定常数，决定于 $y=\pm b/2$ 两边的边界条件。将上式代入式（a），即得挠度 w 的表达式

$$w = \sum_{m=1}^{\infty}\left[A_m\cosh \frac{m\pi y}{a}+B_m \frac{m\pi y}{a}\sinh \frac{m\pi y}{a}+C_m \sinh \frac{m\pi y}{a}+\right.$$

$$\left. D_m \frac{m\pi y}{a}\cosh \frac{m\pi y}{a}+f_m(y)\right]\sin \frac{m\pi x}{a}。\qquad（e）$$

作为例题，设图 9-7 中的矩形薄板是四边简支的，受有均布荷载 $q=q_0$。这时，微分方程式（d）的右边成为

$$\frac{2q_0}{aD}\int_0^a \sin \frac{m\pi x}{a}dx=\frac{2q_0}{\pi Dm}(1-\cos m\pi)。$$

于是微分方程式（d）的特解可以取为

$$f_m(y)=\left(\frac{a}{m\pi}\right)^4 \frac{2q_0}{\pi Dm}(1-\cos m\pi)=\frac{2q_0 a^4}{\pi^5 Dm^5}(1-\cos m\pi)。$$

代入式（e），并注意由于对称，薄板的挠度 w 应当是 y 的偶函数，因而有 $C_m=0$，$D_m=0$，即得

$$w = \sum_{m=1}^{\infty}\left[A_m\cosh \frac{m\pi y}{a}+B_m \frac{m\pi y}{a}\sinh \frac{m\pi y}{a}+\frac{2q_0 a^4}{\pi^5 Dm^5}(1-\cos m\pi)\right]\sin \frac{m\pi x}{a}。\quad（f）$$

由于 $y=\pm \dfrac{b}{2}$ 的两边也是简支边，边界条件为

$$(w)_{y=\pm b/2}=0，\qquad \left(\frac{\partial^2 w}{\partial y^2}\right)_{y=\pm b/2}=0。$$

将式（f）代入上式，得出决定 A_m 及 B_m 的联立方程

$$\left.\begin{array}{l} A_m\cosh \alpha_m+B_m\alpha_m \sinh \alpha_m+\dfrac{4q_0 a^4}{\pi^5 Dm^5}=0，\\[3mm] (A_m+2B_m)\cosh \alpha_m+B_m\alpha_m\sinh \alpha_m=0。\end{array}\right\}$$

$$（m=1,3,5,\cdots）$$

以及

$$\left.\begin{array}{l} A_m\cosh \alpha_m+B_m\alpha_m \sinh \alpha_m=0，\\[3mm] (A_m+2B_m)\cosh \alpha_m+B_m\alpha_m\sinh \alpha_m=0。\end{array}\right\}$$

$$（m=2,4,6,\cdots）$$

其中 $\alpha_m=\dfrac{m\pi b}{2a}$。由此求出系数

$$A_m = -\frac{2(2+\alpha_m \tanh \alpha_m) q_0 a^4}{\pi^5 D m^5 \cosh \alpha_m},$$

$$B_m = \frac{2 q_0 a^4}{\pi^5 D m^5 \cosh \alpha_m}。$$

$$(m=1,3,5,\cdots)$$

以及

$$A_m = 0 , \quad B_m = 0。 \quad (m=2,4,6,\cdots)$$

将求出的系数代入式(f),得挠度 w 的最后表达式

$$w = \frac{4 q_0 a^4}{\pi^5 D} \sum_{m=1,3,5,\cdots}^{\infty} \left(\frac{1}{m^5}\right) \left(1 - \frac{2+\alpha_m \tanh \alpha_m}{2\cosh \alpha_m} \cosh \frac{2\alpha_m y}{b} + \right.$$

$$\left. \frac{\alpha_m}{2\cosh \alpha_m} \frac{2y}{b} \sinh \frac{2\alpha_m y}{b}\right) \sin \frac{m\pi x}{a}, \tag{g}$$

从而可以求得内力的表达式。

　　矩形薄板的重三角级数解与单三角级数解相比,前者的方法简单方便,后者的方法稍微复杂;前者只适用于四边简支的矩形板,后者可以适用于更一般的边界情况;前者的级数收敛性较慢,而后者的级数收敛性较快。例如,应用重三角级数解时,求 w 需取十多项,求内力需取二三十项;而应用单三角级数解时,求 w 只需取几项,求内力只需取十多项。

　　应用本节中所述的莱维解法,可以得出四边简支的矩形薄板在受各种横向荷载时的解答,还可以得出这种薄板在某一边界上受分布力矩荷载或发生挠度(沉陷)时的解答,以及在角点发生沉陷时的解答。利用这些解答,采用结构力学里的力法、位移法或混合法,以四边简支的矩形薄板为基本系,可以得出任意矩形薄板受任意横向荷载时的解答。但是,求解时的运算是比较繁的。

　　对于在各种边界条件下承受各种横向荷载的矩形薄板,很多专著和手册中给出了关于挠度和弯矩的表格,可供工程设计之用。

　　为了节省篇幅,对于只具有简支边和固定边而不具有自由边的矩形薄板,表格或图线中大都只给出泊松比等于某一指定数值时的弯矩。但是,我们极易由此求得泊松比等于任一其他数值时的弯矩,说明如下。

　　薄板的弹性曲面微分方程式(9-8)可以改写成为

$$\nabla^4 (Dw) = q。 \tag{h}$$

固定边及简支边的边界条件不外乎如下的形式:

$$
\left.\begin{array}{l}
(Dw)_{x=x_1}=0, \qquad \left(\dfrac{\partial}{\partial x}Dw\right)_{x=x_1}=0, \qquad \left(\dfrac{\partial^2}{\partial x^2}Dw\right)_{x=x_1}=0, \\[4mm]
(Dw)_{y=y_1}=0, \qquad \left(\dfrac{\partial}{\partial y}Dw\right)_{y=y_1}=0, \qquad \left(\dfrac{\partial^2}{\partial y^2}Dw\right)_{y=y_1}=0。
\end{array}\right\}
\tag{i}
$$

把 Dw 看作基本未知函数,则由式(h)及式(i)可见,Dw 的微分方程及边界条件中都不包含 μ。因此,Dw 的解答也不会包含 μ,于是 $\dfrac{\partial^2}{\partial x^2}Dw$ 及 $\dfrac{\partial^2}{\partial y^2}Dw$ 都不随 μ 而变。

现在,根据式(9-10),当泊松比为 μ 时,弯矩为

$$
M_x=-\frac{\partial^2}{\partial x^2}Dw-\mu\,\frac{\partial^2}{\partial y^2}Dw, \qquad M_y=-\frac{\partial^2}{\partial y^2}Dw-\mu\,\frac{\partial^2}{\partial x^2}Dw;
\tag{j}
$$

当泊松比为 μ' 时,弯矩为

$$
M'_x=-\frac{\partial^2}{\partial x^2}Dw-\mu'\,\frac{\partial^2}{\partial y^2}Dw, \qquad M'_y=-\frac{\partial^2}{\partial y^2}Dw-\mu'\,\frac{\partial^2}{\partial x^2}Dw。
\tag{k}
$$

由式(j)解出 $\dfrac{\partial^2}{\partial x^2}Dw$ 及 $\dfrac{\partial^2}{\partial y^2}Dw$,然后代入式(k),得到关系式

$$
\left.\begin{array}{l}
M'_x=\dfrac{1}{1-\mu^2}\big[\,(1-\mu\mu')M_x+(\mu'-\mu)M_y\,\big], \\[4mm]
M'_y=\dfrac{1}{1-\mu^2}\big[\,(1-\mu\mu')M_y+(\mu'-\mu)M_x\,\big]。
\end{array}\right\}
\tag{9-21}
$$

于是可见,如果已知泊松比为 μ 时的弯矩 M_x 及 M_y,就很容易求得泊松比为 μ' 时的弯矩 M'_x 及 M'_y。在 $\mu=0$ 的情况下(即表格或图线所示的 M_x 及 M_y 是取 $\mu=0$ 而算出的),上式简化为

$$
M'_x=M_x+\mu'M_y, \qquad M'_y=M_y+\mu'M_x。
\tag{9-22}
$$

注意,如果薄板具有自由边,则由于自由边的边界条件中包含着泊松比 μ,因而 Dw 的解答将随 μ 而变。于是,式(j)中的 Dw 与式(k)中的 Dw 一般并不相同,因而就得不出关系式(9-21)及式(9-22)。

§9-7   矩形薄板的差分解

对于矩形薄板的弯曲问题,用差分法求解是比较简便的。求解时,和平面问题一样,也在薄板的中面上织成网格(图9-8)。按照弹性曲面的微分方程式(9-8),在任一结点 0,我们有

$$(\nabla^4 w)_0 = q_0/D,$$

其中,$(\nabla^4 w)_0$ 为 $\nabla^4 w$ 在结点 0 的值,q_0 为分布荷载在结点 0 的值。利用差分公式(5-6)至式(5-8),可由上式得出结点 0 的差分方程

$$20w_0 - 8(w_1 + w_2 + w_3 + w_4) +$$
$$2(w_5 + w_6 + w_7 + w_8) +$$
$$(w_9 + w_{10} + w_{11} + w_{12})$$
$$= \frac{q_0 h^4}{D}。 \tag{a}$$

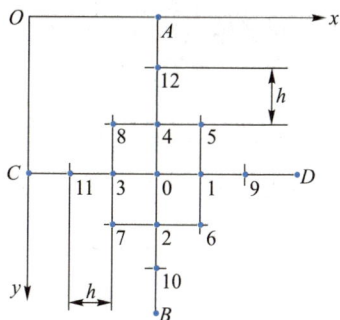

图 9-8

设薄板的边界只有简支边和固定边而没有自由边,则边界上结点处的 w 都等于零。至于边界外一行虚结点处的 w,则可用边界内一行结点处的 w 来表示。如图 9-8 所示,设 AB 边为简支边(结点 5,1,6 在边界外而结点 8,3,7 在边界内),则在该边界上的任一结点 0 处,有边界条件

$$\left(\frac{\partial^2 w}{\partial x^2}\right)_0 = \frac{w_1 + w_3 - 2w_0}{h^2} = 0。$$

注意 $w_0 = 0$,可见 $w_1 = -w_3$。又例如,设 AB 边为固定边,则在结点 0 处有边界条件

$$\left(\frac{\partial w}{\partial x}\right)_0 = \frac{w_1 - w_3}{2h} = 0。$$

由这一关系式可见 $w_1 = w_3$。这样,取内结点处的 w 值为未知值,为各个内结点列出式(a)型的差分方程,联立求解,就可以求出这些未知值。

设薄板具有自由边,则自由边上各结点处的 w 也需取为未知值,并需为这些结点列出式(a)型的差分方程。这些方程中将包含边界外第一行及第二行虚结点处的 w。但是,利用边界条件,可以把这些虚结点处的 w 用边界上及边界内各结点处的 w 来表示。这样就可使差分方程中只包含自由边上及边界以内各结点处的 w,从而联立求解这些 w 值。

不论边界如何,求出各结点处的 w 值以后,就可以用差分公式求得内力及约束力。例如,结点 0 处的弯矩 M_x 是

$$(M_x)_0 = -D\left(\frac{\partial^2 w}{\partial x^2} + \mu \frac{\partial^2 w}{\partial y^2}\right)_0$$
$$= -D\left(\frac{w_1 + w_3 - 2w_0}{h^2} + \mu \frac{w_2 + w_4 - 2w_0}{h^2}\right)$$
$$= \frac{D}{h^2}\left[2(1+\mu)w_0 - (w_1 + w_3) - \mu(w_2 + w_4)\right]。 \tag{b}$$

同样可得该结点处的弯矩 M_y 是

$$(M_y)_0 = \frac{D}{h^2}\left[2(1+\mu)w_0 - (w_2+w_4) - \mu(w_1+w_3)\right]。\tag{c}$$

作为例题,设有正方形薄板,边长为 a,四边简支(图 9-9),受有均布荷载 q_0。取 $h = \dfrac{a}{4}$。由于对称,只需取 w_1, w_2, w_3 为未知值。为结点 1,2,3 列出式(a)型的差分方程,并应用边界条件,得

$$20w_1 - 8(4w_2) + 2(4w_3) = q_0 h^4/D,$$

$$20w_2 - 8(w_1+2w_3) + 2(2w_2) +$$

$$(w_2 - w_2) = q_0 h^4/D,$$

$$20w_3 - 8(2w_2) + 2(w_1) +$$

$$(w_3 - w_3 + w_3 - w_3) = q_0 h^4/D。$$

图 9-9

联立求解,得

$$w_1 = \frac{33}{32}\frac{q_0 h^4}{D}, \qquad w_2 = \frac{3}{4}\frac{q_0 h^4}{D}, \qquad w_3 = \frac{35}{64}\frac{q_0 h^4}{D}。$$

从而由式(b)或式(c)得

$$(M_x)_1 = (M_y)_1 = \frac{9(1+\mu)}{16}q_0 h^2。$$

由对称性可见,最大挠度及最大弯矩都发生在结点 1 处。最大挠度为

$$w_{max} = w_1 = \frac{33}{32}\frac{q_0 h^4}{D} = 0.004\,02\,\frac{q_0 a^4}{D},$$

与精确值 $0.004\,06\,\dfrac{q_0 a^4}{D}$ 只相差 1%。最大弯矩为

$$M_{max} = (M_x)_1 = (M_y)_1 = \frac{9(1+\mu)}{16}qh^2 = \frac{9(1+\mu)}{256}qa^2。$$

设 $\mu = 0.3$,则得 $M_{max} = 0.045\,7q_0 a^2$,与精确值 $0.047\,9q_0 a^2$ 相差约 5%。从许多类似的例子可见,对于边界为简支或固定的薄板,采用差分法求解是简单有效的。

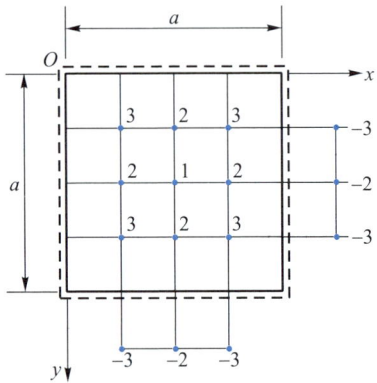

§9-8   圆形薄板的弯曲

求解圆形薄板的弯曲问题时,和求解圆形边界的平面问题一样,用极坐标比

较方便。这时,我们把挠度 w 和横向荷载 q 都看作是极坐标 ρ 和 φ 的函数,即 $w=w(\rho,\varphi),q=q(\rho,\varphi)$。进行与§4-3 中相同的运算,可以得出下列的导数变换式:

$$
\left.
\begin{aligned}
\frac{\partial w}{\partial x} &= \cos\varphi\,\frac{\partial w}{\partial\rho} - \frac{\sin\varphi}{\rho}\frac{\partial w}{\partial\varphi}, \\
\frac{\partial w}{\partial y} &= \sin\varphi\,\frac{\partial w}{\partial\rho} + \frac{\cos\varphi}{\rho}\frac{\partial w}{\partial\varphi},
\end{aligned}
\right\}
\tag{a}
$$

$$
\left.
\begin{aligned}
\frac{\partial^2 w}{\partial x^2} &= \cos^2\varphi\left(\frac{\partial^2 w}{\partial\rho^2}\right) + \sin^2\varphi\left(\frac{1}{\rho}\frac{\partial w}{\partial\rho} + \frac{1}{\rho^2}\frac{\partial^2 w}{\partial\varphi^2}\right) - 2\cos\varphi\sin\varphi\left[\frac{\partial}{\partial\rho}\left(\frac{1}{\rho}\frac{\partial w}{\partial\varphi}\right)\right], \\
\frac{\partial^2 w}{\partial y^2} &= \sin^2\varphi\left(\frac{\partial^2 w}{\partial\rho^2}\right) + \cos^2\varphi\left(\frac{1}{\rho}\frac{\partial w}{\partial\rho} + \frac{1}{\rho^2}\frac{\partial^2 w}{\partial\varphi^2}\right) + 2\cos\varphi\sin\varphi\left[\frac{\partial}{\partial\rho}\left(\frac{1}{\rho}\frac{\partial w}{\partial\varphi}\right)\right], \\
\frac{\partial^2 w}{\partial x\partial y} &= \cos\varphi\sin\varphi\left[\left(\frac{\partial^2 w}{\partial\rho^2}\right) - \left(\frac{1}{\rho}\frac{\partial w}{\partial\rho} + \frac{1}{\rho^2}\frac{\partial^2 w}{\partial\varphi^2}\right)\right] + \\
&\quad (\cos^2\varphi - \sin^2\varphi)\left[\frac{\partial}{\partial\rho}\left(\frac{1}{\rho}\frac{\partial w}{\partial\varphi}\right)\right],
\end{aligned}
\right\}
\tag{b}
$$

$$
\nabla^2 w = \frac{\partial^2 w}{\partial\rho^2} + \frac{1}{\rho}\frac{\partial w}{\partial\rho} + \frac{1}{\rho^2}\frac{\partial^2 w}{\partial\varphi^2}。
\tag{c}
$$

应用式(c),薄板弹性曲面的微分方程式(9-8)可以变换为

$$
D\left(\frac{\partial^2}{\partial\rho^2} + \frac{1}{\rho}\frac{\partial}{\partial\rho} + \frac{1}{\rho^2}\frac{\partial^2}{\partial\varphi^2}\right)\left(\frac{\partial^2 w}{\partial\rho^2} + \frac{1}{\rho}\frac{\partial w}{\partial\rho} + \frac{1}{\rho^2}\frac{\partial^2 w}{\partial\varphi^2}\right) = q。
\tag{9-23}
$$

为了导出用挠度 w 表示内力的表达式,从薄板内取出一个微分块,如图 9-10 所示。在 ρ 为常量的横截面上,应力分量 σ_ρ、$\tau_{\rho\varphi}$ 和 $\tau_{\rho z}$ 分别合成为弯矩 M_ρ、扭矩 $M_{\rho\varphi}$ 和横向剪力 $F_{S\rho}$;在 φ 为常量的横截面上,应力分量 σ_φ,$\tau_{\varphi\rho}$ 和 $\tau_{\varphi z}$ 分别合成为弯矩 M_φ、扭矩 $M_{\varphi\rho}$ 和横向剪力 $F_{S\varphi}$。若上述各个内力均为正号,则对应的正方向用力矢和矩矢表示,如图 9-10 所示。

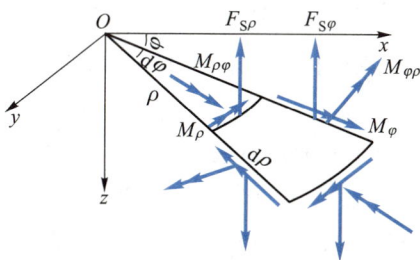

图 9-10

现在,把 x 轴和 y 轴分别转到这个微分块的 ρ 方向和 φ 方向,使该微分块的

φ 坐标成为零,则该微分块处的 $M_x, M_y, M_{xy}, M_{yx}, F_{Sx}, F_{Sy}$ 分别成为 $M_\rho, M_\varphi, M_{\rho\varphi},$ $M_{\varphi\rho}, F_{S\rho}, F_{S\varphi}$。于是,利用导数的变换式(b)和式(a),并令 $\varphi = 0$,即由式(9-10) 得到极坐标中薄板内力公式:

$$
\left.
\begin{aligned}
M_\rho &= (M_x)_{\varphi=0} = -D\left(\frac{\partial^2 w}{\partial x^2} + \mu\frac{\partial^2 w}{\partial y^2}\right)_{\varphi=0} \\
&= -D\left[\frac{\partial^2 w}{\partial\rho^2} + \mu\left(\frac{1}{\rho}\frac{\partial w}{\partial\rho} + \frac{1}{\rho^2}\frac{\partial^2 w}{\partial\varphi^2}\right)\right], \\
M_\varphi &= (M_y)_{\varphi=0} = -D\left(\frac{\partial^2 w}{\partial y^2} + \mu\frac{\partial^2 w}{\partial x^2}\right)_{\varphi=0} \\
&= -D\left[\left(\frac{1}{\rho}\frac{\partial w}{\partial\rho} + \frac{1}{\rho^2}\frac{\partial^2 w}{\partial\varphi^2}\right) + \mu\frac{\partial^2 w}{\partial\rho^2}\right], \\
M_{\rho\varphi} &= (M_{xy})_{\varphi=0} = -D(1-\mu)\left(\frac{\partial^2 w}{\partial x\partial y}\right)_{\varphi=0} \\
&= -D(1-\mu)\left[\frac{\partial}{\partial\rho}\left(\frac{1}{\rho}\frac{\partial w}{\partial\varphi}\right)\right], \\
F_{S\rho} &= (F_{Sx})_{\varphi=0} = -D\left(\frac{\partial}{\partial x}\nabla^2 w\right)_{\varphi=0} = -D\frac{\partial}{\partial\rho}\nabla^2 w, \\
F_{S\varphi} &= (F_{Sy})_{\varphi=0} = -D\left(\frac{\partial}{\partial y}\nabla^2 w\right)_{\varphi=0} = -D\frac{1}{\rho}\frac{\partial}{\partial\varphi}\nabla^2 w,
\end{aligned}
\right\}
\tag{9-24}
$$

其中 $\nabla^2 w$ 是用式(c)表示的。

现在来列出圆板的边界条件(坐标原点取在圆板的中心):

设 $\rho = a$ 处为固定边,则该边界上的挠度 w 等于零,薄板弹性曲面的斜率(即转角)$\dfrac{\partial w}{\partial\rho}$ 也等于零,即

$$(w)_{\rho=a} = 0, \quad \left(\frac{\partial w}{\partial\rho}\right)_{\rho=a} = 0。 \tag{9-25}$$

设 $\rho = a$ 处为简支边,则该边界上的挠度 w 等于零,弯矩 M_ρ 也等于零,即

$$(w)_{\rho=a} = 0, \quad (M_\rho)_{\rho=a} = 0。 \tag{9-26}$$

如果这个简支边上受有分布的力矩荷载 M,则式(9-26)中第二式的右边就不等于零而等于 M。将式(9-24)的 M_ρ 代入式(9-26),由于 $(w)_{\rho=a}=0$,必然导致 $\rho = a$ 的边界上 w 对 φ 的导数均为零,因此,式(9-26)可以表示为

$$(w)_{\rho=a} = 0, \quad \left(\frac{\partial^2 w}{\partial\rho^2} + \mu\frac{1}{\rho}\frac{\partial w}{\partial\rho}\right)_{\rho=a} = 0。 \tag{d}$$

和§9-4中相似,在 ρ 为常量的横截面上,扭矩 $M_{\rho\varphi}$ 可以变换为等效的剪力

$\dfrac{1}{\rho}\dfrac{\partial M_{\rho\varphi}}{\partial \varphi}$，与横向剪力 $F_{\mathrm{S}\rho}$ 合并而成为总的剪力

$$F_{\mathrm{S}\rho}^{\mathrm{t}} = F_{\mathrm{S}\rho} + \frac{1}{\rho}\frac{\partial M_{\rho\varphi}}{\partial \varphi}。 \tag{9-27}$$

由于在圆板中，ρ 为常量的截面是一个连续而没有角点的截面，所以不存在集中剪力 F_{R}。

这样，设 $\rho = a$ 处为自由边，则该边界上的边界条件成为

$$(M_\rho)_{\rho=a} = 0, \quad (F_{\mathrm{S}\rho}^{\mathrm{t}})_{\rho=a} = \left(F_{\mathrm{S}\rho} + \frac{1}{\rho}\frac{\partial M_{\rho\varphi}}{\partial \varphi}\right)_{\rho=a} = 0, \tag{9-28}$$

其中前一个条件仍然表示弯矩等于零，而后一个条件则表示总的分布剪力等于零。如果这个自由边上受有分布的力矩荷载 M 及横向荷载 $F_{\mathrm{S}}^{\mathrm{t}}$，则上述两式的右边将不等于零而分别等于 M 及 $F_{\mathrm{S}}^{\mathrm{t}}$。将式（9-24）中的内力用 w 表示的式子代入式（9-28），则自由边的边界条件便可以直接用挠度 w 来表示。

§9-9 圆形薄板的轴对称弯曲

如果圆形薄板所受的横向荷载 q 和边界条件是绕 z 轴对称的，则该薄板的挠度和内力也将是绕 z 轴对称的，这类问题就是圆板的轴对称弯曲问题。这时，横向荷载 $q = q(\rho)$，挠度 $w = w(\rho)$。因此，弹性曲面的微分方程式（9-23）简化为常微分方程

$$D\left(\frac{\mathrm{d}^2}{\mathrm{d}\rho^2} + \frac{1}{\rho}\frac{\mathrm{d}}{\mathrm{d}\rho}\right)\left(\frac{\mathrm{d}^2 w}{\mathrm{d}\rho^2} + \frac{1}{\rho}\frac{\mathrm{d}w}{\mathrm{d}\rho}\right) = q。 \tag{a}$$

在 §4-5 中已经说明，轴对称情形下的算子 $\boldsymbol{\nabla}^2 = \dfrac{\mathrm{d}^2}{\mathrm{d}\rho^2} + \dfrac{1}{\rho}\dfrac{\mathrm{d}}{\mathrm{d}\rho} = \dfrac{1}{\rho}\dfrac{\mathrm{d}}{\mathrm{d}\rho}\left(\rho\dfrac{\mathrm{d}}{\mathrm{d}\rho}\right)$，因此，式（a）可以写为

$$\frac{1}{\rho}\frac{\mathrm{d}}{\mathrm{d}\rho}\left\{\rho\frac{\mathrm{d}}{\mathrm{d}\rho}\left[\frac{1}{\rho}\frac{\mathrm{d}}{\mathrm{d}\rho}\left(\rho\frac{\mathrm{d}w}{\mathrm{d}\rho}\right)\right]\right\} = q/D。$$

对上式积分四次，便得到轴对称弯曲问题的挠度解答

$$w = C_1 \ln \rho + C_2 \rho^2 \ln \rho + C_3 \rho^2 + C_4 + w_1, \tag{b}$$

其中特解 w_1 为

$$w_1 = \frac{1}{D}\int \frac{1}{\rho}\int \rho \int \frac{1}{\rho}\int q\rho \mathrm{d}\rho^4, \tag{c}$$

C_1 至 C_4 为待定的系数,决定于边界条件。式(b)表示的挠度 w 便是薄板轴对称弯曲问题的普遍适用的解答。

对于受均布荷载 $q=q_0$ 的薄板,由式(c)得特解 $w_1=\dfrac{q_0}{64D}\rho^4$,于是挠度解答式(b)为

$$w=C_1\ln\rho+C_2\rho^2\ln\rho+C_3\rho^2+C_4+\frac{q_0}{64D}\rho^4。\qquad(\text{d})$$

如果薄板是带孔的,内外边界分别为 $\rho=a$ 和 $\rho=b$,则可以由内外边界的各两个边界条件来确定系数 C_1 至 C_4。

如果薄板是无孔的,仅有外边界 $\rho=a$ 的边界条件。这时,还须考虑薄板中心点($\rho=0$)的挠度及内力的有限值条件,即在 $\rho=0$ 处,挠度和内力不可能为无限大,但式(d)中的第一、第二项将成为无限大,因此,常数 C_1 和 C_2 都应当等于零。于是得

$$w=C_3\rho^2+C_4+\frac{q_0\rho^4}{64D},\quad\frac{\mathrm{d}w}{\mathrm{d}\rho}=2C_3\rho+\frac{q_0\rho^3}{16D},\qquad(\text{e})$$

并由式(9-24)得出弯矩和扭矩

$$\left.\begin{aligned}M_\rho&=-2(1+\mu)DC_3-\frac{3+\mu}{16}q_0\rho^2,\\M_\varphi&=-2(1+\mu)DC_3-\frac{1+3\mu}{16}q_0\rho^2,\\M_{\rho\varphi}&=M_{\varphi\rho}=0。\end{aligned}\right\}\qquad(\text{f})$$

剪力 $F_{\mathrm{S}\rho}$ 可直接由平衡条件得到,而不必利用式(9-24);剪力 $F_{\mathrm{S}\varphi}$ 则由于对称而为零。系数 C_3 和 C_4 决定于边界条件。

例如,设半径为 a 的薄板具有固定边,则边界条件为

$$(w)_{\rho=a}=0,\quad\left(\frac{\mathrm{d}w}{\mathrm{d}\rho}\right)_{\rho=a}=0。$$

将式(e)代入上面边界条件,得

$$a^2C_3+C_4+\frac{q_0a^4}{64D}=0,\quad 2aC_3+\frac{q_0a^3}{16D}=0,$$

由此求得

$$C_3=-\frac{q_0a^2}{32D},\quad C_4=\frac{q_0a^4}{64D}。$$

代入式(e)及式(f),即得

$$w = \frac{q_0 a^4}{64D} \left(1 - \frac{\rho^2}{a^2} \right)^2 ,$$

$$M_\rho = \frac{q_0 a^2}{16} \left[(1+\mu) - (3+\mu) \frac{\rho^2}{a^2} \right] ,$$

$$M_\varphi = \frac{q_0 a^2}{16} \left[(1+\mu) - (1+3\mu) \frac{\rho^2}{a^2} \right] 。 \tag{g}$$

此外,取出半径为 ρ 的中间部分的薄板,由平衡条件 $\sum F_z = 0$,得

$$2\pi\rho F_{s_\rho} + q_0 \pi \rho^2 = 0 ,$$

从而得

$$F_{s_\rho} = -\frac{q_0 \rho}{2} 。 \tag{h}$$

在薄板的中心,由式(g)得

$$(w)_{\rho=0} = \frac{q_0 a^4}{64D} ,$$

$$(M_\rho)_{\rho=0} = (M_\varphi)_{\rho=0} = \frac{(1+\mu) q_0 a^2}{16} 。 \tag{i}$$

在薄板的边界上,由式(g)及式(h)得

$$(M_\rho)_{\rho=a} = -\frac{q_0 a^2}{8} , \quad (F_{s_\rho})_{\rho=a} = -\frac{q_0 a}{2} 。 \tag{j}$$

应用轴对称弯曲问题的挠度解答式(b),可以求解各种荷载和各种边界条件下的轴对称弯曲问题。很多专著和手册中给出了关于挠度和弯矩的公式,可供工程设计之用。

本章内容提要

1. 薄板受到纵向(平行于板面)荷载的作用,这是平面应力问题;薄板受到横向(垂直于板面)荷载的作用,这是薄板弯曲问题。

2. 薄板弯曲问题也是属于空间问题的一个特例。在薄板弯曲问题中,根据其内力和变形的特征,又提出了 3 个计算假定。薄板弯曲理论,是从空间问题的基本方程和边界条件出发,应用 3 个计算假定进行简化,并按位移法导出薄板弯曲问题的基本方程和边界条件的。

3. 薄板弯曲问题,归结为求解基本未知函数——挠度 $w(x,y)$,它应满足挠曲微分方程式(9-8)和相应的边界条件:固定边[式(9-13)],简支边[式(9-14)]或自由边[式(9-15)]等。

4. 四边简支的矩形薄板的基本解法是纳维法。两对边简支的矩形薄板的基本解法是莱维法。

5. 对于圆形薄板,类似于极坐标中的平面问题,可以建立相应的圆板弯曲问题的方程和

边界条件。对于轴对称圆板的弯曲问题，其中只包含一个自变量，其挠曲微分方程为常微分方程，它的通解已经求出。

习　题

9-1　设有半椭圆形薄板（图9-11），边界 AOB 为简支边，ACB 为固定边，受有荷载 $q=q_1\dfrac{x}{a}$。试证 $w=mx\left(\dfrac{x^2}{a^2}+\dfrac{y^2}{b^2}-1\right)^2$ 能满足一切条件，其中 m 是待定系数。试求挠度和弯矩以及它们的最大值。

答案：$w_{\max}=\dfrac{2\sqrt{5}\,q_1a^4}{375\left(5+2\dfrac{a^2}{b^2}+\dfrac{a^4}{b^4}\right)D}$，

$(M_x)_{x=a,y=0}=-\dfrac{q_1a^2}{3\left(5+2\dfrac{a^2}{b^2}+\dfrac{a^4}{b^4}\right)}$。

9-2　四边简支的矩形薄板（图9-12），边长为 a 和 b，受有荷载

$$q=q_0\sin\frac{\pi x}{a}\sin\frac{\pi y}{b}。$$

试证 $w=m\sin\dfrac{\pi x}{a}\sin\dfrac{\pi y}{b}$ 能满足一切条件，并求出挠度、弯矩和约束力。

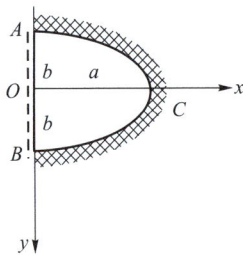
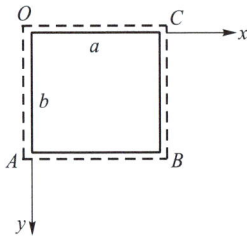

图 9-11　　　　　　　　　图 9-12

答案：$w_{\max}=\dfrac{q_0a^4}{\pi^4\left(1+\dfrac{a^2}{b^2}\right)^2D}$，　$(M_x)_{\max}=\dfrac{q_0a^2\left(1+\mu\dfrac{a^2}{b^2}\right)}{\pi^2\left(1+\dfrac{a^2}{b^2}\right)^2}$，

$(F_{Sx}^{\mathrm{t}})_{\max}=\dfrac{q_0a\left[1+(2-\mu)\dfrac{a^2}{b^2}\right]}{\pi\left(1+\dfrac{a^2}{b^2}\right)^2}$，　$F_{\mathrm{R}}=\dfrac{2(1-\mu)q_0a^2}{\pi^2\left(1+\dfrac{a^2}{b^2}\right)^2\dfrac{b}{a}}$。

角点约束力公式是 $F_{\mathrm{R}i}=2(M_{xy})_i$，因此，角点约束力的正负方向根据扭矩的正负方向的规定来确定。在图9-12中，$F_{\mathrm{R}O}$，$F_{\mathrm{R}B}$ 以向上为正，$F_{\mathrm{R}A}$，$F_{\mathrm{R}C}$ 以向下为正。本题的角点约束力

解答是 $F_{RO} = F_{RB} = -F_R$（向下），$F_{RA} = F_{RC} = F_R$（向下）。

9-3 矩形薄板 $OABC$ 的 OA 边和 OC 边是简支边，AB 边和 CB 边是自由边（图9-13），在 B 点受有横向集中力 F，试证 $w = mxy$ 能满足一切条件，其中 m 是待定系数。试求挠度，内力和约束力。

答案：$w_{max} = \dfrac{Fab}{2(1-\mu)D}$，　$M_x = M_y = 0$，　$M_{xy} = -\dfrac{F}{2}$，　$F_{Sx} = F_{Sy} = F_{Sx}^t = F_{Sy}^t = 0$，　$F_{RA} = F_{RC} = -F$（与荷载反向，向上），$F_{RO} = -F$（与荷载同向，向下）。

9-4 矩形薄板 $OABC$ 的 OA 边和 BC 边是简支边，OC 边和 AB 边是自由边（图9-14），不受横向荷载（$q=0$），但在两个简支边上受均布力矩 M，在两个自由边上受均布力矩 μM。试证 $w = f(x)$ 能满足一切条件，并求出挠度、弯矩和约束力。

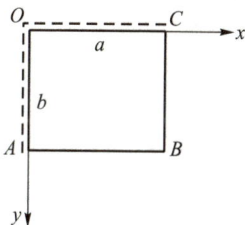 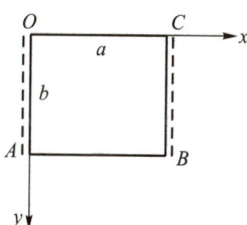

图9-13　　　　　　　图9-14

答案：$w_{max} = \dfrac{Ma^2}{8D}$，　$M_x = M$，　$M_y = \mu M$，　$M_{xy} = 0$，　$F_{Sx}^t = F_{Sy}^t = 0$，　$F_R = 0$。

9-5 正方形薄板边长为 a，四边固定，受均布荷载 q_0，取 $h = a/4$，用差分法求解。

答案：$w_{max} = 0.001\,8q_0a^4/D$。

9-6 四边简支的矩形板（图9-15），在 $0 \leqslant x \leqslant \dfrac{a}{2}$ 和 $0 \leqslant y \leqslant \dfrac{b}{2}$ 的范围内受均布荷载 q_0，试用重三角级数求解挠度。

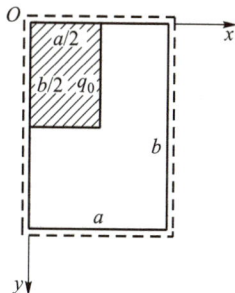

图9-15

答案：其中的积分项

$$\int_0^a \int_0^b q\sin\frac{m\pi x}{a}\sin\frac{n\pi y}{b}\mathrm{d}x\mathrm{d}y = q_0\int_0^{a/2}\sin\frac{m\pi x}{a}\mathrm{d}x\int_0^{b/2}\sin\frac{n\pi y}{b}\mathrm{d}y$$

$$= \frac{q_0 ab}{\pi^2 mn} \times \begin{cases} 1, & (m=1,3,5,\cdots;n=1,3,5,\cdots) \\ [1-(-1)^{m/2}][1-(-1)^{n/2}], & (m=2,4,6,\cdots;n=2,4,6,\cdots) \end{cases}$$

代入 A_{mn}，最后得挠度表达式：

$$w = \sum_{m=1,3,5,\cdots}^{\infty}\sum_{n=1,3,5,\cdots}^{\infty} \frac{4q_0}{\pi^6 Dmn\left(\dfrac{m^2}{a^2}+\dfrac{n^2}{b^2}\right)^2}\sin\frac{m\pi x}{a}\sin\frac{n\pi y}{b} +$$

$$\sum_{\frac{m}{2}=1,3,5,\cdots}^{\infty}\sum_{\frac{n}{2}=1,3,5,\cdots}^{\infty} \frac{16q_0}{\pi^6 Dmn\left(\dfrac{m^2}{a^2}+\dfrac{n^2}{b^2}\right)^2}\sin\frac{m\pi x}{a}\sin\frac{n\pi y}{b}。$$

9-7 圆形薄板,半径为 a,边界简支,受均布荷载 q_0,试求挠度及弯矩,并求出它们的最大值

答案:$w_{max} = \dfrac{(5+\mu)q_0 a^4}{64(1+\mu)D}$, $M_{max} = \dfrac{(3+\mu)q_0 a^2}{16}$。

9-8 固定边圆形薄板,半径为 a,受轴对称荷载 $q = q_1 \dfrac{\rho}{a}$,试求挠度、弯矩和约束力以及它们的最大值。

答案:$w_{max} = \dfrac{q_1 a^4}{150D}$, $(M_\rho)_{\rho=a} = -\dfrac{q_1 a^2}{15}$, $(M_\rho)_{\rho=0} = (M_\varphi)_{\rho=0} = \dfrac{(1+\mu)q_1 a^2}{45}$, $(F_{S\rho}^1)_{\rho=a} = -\dfrac{q_1 a}{3}$。

9-9 极坐标中的应力变换式是

$$\sigma_x = \sigma_\rho \cos^2 \varphi + \sigma_\varphi \sin^2 \varphi - 2\tau_{\rho\varphi} \cos \varphi \sin \varphi,$$

将上式两边乘以 $z \cdot dz$,并沿板厚从 $-\dfrac{\delta}{2}$ 到 $\dfrac{\delta}{2}$ 积分,便可得出薄板弯矩的变换式

$$M_x = M_\rho \cos^2 \varphi + M_\varphi \sin^2 \varphi - 2M_{\rho\varphi} \cos \varphi \sin \varphi。 \tag{a}$$

而弯矩 M_x 又可以表示为

$$M_x = -D\left(\frac{\partial^2 w}{\partial x^2} + \mu \frac{\partial^2 w}{\partial y^2} \right)。 \tag{b}$$

试证:将挠度 w 的二阶导数变换式代入式(b),并与式(a)相比,便可导出极坐标中薄板的 M_ρ,M_φ 及 $M_{\rho\varphi}$ 的公式,即式(9-24)中的弯矩、扭矩公式。

9-10 在 z 面上,切应力之间有关系式

$$\tau_{zx} = \tau_{z\rho} \cos \varphi - \tau_{z\varphi} \sin \varphi,$$

或由切应力互等关系写成

$$\tau_{xz} = \tau_{\rho z} \cos \varphi - \tau_{\varphi z} \sin \varphi,$$

将上式两边乘以 dz,并沿板厚从 $-\dfrac{\delta}{2}$ 到 $\dfrac{\delta}{2}$ 积分,得出横向剪力的变换式

$$F_{Sx} = F_{S\rho} \cos \varphi - F_{S\varphi} \sin \varphi。 \tag{c}$$

而 F_{Sx} 又可以表示为

$$F_{Sx} = -D \frac{\partial}{\partial x}(\nabla^2 w)。 \tag{d}$$

试证:将一阶导数 $\dfrac{\partial}{\partial x}$ 的变换式代入式(d),并与式(c)相比,便可导出极坐标中薄板的横向剪力公式,即式(9-24)中的 $F_{S\rho}$ 和 $F_{S\varphi}$ 的公式。

部分习题提示

题 9-1:挠度 w 应满足挠曲微分方程和 $x=0$ 的简支边条件,以及椭圆边界上的固定边条

件 $\left(w,\dfrac{\partial w}{\partial n}\right)_s=0$。求挠度及弯矩等的最大值时,应考虑函数的极值点(其导数为零)和边界点,从中找出最大值。

题 9-3:本题中无横向荷载,$q=0$,注意挠度 w 应满足:挠曲微分方程,$x=0$ 和 $y=0$ 的简支边条件,$x=a$ 和 $y=b$ 的自由边条件,以及角点的条件。

题 9-4:本题中也无横向荷载,$q=0$,但在边界上均有弯矩作用。$x=0$,$x=a$ 是广义的简支边,其边界条件是 $w=0$,$M_x=M$。而 $y=0$,$y=b$ 为广义的自由边,其边界条件是 $M_y=\mu M$,$F_{Sy}^t=0$。

题 9-6:应用纳维解法,取 w 为重三角级数,可以满足四边简支的条件,在求重三角级数的系数 A_{mn} 时,其中的积分项只对有均布荷载的区域进行积分;而其余的区域 $q=0$,积分结果必然为零。

题 9-7,题 9-8:对于无孔圆板,由 $\rho=0$ 的挠度和内力为有限值条件,得出 $C_1=C_2=0$。然后再校核 $\rho=a$ 的简支边或固定边的条件。求挠度和弯曲的最大值时,应从函数的极值点和边界点中选取最大值。

附录 A　变分法简介

（一）函数的变分

如果对于变量 x 在某一变域上的每一个值,变量 y 有一个值和它对应,则变量 y 称为变量 x 的函数,记为

$$y = y(x)。$$

如果由于自变量 x 有微小增量 $\mathrm{d}x$,函数 y 也有对应的微小增量 $\mathrm{d}y$,则增量 $\mathrm{d}y$ 称为函数 y 的微分,而

$$\mathrm{d}y = y'(x)\mathrm{d}x,$$

其中 $y'(x)$ 为 y 对于 x 的导数。图 A-1 中的曲线 AB 示出 y 与 x 的函数关系并示出微分 $\mathrm{d}y$。

现在,假想函数 $y(x)$ 的形式发生改变而成为新函数 $Y(x)$。如果对应于 x 的一个定值,y 具有微小的增量

$$\delta y = Y(x) - y(x), \tag{a}$$

则增量 δy 称为函数 $y(x)$ 的变分。显然,δy 一般也是 x 的函数。在图 A-1 中,用 CD 表示相应于新函数 $Y(x)$ 的曲线,并示出变分 δy。

例如,假定 AB 表示某个梁的一段挠度曲线,而 y 是梁截面的真实位移,则 CD 可以表示该梁发生虚位移以后的挠度曲线,而虚位移 δy 就是真实位移 $y(x)$ 的变分。

当 y 有变分 δy 时,导数 y' 一般也将有变分 $\delta(y')$,它等于新函数的导数与原函数的导数这两者之差,即

$$\delta(y') = Y'(x) - y'(x)。$$

但由式(a)有

$$(\delta y)' = Y'(x) - y'(x),$$

于是可见有关系式 $\delta(y') = (\delta y)'$,或

$$\delta\left(\frac{\mathrm{d}y}{\mathrm{d}x}\right) = \frac{\mathrm{d}}{\mathrm{d}x}(\delta y)。$$

这就是说,导数的变分等于变分的导数,因此,微分的运算和变分的运算可以交换次序。

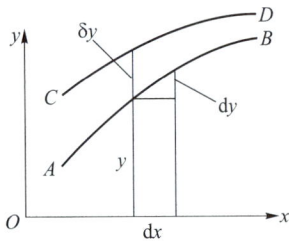

图 A-1

（二）泛函及其变分

如果对于某一类函数 $y(x)$ 中的每一个函数 $y(x)$，变量 I 有一个值和它对应，则变量 I 称为依赖于函数 $y(x)$ 的泛函，记为

$$I = I[y(x)]。 \tag{b}$$

简单地说，泛函就是函数的函数。

例如，设 xy 面内有给定的两点 A 和 B（图 A–2），则连接这两点的任一曲线的长度为

$$l = \int_a^b \sqrt{1 + \left(\frac{\mathrm{d}y}{\mathrm{d}x}\right)^2}\,\mathrm{d}x。 \tag{c}$$

显然长度 l 依赖于曲线的形状，也就是依赖于函数 $y(x)$ 的形式。因此，长度 l 就是函数 $y(x)$ 的泛函。

在较一般的情况下，常见的泛函具有如下的形式：

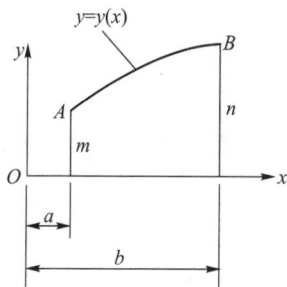

图 A–2

$$I[y(x)] = \int_a^b f\left(x, y, \frac{\mathrm{d}y}{\mathrm{d}x}\right)\mathrm{d}x,$$

或者简写为

$$I = \int_a^b f(x, y, y')\,\mathrm{d}x, \tag{d}$$

其中的被积函数 $f(x, y, y')$ 是 x 的复合函数。

首先来考察函数 $f(x, y, y')$。当函数 $y(x)$ 具有变分 δy 时，导函数 y' 也将随着具有变分 $\delta y'$。这时，按照泰勒级数展开法则，函数 f 的增量可以写成

$$f(x, y + \delta y, y' + \delta y') - f(x, y, y')$$

$$= \frac{\partial f}{\partial y}\delta y + \frac{\partial f}{\partial y'}\delta y' + (\delta y \text{ 及 } \delta y' \text{的高阶项})。$$

上式等号右边的前两项（关于 δy 和 $\delta y'$ 的线性项）是函数 f 的增量的主部，定义为函数 f 的变分（一阶变分），表示为

$$\delta f = \frac{\partial f}{\partial y}\delta y + \frac{\partial f}{\partial y'}\delta y'。 \tag{e}$$

现在来进一步考察式（d）所示的泛函 I。当函数 $y(x)$ 及导函数 $y'(x)$ 分别具有变分 δy 及 $\delta y'$ 时，泛函 I 的增量显然为

$$\int_a^b f(x, y + \delta y, y' + \delta y')\,\mathrm{d}x - \int_a^b f(x, y, y')\,\mathrm{d}x$$

$$= \int_a^b [f(x, y + \delta y, y' + \delta y') - f(x, y, y')]\,\mathrm{d}x$$

$$= \int_a^b [\delta f + (\delta y \text{ 及 } \delta y' \text{的高阶项})]\,\mathrm{d}x。$$

同样,泛函 I 的一阶变分为

$$\delta I = \int_a^b (\delta f)\, \mathrm{d}x 。 \tag{f}$$

将式(e)代入,即得泛函的一阶变分的表达式

$$\delta I = \int_a^b \left(\frac{\partial f}{\partial y}\delta y + \frac{\partial f}{\partial y'}\delta y' \right) \mathrm{d}x 。 \tag{g}$$

由式(d)及式(f),可见有关系式

$$\delta \int_a^b f \mathrm{d}x = \int_a^b (\delta f)\, \mathrm{d}x 。 \tag{h}$$

这就是说,只要积分的上下限保持不变,变分的运算与定积分的运算可以交换次序。

(三) 泛函的极值问题——变分问题

如果函数 $y(x)$ 在 $x = x_0$ 的邻近任一点上的值都不大于或都不小于 $y(x_0)$,也就是

$$\mathrm{d}y = y(x) - y(x_0) \leqslant 0 ,$$

或

$$\mathrm{d}y = y(x) - y(x_0) \geqslant 0 ,$$

则称函数 $y(x)$ 在 $x = x_0$ 处达到极大值或极小值,而必要的极值条件为 $\dfrac{\mathrm{d}y}{\mathrm{d}x} = 0$ 或 $\mathrm{d}y = 0$。

对于式(b)所示形式的泛函 $I[y(x)]$,也可以通过分析而得出相似的结论如下:如果泛函 $I[y(x)]$ 在 $y = y_0(x)$ 的邻近任意一条曲线上的值都不大于或都不小于 $I[y_0(x)]$,也就是一阶变分

$$\delta I = I[y(x)] - I[y_0(x)] \leqslant 0 ,$$

或

$$\delta I = I[y(x)] - I[y_0(x)] \geqslant 0 ,$$

则称泛函 $I[y(x)]$ 在曲线 $y = y_0(x)$ 上达到极大值或极小值,而泛函极值的必要条件为一阶变分

$$\delta I = 0 。 \tag{i}$$

相应的曲线 $y = y_0(x)$ 称为泛函 $I[y(x)]$ 的极值曲线。关于泛函 I 为极值的充分条件是:如果二阶变分 $\delta^2 I \geqslant 0$,则 I 为极小值;如果 $\delta^2 I \leqslant 0$,则 I 为极大值。在一般的泛函极值问题中,只需考虑必要条件就可以了。

凡是有关泛函极值(或驻值)的问题,都称为变分问题,而变分法主要就是研究如何求泛函极值(或驻值)的方法。

下面来讨论这样一个典型的变分问题:设图 A-2 中 $y = y(x)$ 所示的曲线被

指定通过 A,B 两点,也就是 $y(x)$ 具有边界条件

$$y(a) = m, \quad y(b) = n, \tag{j}$$

试由泛函 $I = \int_a^b f(x, y, y') \mathrm{d}x$ 的极值条件求出函数 $y(x)$。

首先来导出这一变分问题中的极值条件 $\delta I = 0$ 的具体形式。在变分 δf 的表达式(g)中,右边的第二部分是

$$\int_a^b \frac{\partial f}{\partial y'} \delta y' \mathrm{d}x = \int_a^b \frac{\partial f}{\partial y'} \frac{\mathrm{d}}{\mathrm{d}x}(\delta y) \mathrm{d}x。$$

进行分部积分,得

$$\int_a^b \frac{\partial f}{\partial y'} \delta y' \mathrm{d}x = \left[\frac{\partial f}{\partial y'} \delta y \right]_a^b - \int_a^b \delta y \frac{\mathrm{d}}{\mathrm{d}x}\left(\frac{\partial f}{\partial y'} \right) \mathrm{d}x。$$

但是,按照边界条件式(j),在 $x = a$ 及 $x = b$ 处,y 不变,因而有 $\delta y = 0$,可见

$$\int_a^b \frac{\partial f}{\partial y'} \delta y' \mathrm{d}x = -\int_a^b \delta y \frac{\mathrm{d}}{\mathrm{d}x}\left(\frac{\partial f}{\partial y'} \right) \mathrm{d}x。$$

代入式(g)的右边,得出

$$\delta I = \int_a^b \left[\frac{\partial f}{\partial y} \delta y - \delta y \frac{\mathrm{d}}{\mathrm{d}x}\left(\frac{\partial f}{\partial y'} \right) \right] \mathrm{d}x = \int_a^b \delta y \left[\frac{\partial f}{\partial y} - \frac{\mathrm{d}}{\mathrm{d}x}\left(\frac{\partial f}{\partial y'} \right) \right] \mathrm{d}x。$$

于是,根据 δy 的任意性,由 $\delta I = 0$ 得到极值条件

$$\frac{\partial f}{\partial y} - \frac{\mathrm{d}}{\mathrm{d}x}\left(\frac{\partial f}{\partial y'} \right) = 0。 \tag{k}$$

由此可以得出函数 $y(x)$ 的微分方程,而这一微分方程的解答将给出函数 $y(x)$。

注意:在式(k)中,偏导数只表示 x, y, y' 三者互不依赖时的运算,而在 $\frac{\mathrm{d}}{\mathrm{d}x}$ 的运算中,必须考虑 y 及 y' 均为 x 的函数。

作为简例,试求图 A-2 中 AB 曲线为最短时的函数 $y(x)$。在这里,有

$$I = l = \int_a^b \sqrt{1 + (y')^2} \, \mathrm{d}x。$$

于是由式(d)得 $f = \sqrt{1 + (y')^2}$,从而由式(k)得极值条件

$$0 - \frac{\mathrm{d}}{\mathrm{d}x}\left[\frac{y'}{\sqrt{1 + (y')^2}} \right] = 0, \quad 即 \frac{y'}{\sqrt{1 + (y')^2}} = C,$$

其中 C 是任意常数。求解这一方程,得 $y' = C_1$,从而得

$$y = y(x) = C_1 x + C_2。$$

可见最短曲线为一直线。任意常数 C_1 及 C_2 可由边界条件式(j)求得。

附录 B 直角坐标系中的下标记号法

在一些弹性力学图书及论文中,采用简洁的直角坐标系中的下标记号法。为便于读者阅读文献,简介如下。

(一) 下标记号法

(1) 物理量的表示:在空间问题中,凡数字下标 1,2,3 专门表示相应于 x,y,z 的量,凡文字下标 i,j,k 等则泛指下标 1,2,3 中的任一个。由此,弹性力学中的一些物理量可以表达为:

坐标 x,y,z 表示为 $x_i(i=1,2,3)$;

体力分量 f_x,f_y,f_z 表示为 $f_i(i=1,2,3)$;

面力分量 $\bar{f}_x,\bar{f}_y,\bar{f}_z$ 表示为 $\bar{f}_i(i=1,2,3)$;

方向余弦 l,m,n 表示为 $n_i(i=1,2,3)$;

位移分量 u,v,w 表示为 $u_i(i=1,2,3)$;

应力分量表示为 $\sigma_{ij}(i=1,2,3;j=1,2,3)$,且 $\sigma_{ij}=\sigma_{ji}$;

应变分量表示为 $\varepsilon_{ij}(i=1,2,3;j=1,2,3)$,且 $\varepsilon_{ij}=\varepsilon_{ji}$。

(2) 求和约定:凡文字下标重复二次时,表示对该下标求和,如

$$\sigma_{ii}=\sum_{i=1,2,3}\sigma_{ii}=\sigma_{11}+\sigma_{22}+\sigma_{33}=\Theta,$$

$$\varepsilon_{ii}=\sum_{i=1,2,3}\varepsilon_{ii}=\varepsilon_{11}+\varepsilon_{22}+\varepsilon_{33}=\theta,$$

$$\sigma_{ij}n_j=\sum_{j=1,2,3}\sigma_{ij}n_j=\sigma_{i1}n_1+\sigma_{i2}n_2+\sigma_{i3}n_3,$$

$$\sigma_{ij}\varepsilon_{ij}=\sum_{i=1,2,3}\sum_{j=1,2,3}\sigma_{ij}\varepsilon_{ij}=\sigma_{11}\varepsilon_{11}+\sigma_{12}\varepsilon_{12}+\sigma_{13}\varepsilon_{13}+\sigma_{21}\varepsilon_{21}+\sigma_{22}\varepsilon_{22}+$$
$$\sigma_{23}\varepsilon_{23}+\sigma_{31}\varepsilon_{31}+\sigma_{32}\varepsilon_{32}+\sigma_{33}\varepsilon_{33}。$$

(3) 导数记号:

$$\frac{\partial f}{\partial x_i}=f_{,i},\qquad \frac{\partial^2 f}{\partial x_i \partial x_j}=f_{,ij};$$

$$\nabla^2 f=f_{,ii}。$$

(4) δ 符号:

$$\delta_{ij}=\begin{cases}1, & \text{当 } i=j,\\ 0, & \text{当 } i\neq j。\end{cases}$$

（二）弹性力学的基本方程

平衡微分方程

$$\sigma_{ij,j}+f_i=0 \text{。} \tag{a}$$

几何方程

$$\varepsilon_{ij}=\frac{1}{2}(u_{i,j}+u_{j,i}), \tag{b}$$

注意上式与式（7-8）的几何方程不完全相同：即两者的线应变相同，如 $\varepsilon_{11}=\varepsilon_x$；而切应变只有原来的 $\frac{1}{2}$，如 $\varepsilon_{12}=\frac{1}{2}\gamma_{xy}$。

物理方程，其中应变用应力表示式为

$$\varepsilon_{ij}=\frac{1+\mu}{E}\sigma_{ij}-\frac{\mu}{E}\sigma_{kk}\delta_{ij}, \tag{c}$$

用于按应力求解；而应力用应变表示式为

$$\sigma_{ij}=\frac{E}{1+\mu}\left(\varepsilon_{ij}+\frac{\mu}{1-2\mu}\varepsilon_{kk}\delta_{ij}\right), \tag{d}$$

用于按位移求解。体积应力和体积应变的关系式是

$$\sigma_{kk}=\frac{E}{1-2\mu}\varepsilon_{kk} \text{。} \tag{e}$$

位移边界条件

$$u_i\big|_s=\overline{u}_i, \quad \text{在 } s_u \text{上。} \tag{f}$$

应力边界条件

$$\sigma_{ij}n_j\big|_s=\overline{f}_i, \quad \text{在 } s_\sigma \text{上。} \tag{g}$$

上面公式中，$i,j,k=1,2,3$ 时，对应于空间问题。而 $i,j,k=1,2$ 时，对应于平面问题，其中式（c）对应于平面应力问题，式（d）对应于平面应变问题。

（三）平面问题的变分法

总势能

$$E_P=U+V, \tag{h}$$

其中应变能

$$U=\frac{1}{2}\iint_A \sigma_{ij}\varepsilon_{ij}\mathrm{d}x\mathrm{d}yt, \tag{i}$$

外力势能

$$V=-\left(\iint_A f_i u_i\mathrm{d}x\mathrm{d}yt+\int_{s_\sigma}\overline{f}_i u_i\mathrm{d}st\right) \text{。} \tag{j}$$

虚功方程为

$$\iint_A f_i \delta u_i \,\mathrm{d}x\mathrm{d}yt + \int_{s_\sigma} \bar{f}_i \delta u_i \,\mathrm{d}st = \iint_A \sigma_{ij} \delta \varepsilon_{ij} \,\mathrm{d}x\mathrm{d}yt_\circ \tag{k}$$

变分法中常用的面积分与曲线积分之间的关系式是

$$\iint_A f_{,i} \,\mathrm{d}x\mathrm{d}y = \oint_s f n_i \,\mathrm{d}s,\tag{l}$$

其中 s 为平面域 A 的边界。

内 容 索 引

(按照汉语拼音字母顺序排列)

外国人名译名对照表

Airy, G. B.	艾里
Beltrami, E.	贝尔特拉米
Boussinesq, J. V.	布西内斯克
Flamant, A.	符拉芒
Fourier, J. B. J.	傅里叶
Hooke, R.	胡克
Kirsch, G.	基尔斯
Lagrange, J. -L.	拉格朗日
Lamé, G.	拉梅
Laplace, P. -S.	拉普拉斯
Lévy, M	莱维
Michell, J. H.	米歇尔
Navier, C. -L. -M. -H.	纳维
Prandtl, L.	普朗特
Poisson, S. D.	泊松
Rayleigh, D. C. L	瑞利
Ritz, W.	里茨
Saint-Venant, A. J. C. B. de	圣维南
Taylor, B.	泰勒

Synopsis

This book is a textbook for the course of "Theory of Elasticity" provided for universities and colleges of engineering.

The contents of the book involved the basic concepts, theory of plane problems and its solutions, theory of spatial problems, and bending of thin plates; moreover, the numerical methods in Elasticity, i. e. Finite-Difference Method, Variational Method (Energy Method), and Finite-Element Method have been introduced in the book.

The author arranges the contents gradually from the basic and the easy, to the complex and the difficult, and emphasizes to present the basic theories (basic concepts, basic equations, and basic solving methods of equations) and its applications. Therefore, after understanding the preliminary knowledge, readers could read and apply more solutions of Elasticity, and solve practice engineering problems by the numerical methods of Elasticity.

This book has been widely used in China's universities and colleges of engineering.

Contents

作 者 简 介

徐芝纶(1911—1999)，江苏省江都县(现扬州市江都区)人。中国科学院资深院士，河海大学教授，曾任中国力学学会第一、二届理事，河海大学副校长等职。徐芝纶是著名的力学家和教育家，一生共编著出版教材 11 种 15 册，翻译出版教材 6 种 7 册。其中，《弹性力学》获"全国优秀科技图书"奖、"全国优秀教材特等奖"；《弹性力学问题的有限单元法》是我国第一本有限单元法的教科书，"Applied Elasticity"是我国第一本英文版力学教材。徐芝纶编著的力学教材被我国工科院校广泛地采用，为培养科技人才起到了重要作用。徐芝纶在基础梁板的科研工作中取得了许多重大成果，并为在我国引进、推广、研究有限单元法作出了突出贡献。徐芝纶一生为人正直、品德高尚，以"学无止境，教亦无止境"为座右铭，严谨治学、严格教学，数十年如一日，为国家培养建设人才贡献了毕生的精力。

郑重声明

高等教育出版社依法对本书享有专有出版权。任何未经许可的复制、销售行为均违反《中华人民共和国著作权法》,其行为人将承担相应的民事责任和行政责任;构成犯罪的,将被依法追究刑事责任。为了维护市场秩序,保护读者的合法权益,避免读者误用盗版书造成不良后果,我社将配合行政执法部门和司法机关对违法犯罪的单位和个人进行严厉打击。社会各界人士如发现上述侵权行为,希望及时举报,本社将奖励举报有功人员。

反盗版举报电话　(010)58581999　58582371　58582488

反盗版举报传真　(010)82086060

反盗版举报邮箱　dd@hep.com.cn

通信地址　北京市西城区德外大街4号
　　　　　高等教育出版社法律事务与版权管理部

邮政编码　100120

防伪查询说明

用户购书后刮开封底防伪涂层,利用手机微信等软件扫描二维码,会跳转至防伪查询网页,获得所购图书详细信息。也可将防伪二维码下的20位密码按从左到右、从上到下的顺序发送短信至106695881280,免费查询所购图书真伪。

反盗版短信举报

编辑短信"JB,图书名称,出版社,购买地点"发送至10669588128

防伪客服电话

(010)58582300